多电飞机电力系统分析与控制

陈家伟　陈　杰　宋清超　陈鹏伟　著

U0263876

科学出版社

北京

内 容 简 介

本书主要围绕多电飞机电力系统的分析与控制技术展开深入研究，为实现多电飞机电力系统的优化设计提供有效解决方法。本书内容分为五章：第 1 章介绍多电飞机电力系统可选架构类型，分析不同架构对飞机轻量化设计和结构稳定性的影响；第 2 章介绍多电飞机新型混合供电系统在动态功率分配控制、大信号稳定性分析及致稳控制方面所面临的挑战；第 3 章研究多电飞机新型混合供电系统高可靠动态功率分配控制技术；第 4 章结合李雅普诺夫稳定性理论以及平方和规划理论构建适用于多电飞机供电系统的大信号稳定性分析理论；第 5 章研究多电飞机新型混合供电系统的致稳控制技术，保证飞机电力系统在不同类型负载、不同负载特性下的全局稳定性，保证飞行安全。

本书可为从事多电飞机电力系统领域研究工作的科研人员及工程师提供参考。

图书在版编目（CIP）数据

多电飞机电力系统分析与控制/陈家伟等著. —北京：科学出版社，2024.3
ISBN 978-7-03-075363-2

Ⅰ. ①多… Ⅱ. ①陈… Ⅲ. ①飞机－电力系统－研究 Ⅳ. ①V242.3

中国国家版本馆 CIP 数据核字（2023）第 064864 号

责任编辑：孟 锐 / 责任校对：彭 映
责任印制：罗 科 / 封面设计：义和文创

科学出版社 出版
北京东黄城根北街 16 号
邮政编码：100717
http://www.sciencep.com

成都锦瑞印刷有限责任公司印刷
科学出版社发行 各地新华书店经销

*

2024 年 3 月第 一 版 开本：787×1092 1/16
2024 年 3 月第一次印刷 印张：12
字数：285 000

定价：128.00 元
（如有印装质量问题，我社负责调换）

前　言

大飞机作为国之重器，对推动我国经济发展、保障国家安全意义重大。随着全球航空业的迅猛发展，航空燃油消耗急剧增加，飞机废气及噪声排放量大幅增加，由此带来的环境污染问题日益凸显。为此，航空业开始大力推行多电飞机技术，逐步将飞机的二次能源统一为电能，从而简化飞机能源结构，减轻飞机部件质量，提升能源利用率和可靠性，降低燃油消耗，缓解环境污染。然而，多时间尺度的源、荷特性以及复杂多变的运行工况，使得多电飞机混合供电系统高可靠的动态功率优化分配面临巨大挑战。随着机载负荷的电气化水平越来越高，机载混合供电系统中源、荷的相互作用带来严重的稳定性问题，已成为制约多电飞机技术发展的重大问题。基于此，本书立足于国家大飞机战略需求，以多电飞机电力系统为研究对象，对其架构优化、动态功率分配控制、大信号稳定性分析及致稳控制等关键技术进行深入研究，以期为下一代"绿色飞机"的研制提供技术储备，推动我国大飞机事业的蓬勃发展，主要内容如下。

第1章介绍未来飞机电力系统架构的发展方向，从发电过程、布线系统、地面运行、电力电子变换系统和清洁能源集成等方面综合评估未来多电飞机电力系统备选架构的减重情况，初步筛选出两种适合未来多电飞机的电力系统架构：高压交直流混合电力系统架构和高压直流电力系统架构。然后从机载电力系统架构稳定性角度出发，对比两种高压类电力系统架构的结构稳定性，获得最适合未来多电飞机发展的电力系统架构，并对其架构参数进行优化设计。

第2章简要分析多电飞机新型混合供电系统（hybrid power supply system，HPSS）的结构，揭示机载混合供电系统所面临的挑战并对其国内外研究现状作总结，理清研究脉络。针对国内外现有研究存在的不足，确立本书后续章节的研究重点。对航空业的现状和发展趋势进行简要说明，阐明发展多电飞机（more electric aircraft，MEA）技术的重要意义。

第3章根据多时间尺度的源、荷特性，提出适用于不同机载混合供电系统的分散式动态功率分配控制策略，不仅实现了负荷功率在不同供电单元间的自主优化分配，还能兼顾储能元件荷电状态调节和负荷再生能量回收。针对供电单元的"热插拔"及冗余拓展需求，通过研究供电单元在线投入或退出过程中机载混合供电系统的动态功率分配特性，提出机载混合供电系统通用扩展准则，实现供电单元的"热插拔"和机载混合供电系统的灵活扩容。此外，基于小信号分析和参数敏感度分析，提出实际动态功率分配特性的优化塑形方法，分析系统参数对动态功率分配性能的影响，通过优化选取系统参数，保证系统的动态功率分配性能。

第4章根据多电飞机供电系统的结构和控制策略，对其进行合理简化，建立计及控制系统动态特性的供电系统模型。基于李雅普诺夫稳定性理论，将供电系统大信号稳定性分析问题归结为最大估计吸引域问题，结合平方和规划理论，进一步将问题转化为平方和优化问题，提出平方和规划求解算法，获得供电系统的最大估计吸引域，揭示系统大信号失稳机理。此外，根据所得的最大估计吸引域，提出大信号稳定性量化评估指标，分析典型参数对最大估计吸引域的影响，明确影响供电系统大信号稳定性的主导参数，为供电系统参数优化设计提供切实可行的指导依据，从而保证供电系统在大扰动条件下安全稳定运行。

第 5 章综合考虑参数不确定、外部扰动及建模误差等影响因素，改进机载混合供电系统的状态空间模型，准确刻画各影响因素对系统动态过程的影响。基于无源控制理论和扰动观测理论，提出机载混合供电系统的致稳控制策略，确保多因素影响下系统的全局稳定性，提升系统的鲁棒性。此外，基于经典控制理论，剖析系统参数与动态性能指标的关联关系，提出兼顾系统动态性能的复合控制器参数整定方法，为系统参数优化设计提供理论支撑。

本书由陈家伟、陈杰和宋清超主笔，陈鹏伟和王成君参与了第 1 章的编写工作，工业和信息化部多电飞机电力系统重点实验室龚春英老师对本书的撰写提出了宝贵的修改意见，并进行了润色。本书得到国家自然科学基金面上项目"多电飞机混合供电系统的动态功率分配控制与稳定性分析"（51877019）、"电推进飞机多源异构混合供电系统的功率分配与稳定机理"（52377190）、国家自然科学基金青年项目"多电飞机电力系统结构优化与稳定性分析"（51507020）、重庆市基础科学与前沿技术研究"混合储能系统动态功率优化分配控制策略研究"（cstc2017jcyjAX0080）、江苏省基础研究计划自然科学基金面上项目"多电飞机电源系统随机机电-电磁暂态混合仿真理论与异构实现方法研究"（BK20231446）等课题以及中国科协青年人才托举工程资助，在此表示感谢。

由于作者水平有限，书中难免存在不足之处，敬请各位专家和广大读者批评指正。

目　　录

第1章　多电飞机电力系统概述 ……………………………………………………… 1

1.1　研究背景 ……………………………………………………………………… 1

1.2　飞机电力系统架构的发展 ……………………………………………………… 4

1.2.1　115V 恒频交流电力系统 …………………………………………… 5

1.2.2　交直流混合电力系统 ………………………………………………… 6

1.2.3　高压交直流混合电力系统 …………………………………………… 7

1.2.4　高压直流电力系统 …………………………………………………… 7

1.3　各电力系统架构的重量对比 …………………………………………………… 8

1.3.1　发电过程 ……………………………………………………………… 8

1.3.2　布线系统 ……………………………………………………………… 8

1.3.3　地面运行 ……………………………………………………………… 9

1.3.4　电力电子变换系统 …………………………………………………… 10

1.3.5　清洁能源集成 ………………………………………………………… 11

1.3.6　结果比较与分析 ……………………………………………………… 12

1.4　高压类电力系统架构的结构稳定性对比 ……………………………………… 12

1.4.1　系统建模 ……………………………………………………………… 14

1.4.2　两种高压类电力系统架构的大信号稳定性分析 …………………… 16

1.4.3　大信号稳定性对比及参数优化 ……………………………………… 19

1.4.4　仿真验证与分析 ……………………………………………………… 22

1.5　本章小结 ………………………………………………………………………… 25

第2章　多电飞机机载混合供电系统 ………………………………………………… 26

2.1　机载混合供电系统概述 ………………………………………………………… 26

2.2　混合供电系统动态功率分配控制的研究现状 ………………………………… 28

2.3　混合供电系统大信号稳定性分析的研究现状 ………………………………… 32

2.4　混合供电系统致稳控制的研究现状 …………………………………………… 38

2.5　本章小结 ………………………………………………………………………… 40

第3章　机载混合供电系统的分散式动态功率分配控制策略 …………………… 41

3.1　基于虚拟阻容匹配的混合下垂控制策略 ……………………………………… 41

3.1.1　动态功率分配特性分析 ……………………………………………… 43

3.1.2　系统参数设计 ………………………………………………………… 45

3.1.3　热插拔功能分析与设计 ……………………………………………… 53

3.1.4　半实物仿真验证及分析 ……………………………………………… 55

3.2　基于虚拟阻感匹配的混合下垂控制策略··61

3.2.1　动态功率分配特性分析··62

3.2.2　系统参数设计··63

3.2.3　热插拔功能分析与设计··65

3.2.4　半实物仿真验证及分析··67

3.3　基于虚拟阻感容匹配的混合下垂控制策略··73

3.3.1　动态功率分配特性分析··75

3.3.2　系统参数设计··79

3.3.3　动态功率分配控制策略的可靠性分析··84

3.3.4　热插拔功能分析与设计··86

3.3.5　半实物仿真验证及分析··88

3.4　本章小结··96

第4章　机载供电系统的大信号稳定性分析··98

4.1　吸引域概述··98

4.2　基于平方和规划的吸引域估计··98

4.3　平方和规划求解算法···100

4.4　多电飞机供电系统的大信号稳定性分析··102

4.4.1　供电系统的简化模型··102

4.4.2　供电系统的吸引域估计··104

4.5　仿真验证及分析···108

4.5.1　示例1验证及分析··109

4.5.2　示例2验证及分析··111

4.5.3　示例3验证及分析··113

4.5.4　示例4验证及分析··115

4.5.5　示例5验证及分析··117

4.5.6　示例6验证及分析··119

4.6　本章小结···121

第5章　机载混合供电系统的致稳控制··122

5.1　混合供电系统的控制架构··122

5.2　无源控制器设计···123

5.2.1　考虑参数不确定性的系统模型··123

5.2.2　无源控制器设计··124

5.3　扩张高增益状态观测器设计··126

5.4　复合控制器参数设计···129

5.4.1　供电单元的小信号模型··129

5.4.2　下垂控制器参数设计··132

5.4.3　无源控制器参数设计··132

5.4.4　扩张高增益状态观测器参数设计··135

　　5.5　半实物仿真验证及分析 ·· 138

　　5.6　本章小结 ··· 144

参考文献 ··· 146

彩图 ··· 158

第1章 多电飞机电力系统概述

在我国积极推进大飞机战略的时代背景下，多电飞机因政策和技术上的优势已被视为缓解环境污染的重要措施。多电飞机的重量和稳定性在一定程度上由其电力系统架构决定。因此，本章从重量和结构稳定性两个方面对多电飞机电力系统架构进行优化，旨在确立最适合未来多电飞机技术发展的电力系统架构。

1.1 研 究 背 景

近年来，随着世界经济增长、城市化进程加快、区域合作日趋深化以及旅游业蓬勃发展，民航工业发展迅猛，飞机及航线数量双双攀升，因此航空燃油消耗急剧增加，飞机废气（CO_2、NO_x 等）及噪声排放量大幅增加，给环境带来不可忽视的影响。据统计，2019 年航空业 CO_2 排放量为 9.15 亿吨，约占全球 CO_2 总排放量的 2.1%，若把航空业视作国家，其 CO_2 排放量将位居世界第六。值得注意的是，若考虑飞机凝结尾迹、其他污染物等影响因素，航空业对全球变暖的贡献率将高达 3.5%[1]。据航空运输行动组织（Air Transport Action Group，ATAG）最新预测，尽管全球航空业受新型冠状病毒感染疫情冲击，但长期来看，未来 30 年航空旅客周转量仍可保持年均 3%左右的增速。若不加限制，到 2050 年，航空业 CO_2 排放量将增长 2 倍左右，达到全球 CO_2 总排放量的 25%[2]。

为应对全球气候变化、推动全球航空业绿色发展，国际航空运输协会（International Air Transport Association，IATA）确立了三大战略目标：①从 2009 年到 2020 年，燃油效率平均每年提高 1.5%；②自 2020 年起，限制航空业净碳排放量，实现碳中和；③到 2050 年，将航空业净碳排放量削减至 2005 年的一半。与此同时，欧洲航空咨询委员会（Advisory Council for Aeronautics Research in Europe，ACARE）和美国国家航空航天局（National Aeronautics and Space Administration，NASA）均制定了具体的航空业中长期减排目标，如表 1.1[2, 3]所示（表中"N"为 B737NG 和 CFM56 代表的技术水平）。ACARE 要求到 2020 年，CO_2 排放量相对于 2000 年减少 50%，NO_x 排放量相对于 2000 年减少 80%，噪声排放量相对于 2000 年减少 50%；到 2050 年，CO_2 排放量相对于 2000 年减少 75%，NO_x 排放量相对于 2000 年减少 90%，噪声排放量相对于 2000 年减少 65%。NASA 要求到 2025 年，CO_2 排放量相对于 2005 年减少 50%，NO_x 排放量相对于航空环境保护委员会（Committee on Aviation Environmental Protection，CAEP）2004 年所制定的排放标准（即 CAEP/6）减少 75%，噪声排放量相对于美国联邦航空管理局（Federal Aviation Administration，FAA）所制定的第 4 阶段噪声排放标准减少 42 EPNdB（有效感知噪声的分贝数）；2030~2035 年，实现 CO_2 排放量相对于 2005 年减少 60%，NO_x 排放量相对于 CAEP/6 标准减少 80%，噪声排放量相对于第 4 阶段噪声排放标准减少 71 EPNdB。

在此推动下，多电飞机（more electric aircraft，MEA）技术作为缓解航空业环境污染的有效途径之一，得到了快速发展[2, 4-8]。

表 1.1　ACARE 与 NASA 的减排指标[3]

排放量	ACARE		NASA	
	Vision 2020	FlightPath 2050	N + 2（2025）	N + 3（2030—2035）
CO_2 排放量	相对于 2000 年		相对于 2005 年	
	50%	75%	50%	60%
NO_x 排放量	相对于 2000 年		相对于 CAEP/6	
	80%	90%	75%	80%
噪声排放量	相对于 2000 年		相对于第 4 阶段	
	50%	65%	42 EPNdB	71 EPNdB

　　MEA 的核心技术是逐步将飞机二次能源统一为电能，即采用电能来代替传统的液压、气压和机械能，从而简化飞机能源结构，有效减轻飞机部件质量，提高能量转换效率和可靠性，降低燃油消耗，缩减运维成本，还可减少废气排放、缓解环境污染。大量使用电能意味着电力系统容量大大增加，势必将带来飞机技术的更新换代。参考当前研究进展及未来发展方向，MEA 电力系统在发电、输配电以及负载类型等关键部件上相较传统飞机均有较大更新，如表 1.2[9-11]所示。从表 1.2 可以看出，MEA 电力系统相较于传统飞机电力系统存在两大特点。

表 1.2　MEA 电力系统与传统飞机电力系统对比

部件名称	传统飞机	多电飞机
发动机	产生气压能、液压能、机械能和电能，气压能启动；液压式阀门控制系统和反推作动系统	多电发动机，主要产生电能，电启动；电气式阀门控制系统和反推作动系统
辅助动力系统	产生气压能、液压能、机械能和电能；发电机效率低于 15%	多电或全电结构，只产生电能，效率高于 35%
主发电机	采用恒装驱动，输出定频电能	取消恒装，输出变频电能
配电网	115VAC（400Hz）/28VDC	230VAC（360～800Hz）/±270VDC/115VAC（400Hz）/28VDC
环控系统	气压能调节	电能调节
防除冰系统	气压能调节	电能调节
飞行控制系统	液压机构和机械机构	电机械式机构或电液压式机构
制动系统	机械式	电气式
起落架	液压机构	电驱机构
蓄电池组	仅用于启动辅助动力系统以及紧急情况	可用于整个飞行过程供电

　　（1）大量采用电力电子变换系统进行输配电。为了减小体积重量，MEA 取消了笨重而低效的恒速装置，提高了发电机输出电压等级，输出 230VAC/（360～800Hz）的变频

交流电。然而，为了满足负载的不同电能需求，需要采用电力电子变换系统将高压变频交流电变换为不同形式电能，如采用变压整流装置（transformer rectifier unit，TRU）获得 28V 直流电为航电系统等低压直流负载供电，采用两级式逆变电源获得 115VAC/400Hz 的恒频交流电为传统交流负载供电等。

　　（2）大量采用伺服电机驱动系统替代传统液压能和气压能驱动机构[12, 13]，如飞行控制系统、制动系统等均将采用电机械式作动机构（electromechanical actuator，EMA）替换传统的液压式作动机构。这给飞机的安全稳定运行带来了挑战，主要表现为：①采用电力电子变换系统供电的负载和电机驱动系统在运行过程中通常呈现恒功率特性，其小信号输入阻抗为负阻抗[14, 15]。当其与所连接的前级子系统相互作用时，将减小系统阻尼，使系统更容易振荡，恶化系统的稳定性。这表明即使各子系统能够稳定运行，组成大系统后系统的稳定性也不能保证，子系统的相互作用可能会引起整个系统失稳。随着 MEA 技术的迅速发展，飞机将向电气化程度更高的全电飞机过渡，飞机电力系统中的恒功率特性负载数量会更庞大，功率等级将更高，由电力系统子系统相互作用引起的系统稳定性问题将更为严重。②由于电力系统的容量大大增加，电能所占发动机总输出能量的比重将显著提升，如空客 A320 和波音 B737 型飞机中，发动机共产生约 41.7MW 功率，其中电能仅 200kW，如果采用 MEA 技术，电能将达到 1.5MW 以上[16]，电力系统与发动机的相互作用将不能忽略，尤其是在推力需求较小的飞机下降过程中。实际上，电力系统的功率变化直接反映出了高压轴和低压轴主发电机从发动机的压气机中获得功率的变化，而发电机需求功率的变化则将对发动机的运行产生影响。图 1.1 给出了发动机的低压级压气机（low pressure compressor，LPC）的工作曲线与主发电机需求功率的关系图[17]。由图 1.1 可知，当高压轴发电机需求功率增大或低压轴发电机需求功率减小时，LPC 的运行将向喘振边界靠拢，导致发动机运行的稳定裕度下降。因此，当飞机电力系统中出现大功率负载突增突降时，如故障切除负载或有较大回馈能量返回发电机等情况，发动机的运行可能超过喘振边界，导致发动机运行失稳，引起发动机熄火、压气机叶片断裂等严重事故。由此可见，为了保证 MEA 在整个飞行过程中的安全，极有必要研究电力系统的子系统间的相互作用以及整个电力系统与发动机的相互作用机理，从而避免不良相互作用的发生。

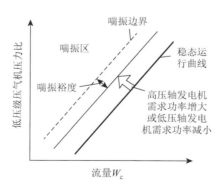

图 1.1　发动机的低压级压气机工作曲线与主发电机需求功率的关系

随着我国科技强国战略的实施，国家加大了对民航工业的投入力度，研发具有完全自主知识产权的大型商用飞机已成为我国科技强国战略的重要一环。在此推动下，国家"大飞机"研究项目取得了举世瞩目的成绩，中国商用飞机有限责任公司的 C919 干线客机研究目前已取得阶段性突破。然而，与欧美航空强国相比，我国的航空技术发展仍不成熟，MEA 技术目前仍处于相对落后的水平，MEA 电力系统架构优化方面的研究相对较少。因此，本章从重量和稳定性两个角度出发，对多电飞机电力系统架构进行优化，旨在确立最适合未来多电飞机技术发展的电力系统架构，以促进我国 MEA 技术的发展。

1.2　飞机电力系统架构的发展

图 1.2 所示为飞机电力系统发展历程。从图 1.2 可以看出，随着飞机电力系统架构的快速发展，其电压等级正逐步发生变化，越来越多的用电设备代替原来的液压能、气压能设备加入电力系统，负载类型的多样化使得母线电压很难标准化，因此未来飞机电力系统应当从发电、功率变换、功率分配及功率控制等方面对其架构进行优化。

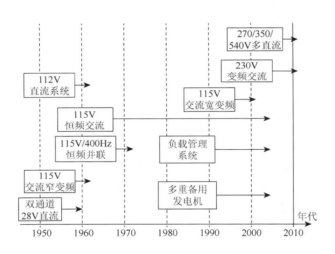

图 1.2　飞机电力系统发展历程

1. 高压与变频技术[18-21]

第一代飞机电力系统采用恒频交流（115/200VAC，400Hz）的集成驱动发电机，其笨重而低效的恒速驱动（constant speed drive，CSD）装置严重影响系统性能，发展变频技术势在必行。越来越多的用电设备意味着母线需要更高的电压或电流。显然，大电流会增加传输线的压降，引起导线温度升高，从而需要更粗的传输线，导致系统重量增加，因而提高电流并不是最优的选择。此外，相同功率下更高的母线电压意味着更低的电流，从而避免了传输线压降过大。由于高压交流系统和高压直流系统的母线电流等级均远远低于传统低压系统，传输线可以更细以达到减重效果，尤其是高压直流配电系统，可以大幅度减少传输线数量。然而，目前民航高压交流系统相对成熟，高压直流系统仍需进一步完善。

2. 分布式电源技术[22-25]

基于半导体技术的分布式电源架构可降低飞机电力系统的重量，适合现代民航的发展。现代大型民航飞机分布式电力系统架构中均采用了一定数量的二次配电箱（secondary power distribution box，SPDB）等设备。文献[23]指出 SPDB 的数量在一定程度上能够影响系统架构的重量，当系统采用 6 个 SPDB 时具有最佳的减重效果，如图 1.3 所示。

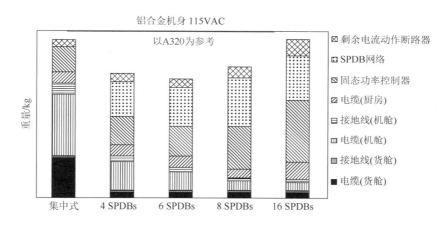

图 1.3 集中式电源架构与各分布式电源架构的重量对比

3. 功率变换系统

功率变换系统采用半导体器件作为功率变换开关，可有效提升电能利用率，减少功率损耗。因此，为推动功率变换系统的发展，需大力研发相关的硬件、控制系统、半导体开关、无源器件、热管理、封装、保护装置及交直流断路器等。

根据以上几点，本节介绍四种典型的现代大型民航飞机电力系统架构。

1.2.1 115V 恒频交流电力系统

该架构自 20 世纪 60 年代推出以来已广泛应用于大型商用飞机中，如 A320 和 B737。图 1.4 所示为恒频交流电力系统架构，其主要由主发电机、辅助动力单元（auxiliary power unit，APU）、电力电子变换装置和机载负荷组成，交流母线电压维持在 115V，频率恒为 400Hz。此外，交流母线电压还通过 TRU 转换为 28V 直流电为低压直流负荷（如航空电子设备、电池组等）供电。在该架构中，TRU 因其拓扑结构简单可靠而广泛应用于飞机电力系统中；电池组作为备用电源，可通过 DC（direct current，直流）/AC（alternating current，交流）逆变器为交流负荷供电[24]。

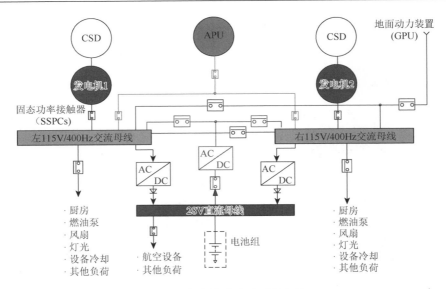

图 1.4　恒频交流电力系统架构

1.2.2　交直流混合电力系统

图 1.5 所示为交直流混合电力系统架构，沉重而低效的恒速驱动装置已被移除，发电机与发动机轴直接连接。这种直连架构使得电力系统交流母线电压频率在 360～800Hz 变化，与发动机转速成正比。对于传统交流负荷，母线的变频交流电通过两级式逆变器转换为恒频交流电向传统交流负荷供电；对于直流负荷，母线的 115V 交流电压通过自耦变压整流器（autotransformer rectifier unit，ATRU）直接变压获得 270V 高压直流电为高压直流负荷供电，也通过 TRU 转换为 28V 直流电为低压直流负荷供电。该架构提升了直流电压等级，减轻了飞机重量，目前已应用于空客 A380 和部分军用飞机（如 F35 和 F22 等）。

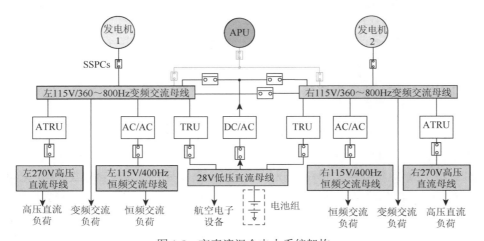

图 1.5　交直流混合电力系统架构

1.2.3　高压交直流混合电力系统

该系统架构与交直流混合电力系统架构类似，但其交流母线电压等级提高至 230V。该架构目前已应用于波音 B787 等大型客机。

1.2.4　高压直流电力系统

图 1.6 所示为未来 MEA 典型的高压直流电力系统架构，该架构与上述架构的最大区别在于其母线采用高压直流电。在一些传统交流负荷中含有集成的整流模块，能够将 270V 直流电整流为 115V 交流电。传统发电机亦可通过整流器得到 270V 高压直流电。此外，部分电气化负荷可省去功率变换模块，从而达到减重效果。在相同容量下，高压直流电力系统的汇流条长度和尺寸较小，能够提高系统的功率密度。在欧洲开放电气化技术（more open electrical technologies，MOET）项目的框架下[25]，该架构正在不断完善。此外，CleanSky 项目和空客的高压直流项目也提升了该电力系统架构的应用潜力。

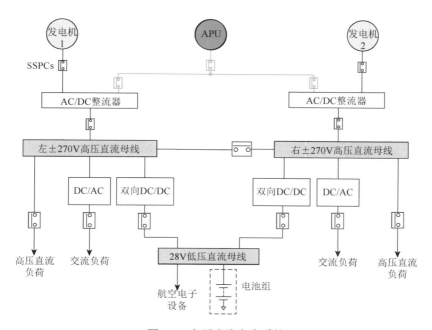

图 1.6　高压直流电力系统

文献[26]比较了不同电压等级高压直流电力系统的机舱布线重量，其分析结果如图 1.7 所示。从图 1.7 可以看出，+270V/0V 直流–28V 分散式、±270V 直流–28V 分散式和±270V/0V 直流–28V 分散式三种架构的减重效果较好，随着技术的日益成熟，这些架构会不断发展巩固。本书所讨论的高压直流电力系统为波音 B787 所采用的±270V 直流–28V 分散式直流电力系统。

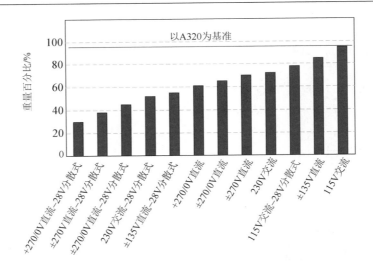

图 1.7   电力系统架构布线重量与实际布线重量对比（SPDB 数量为 8）

1.3   各电力系统架构的重量对比

在民航工业中，减轻飞机重量能够显著提升飞机的性能和燃油效率。文献[27]研究表明，一架中小型民用飞机每减轻 1kg 重量，在 20 年的运行期间可以节省约 4500 美元成本。由此可见，飞机电力系统重量是决定其架构的关键因素之一。为此，本节将从发电过程、布线系统、地面运行、电力电子变换系统和清洁能源集成五个方面综合评估和比较各电力系统架构的减重情况，并根据各方面的权重，筛选出减重效果明显、发展潜力较大的未来 MEA 电力系统架构。为便于区分各电力系统，本节将 115V 恒频交流电力系统、交直流混合电力系统、高压交直流混合电力系统和高压直流电力系统分别记为 EPS1、EPS2、EPS3 和 EPS4。

1.3.1   发电过程

发电过程主要指电力系统中发电机的发电方式。相较于 EPS1，其他的电力系统架构均去除了笨重且低效的恒速装置，提高了系统的整体效率，因而 EPS2—EPS4 均具有明显的减重效果。

1.3.2   布线系统

文献[26]的研究结果表明，无论是直流系统还是交流系统，提升一倍的母线电压等级可使电缆重量减少至原来的 35%。由于交流电力系统的功率取决于其有效值，所以在相同电压等级下，直流电力系统比交流电力系统更具有优势[27]。文献[26]对比了多种电力系统机舱布线重量，以 EPS1 的机舱布线重量为基准，各电力系统的机舱布线重量对比结果如图 1.8 所示。从图 1.8 可以看出，EPS3 和 EPS4 的机舱布线重量明显低于 EPS1 和 EPS2。

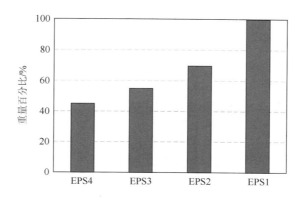

图 1.8　四种电力系统机舱布线重量对比结果

1.3.3　地面运行

地面运行主要考虑电力系统架构的改变是否影响未来 MEA 对现存机载设备的集成。一般而言，传统飞机在发动机关闭时有两种方式向机载设备供电。

（1）APU：效率低（约 8%），噪声严重[28, 29]，高油耗[30]（每小时消耗煤油 200kg，部分机场不允许使用 APU）。

（2）地面动力装置（ground power unit，GPU）：一般而言，飞机均有连接装置，允许外部电源供电。GPU 既可以是移动辅助动力车，也可以是机场提供的逆变电源，两者的区别主要在于 GPU 的机壳是否与其发电机共地点相连，如图 1.9 所示。目前，GPU 的输出通常为 115V/400Hz 恒频交流电，但 ISO 6858 技术标准中要求变频电网能与其兼容使用。

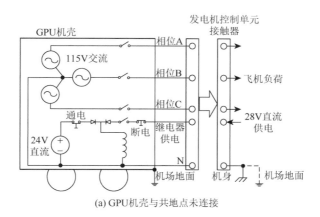

(a) GPU机壳与共地点未连接

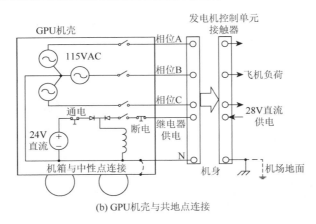

(b) GPU机壳与共地点连接

图 1.9　GPU 与飞机连接示意图

　　现有技术要求飞机电力系统电压等级应与 GPU 电压等级保持一致才能直接相连，否则需要通过变压器才能连接使用，这就不可避免地增加了变压器成本，增加了系统整体重量。因此，未来 MEA 要求飞机内部具有变压器装置确保可与 GPU 直接连接。

1.3.4　电力电子变换系统

　　飞机上大部分的电气化负荷可通过内部的电力电子变换器或开关电源直接与交流系统相连，而这些装置约占整个电力系统重量的一半。例如，在中小型飞机上，电力电子变换器的重量约为 400kg，若能对这些装置的重量进行优化，将有助于整个电力系统的减重。图 1.10 所示为飞机机舱和货舱中各负荷类型所占功率的比重。从图 1.10 可以看出，不需要变换器的机载负荷占大多数（为 65%），主要为加热负荷，如机载厨房的加热器；35% 的机载负荷需要变换器。随着 MEA 技术的发展，电能将会替代大部分其他形式的能量，因此越来越多的电力电子变换器将被安装到机载电力系统，从而对其整体重量产生不容忽视的影响。

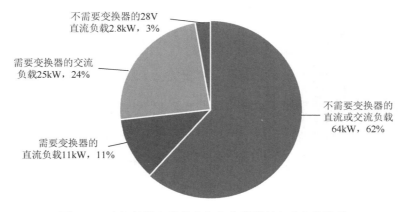

图 1.10　飞机机舱和货舱中各负荷类型所占功率的比重

在传统的交流电力系统（如 EPS1 和 EPS2）中源、荷之间通常由一个或多个电力电子变换器相连。如图 1.4 所示，功率较大的负荷直接或通过一个变换器连接到交流母线上；功率较小的负荷内部通常含有 DC/DC 变换器，通过变压整流器或 AC/DC 变换器将交流电转换为 28V 低压直流电进行供电。这类架构可通过优化设计电力电子变换器来达到减重的效果。

对于直流电力系统（如 EPS4）架构，系统中去除了 AC/DC 变换器、ATRU 和 TRU 等装置，采用工作频率更高的 DC/DC 变换器以提高系统功率密度。不仅如此，DC/DC 变换器的双向设计可在紧急模式下由蓄电池向关键负荷供电，EPS1—EPS3 架构则需要利用额外的 DC/AC 逆变器来实现。因此，EPS4 中电力电子变换器的数量相对较少，减轻了整个电力系统的重量。文献[31]研究表明，高压直流电力系统架构在电力电子变换器上可节省 150kg 重量。

MEA 技术势必使交流电力系统架构 EPS1—EPS2 大量采用 AC/DC 变换器、DC/AC 逆变器等电力电子变换装置来驱动越来越多的电气化负荷，而对于电力系统架构 EPS3—EPS4，机载负荷通常直接或通过少量 DC/AC 变换器连接到高压直流母线上，相对减少了电力电子变换装置的需求。此外，部分采用变频交流电供电的负荷，如防/除冰系统，可与发电机输出端直连而省去中间变换环节。由此可见，在电气化负荷数量相同的情况下，EPS4 使用电力电子变换装置的数量要比 EPS3 少。从整体减重效果来看，EPS3 和 EPS4 要优于 EPS1 和 EPS2。

1.3.5 清洁能源集成

鉴于传统 APU 效率低，替代 APU 技术成为当下研究热点。燃料电池因其高效、无排放等优点最具替代潜力，有助于推进民航工业的节能减排计划。根据空客和波音的研究报告，基于电力电子变换装置和电机驱动装置的脉动与回馈负荷将成为未来 MEA 的又一关键技术[32, 33]。研究表明，清洁能源（如电池和超级电容）可提供脉动负荷的峰值功率并存储系统的回馈能量，从而优化发电机的设计，使发电机只提供负荷的平均功率，从而减轻系统的重量。

MEA 电力系统架构的优化选取应保证清洁能源的集成不会增加系统的重量，文献[34]和文献[35]从效率、成本、可靠性、容错性及大小等方面考察了电力系统集成清洁能源的可行性。由于电池、超级电容等清洁能源输出直流电，在 EPS2—EPS4 中，它们只需通过 DC/DC 变换器即可直接与高压直流母线相连；若需与交流母线相连，则需使用更多的电力电子变换装置。此外，直流电力系统架构在功率分配方面也比交流电力系统架构更简单：直流电力系统通过控制清洁能源单元 DC/DC 变换器的输出电流跟踪上相应的功率分配基准即可实现功率分配；交流电力系统则需控制清洁能源单元 DC/AC 逆变器的无功功率和有功功率以确保其输出电压与发电机输出电压同步。然而，DC/AC 逆变器通常采用 Park 帕克变换法进行解耦控制，该方法在系统带不平衡负荷时将失效。综上所述，高效的清洁能源更适合集成于直流电力系统架构中。

1.3.6 结果比较与分析

为评估四种架构在重量方面的优劣，本节综合考虑发电过程、布线系统、地面运行、电力电子变换系统和清洁能源集成等因素对系统架构重量的影响，根据文献[26]～文献[35]对四种架构重量的粗略评估，得到如表 1.3 所示的各电力系统架构的重量对比。需要说明的是，表中每一项得分均是根据该项对系统架构重量的影响而进行评判的，1 分表示最优，5 分表示最差；每项得分与该项对系统架构总重量的影响因子相乘即可得到该项的最终分数，然后计算每项最终分数的总和即可得到每种架构的最终分数，总分越低表明该架构的减重效果越好。从表 1.3 可以看出，布线系统和电力电子变换系统是影响系统重量优化最重要的两个因素；EPS3 和 EPS4 的减重效果优于 EPS1 和 EPS2。

表 1.3 各电力系统架构的重量对比

评估项	重量影响因子	EPS1	EPS2	EPS3	EPS4
发电过程	0.2	4	1	1	1
布线系统	0.3	4	3	1	1
地面运行	0.1	1	2	3	3
电力电子变换系统	0.3	3	2	2	1
清洁能源集成	0.1	3	2	2	1
总计	1	3.3	2.1	1.6	1.2

1.4 高压类电力系统架构的结构稳定性对比

根据 1.3 节所述的各电力系统架构重量分析结果可知，高压交直流混合电力系统架构和高压直流电力系统架构更适用于未来 MEA。然而，这两类架构中将大量采用新型电气化负荷，而这类负荷通常呈现恒功率特性，输入阻抗表现为负阻抗特性，大大衰减了系统阻尼，易与前级系统产生相互作用，引发系统振荡，从而导致系统失稳。因此，结构稳定性是评判飞机电力系统架构优劣的重要指标之一。本节从机载电力系统架构稳定性角度出发，针对两种高压类电力系统架构的大信号稳定性进行研究，对比两种架构的大信号稳定性，旨在为 MEA 电力系统架构的优化设计提供理论参考。

本节所研究的两种高压类 MEA 电力系统架构整体框图分别如图 1.11 和图 1.12 所示。图 1.11 所示为高压交直流混合电力系统架构，其主要由主发电机及其控制单元（generator control unit，GCU）、电力电子变换系统和各类负荷组成，包含低压直流负荷、传统负荷、蓄电池组及电机驱动系统。图 1.12 所示为高压直流电力系统架构，主要由发电机及其 GCU、ATRU、电力电子变换系统和各类负荷组成。从图 1.11 和图 1.12 可以看出，这两种架构的最大区别为 GCU 控制的输出端不同：高压交直流混合电力系统架构的 GCU 控制发电机输出电压，保证了交流母线电压恒定；而高压直流电力系统架构的 GCU 控制 ATRU 输出电压，确保直流母线电压稳定。此外，高压直流电力系统架构引入高压直流母线大大减少了电力电子变换器的数量，且负荷大量采用电力电子

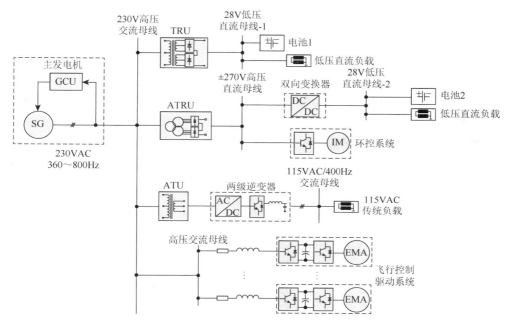

图 1.11　高压交直流混合电力系统架构图

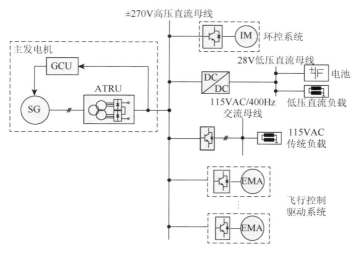

图 1.12　高压直流电力系统架构图

变换器进行输配电，而此类负荷的恒功率特性将严重影响系统稳定性。根据文献[36]所述，高压交直流混合电力系统中仅高压直流子系统对系统的稳定性影响最为严重，其他子系统的影响可忽略不计。因此，为研究系统在最恶劣条件下的大信号稳定性，本书在系统建模过程中将所有连接的负荷均看作高压直流子系统上的恒功率负载（constant power load，CPL）。

1.4.1　系统建模

由于高压交直流混合电力系统架构和高压直流电力系统架构均较为复杂，为简化分析过程，本节对其模型进行了合理简化。在高压直流电力系统架构中，由于 GCU 的影响，发电机和 ATRU 可以看作理想恒压源为负荷供电；在高压交直流混合电力系统架构中，ATRU 的效果将不可忽略，其换向重叠角效果将使直流侧母线电压产生压降，压降的大小随负荷功率等级变化。为保证结构稳定性分析的合理性与公平性，两种架构的负荷设定为相同功率等级的 CPL，它们的简化模型如图 1.13 和图 1.14 所示。

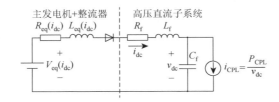

图 1.13　高压交直流混合电力系统架构简化模型

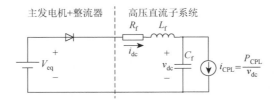

图 1.14　高压直流电力系统架构简化模型

1. 高压交直流混合电力系统架构建模

结合图 1.13，由基尔霍夫电压/电流定律可得，高压交直流混合电力系统架构的简化数学模型为

$$
\begin{cases}
\left(L_{\mathrm{f}} + L_{\mathrm{eq}}(i_{\mathrm{dc}})\right)\dfrac{\mathrm{d}i_{\mathrm{dc}}}{\mathrm{d}t} = V_{\mathrm{eq}}(i_{\mathrm{dc}}) - v_{\mathrm{diode}} - \left(R_{\mathrm{f}} + R_{\mathrm{eq}}(i_{\mathrm{dc}})\right)i_{\mathrm{dc}} - v_{\mathrm{dc}} \\
C_{\mathrm{f}} \dfrac{\mathrm{d}v_{\mathrm{dc}}}{\mathrm{d}t} = i_{\mathrm{dc}} - \dfrac{P_{\mathrm{CPL}}}{v_{\mathrm{dc}}}
\end{cases}
\tag{1.1}
$$

式中，L_{f}、R_{f} 和 C_{f} 分别为直流侧的滤波电感、滤波电阻和滤波电容；v_{dc} 和 i_{dc} 分别为直流侧母线电压和母线电流；$L_{\mathrm{eq}}(i_{\mathrm{dc}})$、$R_{\mathrm{eq}}(i_{\mathrm{dc}})$ 和 $V_{\mathrm{eq}}(i_{\mathrm{dc}})$ 分别为 ATRU 的等效电感、等效电阻和

等效输入电压，它们均受换向重叠角的影响；v_{diode} 为二极管端电压；P_{CPL} 为 CPL 的功率。

根据文献[37]可知，在高压交直流混合电力系统架构中，ATRU 的换向重叠角 $\mu(i_{dc})$ 随负荷电流 i_{dc} 的变化而变化，它们的关系可表示为

$$\mu(i_{dc}) = \arccos\left(1 - \frac{\omega L i_{dc}}{\sqrt{3}V_m}\right) \tag{1.2}$$

式中，ω 为交流母线的角频率；L 为 ATRU 的等效漏感；V_m 为交流母线的幅值电压。

当 $0 \leqslant \mu(i_{dc}) \leqslant \pi/6$ 时，换向重叠角与负荷电流的关系可表示为

$$\begin{aligned}
\frac{di_{dc}}{dt} = \frac{6}{\pi}V_m &\left(\left(\frac{1}{L_1}\frac{3+2\sqrt{3}}{4} - \frac{1}{L_2}\frac{\sqrt{3}}{2}\right)\sin(\mu(i_{dc})) - \frac{1}{L_2}\frac{\sqrt{3}}{2}\sin\left(\mu(i_{dc}) - \frac{\pi}{6}\right) + \frac{1}{L_2}\frac{\sqrt{3}}{4}\right) \\
&- \left(\frac{6}{\pi}\left(\frac{R_1}{L_1} - \frac{R_2}{L_2}\right)\mu(i_{dc}) + \frac{R_2}{L_2}\right)\cdot i_{dc} - \left(\frac{6}{\pi}\left(\frac{1}{L_1} - \frac{1}{L_2}\right)\mu(i_{dc}) + \frac{1}{L_2}\right)\cdot v_{dc}
\end{aligned} \tag{1.3}$$

当 $\pi/6 \leqslant \mu(i_{dc}) \leqslant \pi/3$ 时，换向重叠角与负荷电流的关系可表示为

$$\begin{aligned}
\frac{di_{dc}}{dt} = \frac{6}{\pi}V_m &\left(\left(\frac{1}{L_3}\frac{3}{4} - \frac{1}{L_1}\frac{3+2\sqrt{3}}{4}\right)\sin\left(\mu(i_{dc}) - \frac{\pi}{6}\right) - \frac{1}{L_3}\frac{3}{4}\sin(\mu(i_{dc})) + \frac{1}{L_1}\frac{3+2\sqrt{3}}{8} - \frac{1}{L_3}\frac{3}{8}\right) \\
&- \left(\frac{6}{\pi}\left(\frac{R_3}{L_3} - \frac{R_1}{L_1}\right)\mu(i_{dc}) + \frac{2R_1}{L_1} - \frac{R_3}{L_3}\right)\cdot i_{dc} - \left(\frac{6}{\pi}\left(\frac{1}{L_3} - \frac{1}{L_1}\right)\mu(i_{dc}) + \frac{2}{L_1} - \frac{1}{L_3}\right)\cdot v_{dc}
\end{aligned} \tag{1.4}$$

其中，电感、电阻参数分别定义为

$$\begin{cases}
L_1 = 0.875L + L_f + L_{ipr} \\
L_2 = L + L_f + L_{ipr} \\
L_3 = 0.75L + L_f + L_{ipr} \\
R_1 = 0.875r + R_f \\
R_2 = r + R_f \\
R_3 = 0.75r + R_f
\end{cases} \tag{1.5}$$

式中，r 和 L_{ipr} 分别为 ATRU 的等效漏阻和相间电抗器的漏感。

当 $0 \leqslant \mu(i_{dc}) \leqslant \pi/6$ 时，联立式（1.1）、式（1.3）和式（1.4），$L_{eq}(i_{dc})$、$R_{eq}(i_{dc})$ 和 $V_{eq}(i_{dc})$ 可分别表示为

$$L_{eq}(i_{dc}) = \frac{L_1 L_2}{\frac{6}{\pi}(L_2 - L_1)\cdot\mu(i_{dc}) + L_1} - L_f \tag{1.6}$$

$$R_{eq}(i_{dc}) = \left(\frac{6}{\pi}\left(\frac{R_1}{L_1} - \frac{R_2}{L_2}\right)\cdot\mu(i_{dc}) + \frac{R_2}{L_2}\right)\cdot\left(L_{eq}(i_{dc}) + L_f\right) - R_f \tag{1.7}$$

$$V_{eq}(i_{dc}) = \frac{6}{\pi}V_m\left(\begin{aligned}&\left(\frac{3+2\sqrt{3}}{4L_1} - \frac{\sqrt{3}}{2L_2}\right)\sin(\mu(i_{dc})) \\ &+ \frac{\sqrt{3}}{2L_2}\left(\sin\frac{\pi}{6} - \sin\left(\mu(i_{dc}) - \frac{\pi}{6}\right)\right)\end{aligned}\right)\cdot\left[L_{eq}(i_{dc}) + L_f\right] \tag{1.8}$$

同理，当 $\pi/6 \leqslant \mu(i_{dc}) \leqslant \pi/3$ 时，$L_{eq}(i_{dc})$、$R_{eq}(i_{dc})$ 和 $V_{eq}(i_{dc})$ 可分别表示为

$$L_{eq}(i_{dc}) = \frac{L_1 L_3}{\frac{6}{\pi}(L_1 - L_3)\cdot\mu(i_{dc}) + 2L_3 - L_1} - L_f \tag{1.9}$$

$$R_{eq}(i_{dc}) = \left(\frac{6}{\pi}\left(\frac{R_3}{L_3} - \frac{R_1}{L_1}\right)\cdot\mu(i_{dc}) + \frac{2R_1}{L_1} - \frac{R_3}{L_3}\right)\cdot\left(L_{eq}(i_{dc}) + L_f\right) - R_f \tag{1.10}$$

$$V_{eq}(i_{dc}) = \frac{6}{\pi}V_m\left\{\begin{array}{l}\left(\frac{3}{4L_3} - \frac{3+2\sqrt{3}}{4L_1}\right)\sin\left(\mu(i_{dc}) - \frac{\pi}{6}\right)\\[2mm] + \frac{\sqrt{3}}{4L_3}\sin\left(\mu(i_{dc})\right) + \frac{3+2\sqrt{3}}{8L_1} - \frac{3}{8L_3}\end{array}\right\}\cdot\left(L_{eq}(i_{dc}) + L_f\right) \tag{1.11}$$

2. 高压直流电力系统架构建模

结合图 1.14，根据基尔霍夫电压/电流定律可得，高压直流电力系统架构的数学模型可表示为

$$\begin{cases} L_f \dfrac{di_{dc}}{dt} = V_{eq} - v_{diode} - R_f i_{dc} - v_{dc} \\[3mm] C_f \dfrac{dv_{dc}}{dt} = i_{dc} - \dfrac{P_{CPL}}{v_{dc}} \end{cases} \tag{1.12}$$

式中，V_{eq} 为直流母线输入电压，主要受 GCU 控制的影响，通常维持在基准电压 540V。

在该架构中，由于将发电机与 ATRU 整体看作理想恒压源，ATRU 的换向重叠角将不再影响直流侧电压值，系统模型中不存在随 i_{dc} 变化的参数。

1.4.2　两种高压类电力系统架构的大信号稳定性分析

本节应用混合势函数理论研究两种高压类电力系统架构的结构稳定性。该理论由 Brayton 和 Moser 于 1964 年提出[38]，主要用于研究非线性电路的稳定性问题，其应用方法可分为两步：①基于非线性电路的结构与特性，构造待研究系统的混合势函数；②根据混合势函数的特点，应用相应的稳定性判别定理得到系统的稳定性判据。混合势函数 $P(i,v)$ 是一种李雅普诺夫类型的能量函数，包含电压势函数和电流势函数，可直接根据非线性电路中的电感、电容以及非储能元件进行构建，可统一表示为[39]

$$P(i,v) = A(i) - B(v) + N(i,v) \tag{1.13}$$

式中，$A(i)$ 为电流势函数；$B(v)$ 为电压势函数；$N(i,v)$ 为与电路结构相关的常数矩阵，$N(i,v) = \gamma\cdot iv$，γ 取值为常数 ±1 或 0。此外，混合势函数 $P(i,v)$ 还满足如下方程[39]：

$$\begin{cases} -L_\alpha \dfrac{di_\alpha}{dt} = \dfrac{\partial P(i,v)}{\partial i_\alpha} \\[3mm] C_\beta \dfrac{dv_\beta}{dt} = \dfrac{\partial P(i,v)}{\partial v_\beta} \end{cases} \tag{1.14}$$

式中，i_α 为电感 α 的电流；v_β 为电容 β 的电压。若将所有电感的电流势函数和所有电容的电压势函数累加，即可得到系统的混合势函数 $P(i,v)$。这是混合势函数理论的基本概念，

然而该函数并不满足李雅普诺夫函数导数负定的特性。根据混合势函数理论的第三条稳定性定理[39]，利用该混合势函数重新构造出一个满足李雅普诺夫渐进稳定条件的函数，具体构造方法将根据两种架构的实际情况进行论述。

1. 高压交直流混合电力系统架构的大信号稳定性分析

根据式（1.14）可得，高压交直流混合电力系统架构简化模型的混合势函数 $P_{A3}(i_{dc}, v_{dc})$ 满足如下方程：

$$\begin{cases} -\left(L_{eq}(i_{dc}) + L_f\right)\dfrac{di_{dc}}{dt} = \dfrac{\partial P_{A3}(i_{dc}, v_{dc})}{\partial i_{dc}} \\ C_f \dfrac{dv_{dc}}{dt} = \dfrac{\partial P_{A3}(i_{dc}, v_{dc})}{\partial v_{dc}} \end{cases} \tag{1.15}$$

联立式（1.1）和式（1.15）可得，高压交直流混合电力系统架构简化模型的混合势函数 $P_{A3}(i_{dc}, v_{dc})$ 为

$$P_{A3}(i_{dc}, v_{dc}) = \underbrace{-\int_i^{i_{dc}} \left(V_{eq}(i_{dc}) - v_{diode}\right)di_{dc} + \int_i^{i_{dc}} \left(R_{eq}(i_{dc}) + R_f\right)\cdot i_{dc}\,di_{dc}}_{A_{A3}(i_{dc})} \underbrace{- P_{CPL}\ln(v_{dc})}_{B_{A3}(v_{dc})} + \underbrace{i_{dc}v_{dc}}_{N_{A3}(i_{dc}, v_{dc})} \tag{1.16}$$

根据文献[39]所述的方法，利用混合势函数 $P_{A3}(i_{dc}, v_{dc})$ 重构的李雅普诺夫函数 $P_{A3}^*(i_{dc}, v_{dc})$ 为

$$\begin{aligned} P_{A3}^*(i_{dc}, v_{dc}) = {} & \lambda_{A3} \cdot P_{A3}(i_{dc}, v_{dc}) + \frac{1}{2}\frac{\partial P_{A3}(i_{dc}, v_{dc})}{\partial v_{dc}} \cdot C_f^{-1} \cdot \frac{\partial P_{A3}(i_{dc}, v_{dc})}{\partial v_{dc}} \\ & + \frac{1}{2}\frac{\partial P_{A3}(i_{dc}, v_{dc})}{\partial i_{dc}} \cdot \left(L_{eq}(i_{dc}) + L_f\right)^{-1} \cdot \frac{\partial P_{A3}(i_{dc}, v_{dc})}{\partial i_{dc}} \end{aligned} \tag{1.17}$$

其中，

$$\lambda_{A3} = \frac{\lambda_2 - \lambda_1}{2}, \qquad \lambda_1 = \frac{K_1}{L_{eq}(i_{dc}) + L_f}, \qquad \lambda_2 = \frac{K_2}{C_f} \tag{1.18}$$

$$K_1 = \frac{1}{2} \cdot \frac{\partial^2 A_{A3}(i_{dc})}{\partial i_{dc}^2} + \frac{1}{2} \cdot \frac{\partial}{\partial i_{dc}}\left(\left(\frac{\partial A_{A3}(i_{dc})}{\partial i_{dc}} + v_{dc}\right) \cdot \left(L_{eq}(i_{dc}) + L_f\right)^{-1}\right) \cdot \left(L_{eq}(i_{dc}) + L_f\right) \tag{1.19}$$

$$K_2 = \frac{\partial^2 B_{A3}(v_{dc})}{\partial v_{dc}^2} \tag{1.20}$$

结论 1.1　若 $(\lambda_1 + \lambda_2) > 0$，则可保证 $dP_{A3}^*(i_{dc}, v_{dc}) / dt \leqslant 0$，李雅普诺夫函数 $P_{A3}^*(i_{dc}, v_{dc})$ 的所有解随着 $t \to \infty$ 全部达到稳态工作点，即系统能够渐进稳定运行。

证明：定义 $\boldsymbol{x} = [i_{dc}, v_{dc}]^{T}$，式（1.15）可表示为

$$\frac{\partial P_{A3}(i_{dc}, v_{dc})}{\partial \boldsymbol{x}} = \boldsymbol{Q}(\boldsymbol{x}) \cdot \dot{\boldsymbol{x}} \tag{1.21}$$

其中，

$$\boldsymbol{Q}(\boldsymbol{x}) = \begin{bmatrix} -\left(L_{eq}(i_{dc}) + L_f\right) & 0 \\ 0 & C_f \end{bmatrix} \tag{1.22}$$

由式（1.17）可得，李雅普诺夫函数 $P_{A3}^*(i_{dc}, v_{dc})$ 可表示为

$$\frac{\partial P_{A3}^*(i_{dc}, v_{dc})}{\partial \boldsymbol{x}} = \boldsymbol{Q}^*(\boldsymbol{x}) \cdot \dot{\boldsymbol{x}} \qquad (1.23)$$

其中，

$$\boldsymbol{Q}^*(\boldsymbol{x}) = \begin{bmatrix} -K_1 & 1 \\ -1 & -K_2 \end{bmatrix} + \lambda_{A3} \begin{bmatrix} -\big[L_{eq}(i_{dc}) + L_f\big] & 0 \\ 0 & C_f \end{bmatrix} \qquad (1.24)$$

结合式（1.21）和式（1.23），李雅普诺夫函数 $P_{A3}^*(i_{dc}, v_{dc})$ 的导数可表示为

$$
\begin{aligned}
\frac{\mathrm{d}P_{A3}^*(i_{dc}, v_{dc})}{\mathrm{d}t} &= \left\langle \dot{\boldsymbol{x}}, \frac{\partial P_{A3}^*(i_{dc}, v_{dc})}{\partial \boldsymbol{x}} \right\rangle = \left\langle \dot{\boldsymbol{x}}, \boldsymbol{Q}^*(\boldsymbol{x}) \cdot \dot{\boldsymbol{x}} \right\rangle \\
&= \left\langle \frac{\mathrm{d}i_{dc}}{\mathrm{d}t}, -K_1 \frac{\mathrm{d}i_{dc}}{\mathrm{d}t} + \frac{\mathrm{d}v_{dc}}{\mathrm{d}t} - \lambda_{A3} \cdot \big(L_{eq}(i_{dc}) + L_f\big) \cdot \frac{\mathrm{d}i_{dc}}{\mathrm{d}t} \right\rangle \\
&\quad + \left\langle \frac{\mathrm{d}v_{dc}}{\mathrm{d}t}, -K_2 \frac{\mathrm{d}v_{dc}}{\mathrm{d}t} - \frac{\mathrm{d}i_{dc}}{\mathrm{d}t} + \lambda_{A3} \cdot C_f \frac{\mathrm{d}v_{dc}}{\mathrm{d}t} \right\rangle \\
&= -\left(\lambda_{A3} + \frac{K_1}{L_s(i_{dc})}\right)\left\langle \frac{\mathrm{d}i_{dc}}{\mathrm{d}t}, \big[L_{eq}(i_{dc}) + L_f\big] \cdot \frac{\mathrm{d}i_{dc}}{\mathrm{d}t} \right\rangle + \left(\lambda_{A3} - \frac{K_2}{C_f}\right)\left\langle \frac{\mathrm{d}v_{dc}}{\mathrm{d}t}, C_f \frac{\mathrm{d}v_{dc}}{\mathrm{d}t} \right\rangle \\
&= -\left(\frac{\lambda_1 + \lambda_2}{2}\right)\left(\left\langle \frac{\mathrm{d}i_{dc}}{\mathrm{d}t}, \big[L_{eq}(i_{dc}) + L_f\big] \cdot \frac{\mathrm{d}i_{dc}}{\mathrm{d}t} \right\rangle + \left\langle \frac{\mathrm{d}v_{dc}}{\mathrm{d}t}, C_f \frac{\mathrm{d}v_{dc}}{\mathrm{d}t} \right\rangle\right)
\end{aligned}
$$

$$(1.25)$$

若 $(\lambda_1 + \lambda_2) > 0$，则 $\mathrm{d}P_{A3}^*(i_{dc}, v_{dc}) / \mathrm{d}t \leqslant 0$。当且仅当 $\mathrm{d}i_{dc}/\mathrm{d}t = \mathrm{d}v_{dc}/\mathrm{d}t = 0$，即系统处于稳态工作点时，$\mathrm{d}P_{A3}^*(i_{dc}, v_{dc}) / \mathrm{d}t = 0$。根据李雅普诺夫稳定性理论可知，系统是渐进稳定的。证明完毕。

根据上述证明过程可知，条件 $(\lambda_1 + \lambda_2) > 0$ 在一定程度上限制了重构李雅普诺夫函数 $P_{A3}^*(i_{dc}, v_{dc})$ 的取值，即系统在极值范围内是渐进稳定的。因此高压交直流混合电力系统架构的吸引域可表示为

$$R_{A3} = \left\{ (i_{dc}, v_{dc}) \big| P_{A3}^*(i_{dc}, v_{dc}) < l_{A3} \right\} \qquad (1.26)$$

式中，l_{A3} 为 $P_{A3}^*(i_{dc}, v_{dc})$ 在临界情况 $(\lambda_1 + \lambda_2) = 0$ 下所对应的最小值。

需要说明的是，高压交直流混合电力系统架构的吸引域随着负荷功率变化而变化，尽管李雅普诺夫稳定性理论的充分不必要性导致所得的吸引域具有一定的保守性，但是它足以囊括系统绝大部分的大信号稳定运行区间。

2. 高压直流电力系统架构的大信号稳定性分析

同理，高压直流电力系统架构的混合势函数 $P_{A4}(i_{dc}, v_{dc})$ 满足如下方程：

$$
\begin{cases}
-L_f \dfrac{\mathrm{d}i_{dc}}{\mathrm{d}t} = \dfrac{\partial P_{A4}(i_{dc}, v_{dc})}{\partial i_{dc}} \\[2mm]
C_f \dfrac{\mathrm{d}v_{dc}}{\mathrm{d}t} = \dfrac{\partial P_{A4}(i_{dc}, v_{dc})}{\partial v_{dc}}
\end{cases} \qquad (1.27)
$$

联立式（1.12）和式（1.27），高压直流电力系统架构简化模型的混合势函数 $P_{A4}(i_{dc}, v_{dc})$ 可表示为

$$P_{A4}(i_{dc}, v_{dc}) = \underbrace{-\int_i^{i_{dc}} (V_{eq} - v_{diode}) di_{dc} + \int_i^{i_{dc}} R_f \cdot i_{dc} di_{dc}}_{A_{A4}(i_{dc})} - \underbrace{P_{CPL} \ln(v_{dc})}_{B_{A4}(v_{dc})} + \underbrace{i_{dc} v_{dc}}_{N_{A4}(i_{dc}, v_{dc})} \qquad (1.28)$$

根据文献[39]所述的方法，该架构的重构李雅普诺夫函数 $P_{A4}^*(i_{dc}, v_{dc})$ 可表示为

$$\begin{aligned}P_{A4}^*(i_{dc}, v_{dc}) = & \lambda_{A4} \cdot P_{A4}(i_{dc}, v_{dc}) + \frac{1}{2} \frac{\partial P_{A4}(i_{dc}, v_{dc})}{\partial i_{dc}} \cdot L_f^{-1} \cdot \frac{\partial P_{A4}(i_{dc}, v_{dc})}{\partial i_{dc}} \\ & + \frac{1}{2} \frac{\partial P_{A4}(i_{dc}, v_{dc})}{\partial v_{dc}} \cdot C_f^{-1} \cdot \frac{\partial P_{A4}(i_{dc}, v_{dc})}{\partial v_{dc}}\end{aligned} \qquad (1.29)$$

其中，

$$\lambda_{A4} = \frac{\lambda_4 - \lambda_3}{2}, \qquad \lambda_3 = \frac{K_3}{L_f}, \qquad \lambda_4 = \frac{K_4}{C_f} \qquad (1.30)$$

$$K_3 = \frac{\partial^2 A_{A4}(i_{dc})}{\partial i_{dc}^2} \qquad (1.31)$$

$$K_4 = \frac{\partial^2 B_{A4}(v_{dc})}{\partial v_{dc}^2} \qquad (1.32)$$

同理，当 $(\lambda_3 + \lambda_4) > 0$ 时，高压直流电力系统架构是渐进稳定的。其证明过程与高压交直流混合电力系统架构的结构稳定性证明过程类似，在此不再赘述。此外，高压直流电力系统架构的吸引域可表示为

$$R_{A4} = \left\{ (i_{dc}, v_{dc}) \middle| P_{A4}^*(i_{dc}, v_{dc}) \leqslant l_{A4} \right\} \qquad (1.33)$$

式中，l_{A4} 为 $P_{A4}^*(i_{dc}, v_{dc})$ 在临界情况 $(\lambda_3 + \lambda_4) = 0$ 下所对应的最小值。

1.4.3　大信号稳定性对比及参数优化

为便于比较两种高压类电力系统架构的大信号稳定性，本书将 CPL 功率等级均设为 200kW，电力电子变换系统均采用 12 脉波的 ATRU，两种架构的系统参数如表 1.4 所示。

表 1.4　两种高压类电力系统架构的系统参数

架构	参数	数值
高压交直流混合电力系统架构	交流母线额定电压 V_{acbus}/V	230
	交流母线额定频率 f_{acbus}/Hz	400
	ATRU 等效漏感 L/H	158
	ATRU 等效漏阻 r/mΩ	2
	高压直流侧滤波电感（$L_f + L_{ipr}$）/μH	10
高压交直流混合电力系统架构	高压直流侧滤波电阻 R_f/mΩ	10
	高压直流侧滤波电容 C_f/μF	500
	二极管端电压 v_{diode}/V	1.4

架构	参数	数值
高压直流电力系统架构	直流母线额定电压 V_{eq}/V	540
	滤波电感 L_f/μH	10
	滤波电阻 R_f/mΩ	10
	滤波电容 C_f/μF	500
	二极管端电压 v_{diode}/V	1.4

在高压交直流混合电力系统架构中，$\mu(i_{dc})$、$L_s(i_{dc})$、$R_s(i_{dc})$ 和 $V_{eq}(i_{dc})$ 随负荷电流 i_{dc} 变化的趋势图如图 1.15 所示。从图 1.15 可以看出，$\mu(i_{dc})$、$L_s(i_{dc})$、$R_s(i_{dc})$ 和 $V_{eq}(i_{dc})$ 随 i_{dc} 的变化呈分段变化。

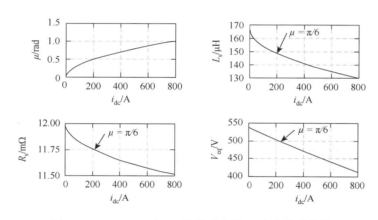

图 1.15 μ、L_s、R_s 和 V_{eq} 随负荷电流 i_{dc} 变化的趋势图

显然，高压直流电力系统架构的大信号稳定性与交流母线频率无关，而高压交直流混合电力系统架构的大信号稳定性受交流母线频率影响。为分析不同交流母线频率对高压交直流混合电力系统架构稳定性的影响，本节在不同交流母线频率下对高压交直流混合电力系统架构的吸引域进行了分析，分析结果如图 1.16 和图 1.17 所示。从图 1.16 和图 1.17 可以看出，当负荷功率固定时，高压交直流混合电力系统架构的吸引域随交流母线频率的降低而逐渐变小，即高压交直流混合电力系统架构的交流母线频率越高，其稳定运行区间就越大。

图 1.18 所示为滤波电容 C_f = 500μF 时两种高压类架构在不同负荷功率下的吸引域，其中高压交直流混合电力系统架构的交流母线频率设为最低频率 360Hz，此时其对应的吸引域最小。从图 1.18 可以看出，高压交直流混合电力系统架构失稳的临界负荷功率约为 135kW，而高压直流电力系统架构失稳的临界负荷功率约为 145kW。因此，在相同负荷功率下，高压直流电力系统架构的稳定运行区间大于高压交直流混合电力系统架构的稳定运行区间。考虑到两种高压类架构的额定负荷功率为 200kW，两者均不能满足设定要求，因此需对现有的系统参数进行优化，以增加系统的稳定运行区间。

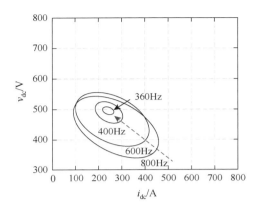

图 1.16 $P_{\text{CPL}} = 120\text{kW}$ 时高压交直流混合电力系统架构在不同交流母线频率下的吸引域

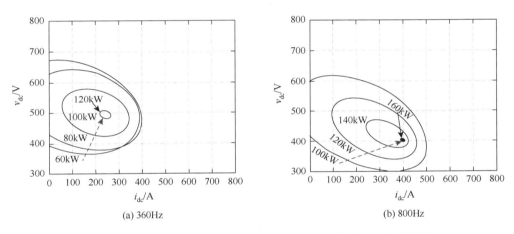

(a) 360Hz

(b) 800Hz

图 1.17 高压交直流混合电力系统架构在不同负荷功率下的吸引域

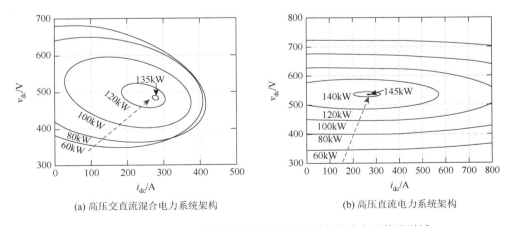

(a) 高压交直流混合电力系统架构

(b) 高压直流电力系统架构

图 1.18 $C_{\text{f}} = 500\mu\text{F}$ 时两种高压类架构在不同负荷功率下的吸引域

由于滤波电容 C_{f} 是改善系统稳定性最简单直接的参数，所以本节仅讨论了滤波电容

C_f的优化。图 1.19 所示为负荷功率 $P_{CPL}=200\text{kW}$ 时两种高压类架构在不同滤波电容下的吸引域。从图 1.19 可以看出，高压交直流混合电力系统架构在 $C_f>900\mu F$ 时才能确保系统在额定功率下稳定运行；而高压直流电力系统架构在额定功率下稳定运行的条件放宽为 $C_f>700\mu F$。图 1.20 所示为 $C_f=700\mu F$ 时两种高压类架构的吸引域。由图 1.20 可知，当滤波电容 $C_f=700\mu F$ 时，高压直流电力系统架构的稳定运行边界约为 200kW，高压交直流混合电力系统架构的稳定运行边界约为 170kW。

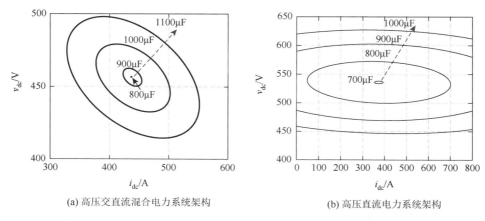

(a) 高压交直流混合电力系统架构　　　(b) 高压直流电力系统架构

图 1.19　$P_{CPL}=200\text{kW}$ 时两种高压类架构在不同滤波电容下的吸引域

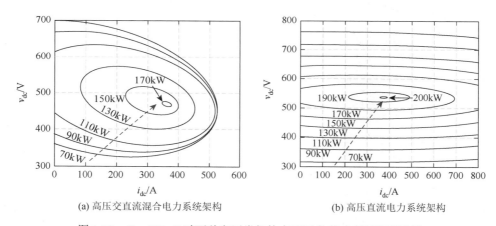

(a) 高压交直流混合电力系统架构　　　(b) 高压直流电力系统架构

图 1.20　$C_f=700\mu F$ 时两种高压类架构在不同负荷功率下的吸引域

综上，图 1.18～图 1.20 所示的分析结果均表明高压直流电力系统架构的大信号稳定性优于高压交直流混合电力系统架构的大信号稳定性。因此，综合考虑轻量化设计和结构稳定性设计需求，高压直流电力系统架构是最适合未来 MEA 技术发展的电力系统架构。

1.4.4　仿真验证与分析

为验证上述理论分析结果的正确性，本节在 Matlab/Simulink 软件中建立两种高压类电力系统架构的简化仿真模型，仿真参数与理论分析相同，详细的模型参数见表 1.4。

图 1.21 为不同交流母线频率下高压交直流混合电力系统架构的仿真结果。在此仿真中，CPL 功率阶跃变化，不断加载。从图 1.21 可以看出，当交流母线频率设为 360Hz 时，CPL 功率超过 120kW 后，高压交直流混合电力系统架构的直流侧母线电压 v_{dc} 和母线电流 i_{dc} 震荡加剧，系统即将不稳；当交流母线频率设为 800Hz 时，高压交直流混合电力系统架构稳定运行的极限功率增加到 160kW。因此，高压交直流混合电力系统架构的交流母线频率越高，其结构稳定性越好，这与图 1.16 和图 1.17 所示的分析结果一致。

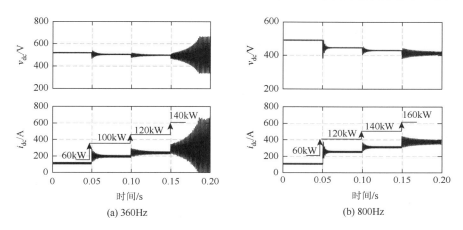

图 1.21 不同交流母线频率下高压交直流混合电力系统架构的仿真结果

图 1.22 和图 1.23 分别为 $C_f = 500\mu F$ 和 $C_f = 700\mu F$ 时两种高压类架构的仿真结果。在此仿真中，高压交直流混合电力系统架构的交流母线频率设为最低频率 360Hz，此时该架构的稳定性最恶劣。从图 1.22 可以看出，当滤波电容 $C_f = 500\mu F$ 时，高压交直流混合电力系统架构的稳定运行边界约为 120kW，高压直流电力系统架构的稳定运行边界约为 130kW，这与图 1.18 所示的分析结果基本保持一致。由图 1.23 可知，当滤波电容 $C_f = 700\mu F$ 时，负荷功率超过 183kW 后高压交直流混合电力系统架构将失稳，而高压直流电力系统

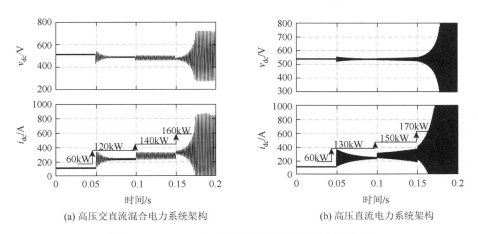

图 1.22 $C_f = 500\mu F$ 时两种高压类架构的仿真结果

架构在额定功率范围内均能保持稳定运行，这与图 1.20 所示的分析结果基本保持一致。综上，在同等条件下，高压直流电力系统架构的结构稳定性优于高压交直流混合电力系统架构的结构稳定性。

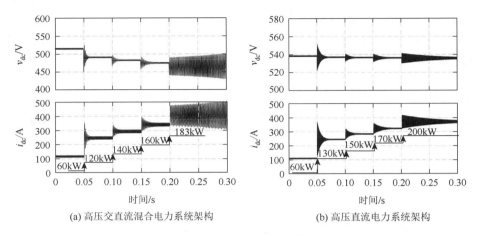

(a) 高压交直流混合电力系统架构　　　　　(b) 高压直流电力系统架构

图 1.23　$C_f = 700\mu F$ 时两种高压类架构的仿真结果

图 1.24 为直流侧滤波电容 C_f 增大时高压直流电力系统架构的仿真结果。从图 1.24 可以看出，当直流侧滤波电容设为初始值 500μF 时，负荷功率从 130kW 跳变到 150kW 后，高压直流电力系统架构无法稳定运行；当直流侧滤波电容由 500μF 增大至 800μF 时，高压直流电力系统架构逐渐回归稳定运行状态，并且系统在额定功率范围内就能保持稳定运行。该仿真结果验证了优化滤波电容来改善系统稳定性的可行性。

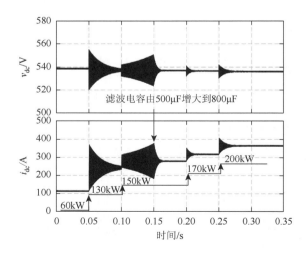

图 1.24　直流侧滤波电容增大时高压直流电力系统架构的仿真结果

1.5　本 章 小 结

　　本章介绍了未来飞机电力系统架构的发展方向，从发电过程、布线系统、地面运行、电力电子变换系统和清洁能源集成五个方面综合评估了四种未来 MEA 电力系统备选架构的减重情况，初步筛选出两种适合未来 MEA 的电力系统架构：高压交直流混合电力系统架构和高压直流电力系统架构。此外，本章还从机载电力系统架构稳定性角度出发，对比了两种高压类电力系统架构的大信号稳定性，获得了最适合未来 MEA 发展的电力系统架构，并对其架构参数进行了优化设计。

第 2 章　多电飞机机载混合供电系统

根据 MEA 备选电力系统架构的重量和结构稳定性分析结果可知，高压直流电力系统架构是最适合未来 MEA 发展的电力系统架构。为实现节能减排，未来 MEA 电力系统将采用多能源混合供电的解决方案。此外，随着新型电气化负荷增多，机载负荷特性已发生质的变化，给机载混合供电系统的动态功率分配控制、大信号稳定性分析与致稳控制带来了巨大的挑战。本章对机载混合供电系统的动态功率分配控制、大信号稳定性分析及致稳控制等技术的国内外研究现状进行综述，指出当前仍存在的关键技术难点，从而确立本书的研究内容。

2.1　机载混合供电系统概述

图 2.1 所示为民航业界提出的 MEA 技术发展规划图，当下发展 MEA 的关键技术和核心任务可归结如下[2, 4-8, 40-42]。

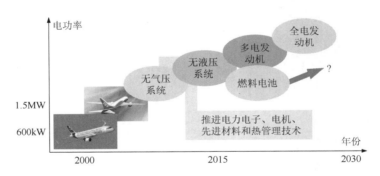

图 2.1　MEA 技术发展规划

（1）电源侧：发展绿色供电技术，提升电源系统效率和可靠性，降低噪声及废气排放。波音、空客等行业巨头均在探索新一代替代电源系统[6, 43]。在众多的替代电源中，燃料电池（fuel cell，FC）是一种直接将化学能转化为电能的电化学反应装置，具有清洁、高效、低噪声、高能量密度等突出优势[44]，已在航空航天装备[2, 6-8, 41-46]、海洋工程装备及高技术船舶[47, 48]、先进轨道交通装备[49, 50]、新能源汽车[44, 51, 52]等领域开展了大量的研究和示范应用。然而，FC 在 MEA 领域的大规模运用仍受限制，主要原因在于：①动态响应较慢（数秒～数十秒），难以适应 MEA 中大量新型电气化负荷的强脉动、宽频域变化（周期跨越毫秒—秒—分钟范围）、冲击性强等特性[46, 53-56]；②无法存储再生能量，系统能源利用率较低[54-57]；③耐久性较差，负荷快速变化的功率波动将大大缩短 FC 供电系统的使用寿命[53-56]；④成本较高[51]。为此，FC 在使用时往往需要与锂电池（lithium battery，LB）（动态响应为数百毫秒—数秒）和超级电容（super capacitor，SC）（动态响应为数毫秒—数百毫秒）结合，构成混合供电系统（hybird power supplysystem，HPSS）[6, 8, 46, 51, 53-57]。

（2）负荷侧：提升负荷的电气化水平，逐步将传统气压、液压和机械能负荷替换为电气化负荷，从而消除气压和液压管道，减轻核心部件的体积质量，提高可靠性和燃油经济性。目前，波音 B787 的环控系统已成功改换为电能驱动[4, 5, 41, 45, 58]；空客 A380 也已在飞行控制系统中引入新型电液压式作动机构（electro-hydraulic actuator，EHA）和 EMA作为冗余系统[4, 5, 41, 45, 59]。

图 2.2 为 MEA HPSS 的典型结构图[6-8, 42, 43, 53-56, 60]，系统电源由 FC 供电子系统、LB供电子系统与 SC 供电子系统组成（每个供电子系统含多个供电单元，供电单元由供电元

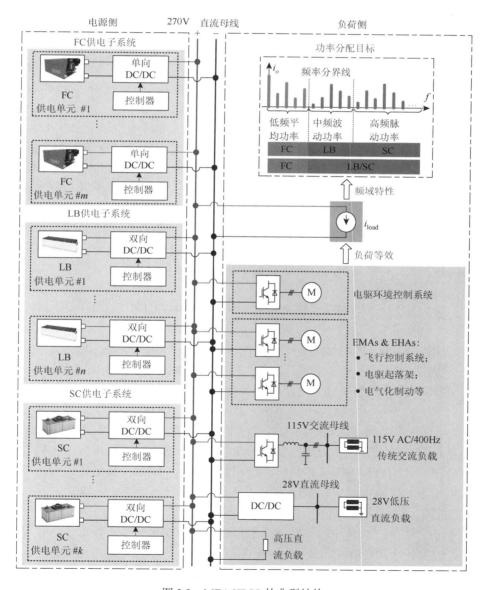

图 2.2　MEA HPSS 的典型结构

件及其端口变换器组成），负荷包含传统交流负荷、高压直流负荷、低压直流负荷以及多种新型电气化负荷（如 EHAs、EMAs、电驱环境控制系统等）。由此可见，MEA 的源、荷类型繁多，且其特性均已发生质的变化，给 HPSS 的动态功率分配与安全稳定运行带来了极大的挑战。

（1）多时间尺度的源、荷特性以及复杂多变的运行工况，使得 MEA HPSS 的动态功率优化分配面临巨大挑战。对于 FC/LB/SC HPSS，由于快速变化的脉动负荷功率会大大缩短 FC 的使用寿命，FC 仅提供低频平均功率以提高其耐久性；LB 能量密度相对较高、动态响应相对较快，但频繁的瞬态负荷功率波动也会缩短其使用寿命，故 LB 提供中频波动功率以优化系统的体积和质量；SC 功率密度高、动态响应快，但能量密度低，因而承担高频脉动功率。同理，对于 FC/LB HPSS 或 FC/SC HPSS，LB 或 SC 缓冲全部的高频负荷功率，而 FC 仅提供低频负荷功率以提高其耐久性。然而，飞机的飞行工况和系统结构复杂、负荷特性多变、控制变量众多，导致机载 HPSS 动态功率优化分配实现难度较大。同时，还需综合考虑系统参数的不确定性、储能元件荷电状态（state of charge，SOC）限制、负荷再生能量回收、供电单元"热插拔"及冗余拓展等需求。

（2）机载 HPSS 中源、荷相互作用带来严重的稳定性问题，已成为制约 MEA 技术发展的重大问题。机载负荷的电气化水平越来越高，且大多为电力电子变换器负载及伺服电机驱动系统。这类负荷通常呈现恒功率特性，输入阻抗表现为负阻抗特性，使系统阻尼大大衰减，易与 HPSS 前级电源系统产生相互作用[36, 60, 61]，即使各供电子系统稳定，整个系统在扰动作用下也可能失稳，威胁飞行安全。尤其是在系统启动、故障应急和大负载切换（如飞行模式切换）等大信号扰动条件下，传统的小信号稳定性理论面临失效的困境[62]，无法保证系统的大信号稳定性。此外，机载 HPSS 属于高阶、强非线性的电力电子系统，其大信号稳定性分析与致稳控制极为困难。

2.2　混合供电系统动态功率分配控制的研究现状

目前，国内外针对 HPSS 或混合储能系统（hybrid energy storage system，HESS）的动态功率分配控制技术已开展了广泛深入的研究。根据通信和控制方式的不同，HPSS 或 HESS 的动态功率分配控制策略可分为集中式控制策略、分布式控制策略和分散式控制策略[63, 64]。

图 2.3 所示为集中式控制策略的基本运行原理，首先中央控制器利用通信网络检测直流母线电压以及负荷电流，然后执行相应的动态功率分配控制算法计算出各供电单元的输出功率基准，并通过通信网络将其传递给相应的本地控制器，最后在本地控制器的控制下，各供电单元根据接收到的输出功率基准调节自身输出功率，从而实现动态功率分配。对现有的集中式控制策略进行分析总结，可大致归为以下两类。

（1）基于功率分频的传统动态功率分配策略，具有实现简单、技术成熟等优点。文献[65]～文献[70]针对 HPSS 或 HESS 提出了基于滤波分频的动态功率分配方法，利用高通滤波器（high-pass filter，HPF）或低通滤波器（low-pass filter，LPF）对采集到的负荷电流或负荷功率进行滤波，以获得不同供电单元的电流基准或功率基准，从而实现负荷

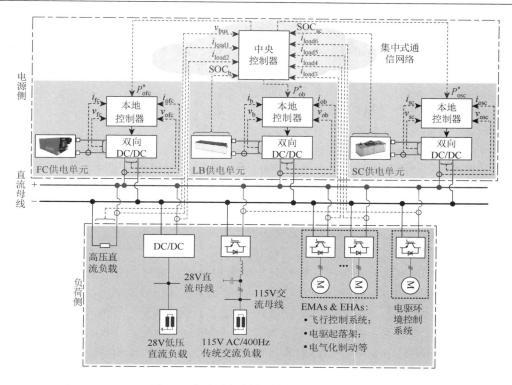

图 2.3 集中式控制策略的基本运行原理

功率在不同供电单元间的优化分配。文献[71]针对 LB/SC HESS 提出了一种基于频域解耦的动态功率分配策略，运用小波变换法对负荷功率进行小波分解，以得到负荷功率的高频分量和低频分量，从而实现动态功率优化分配。

（2）基于先进控制的多目标优化控制策略，通常实现复杂、运算耗时，为满足功率分配的实时性要求，需要配备性能更优、成本更高的控制芯片。文献[72]针对 LB/SC HESS 提出了一种基于模型预测控制的动态功率分配策略，不仅能实现负荷功率在不同储能单元间的优化分配，还能保证储能元件的电流和 SOC 始终处于预设范围内。文献[73]针对 FC/LB HPSS 提出了一种基于模型预测控制的成本优化策略，充分考虑氢气成本以及 FC 和 LB 退化引起的成本，不仅能优化系统的总运行成本，提高系统的经济性，还能实现动态功率的优化分配。文献[74]针对 FC/LB HPSS 提出了一种基于模糊逻辑控制的动态功率分配策略，可实现系统的实时能量管理。文献[75]针对 LB/SC HESS 提出了一种基于神经网络的在线能量管理策略，不仅能实现动态功率优化分配，还能有效延长 LB 的使用寿命和降低 HESS 的功率损耗。文献[76]针对 FC/LB HPSS 提出了一种基于分数阶极值搜索的在线能量管理策略，不仅能将 FC 的工作点有效控制在最大效率区，还能提高 FC 的耐久性。文献[77]针对 FC/LB HPSS 的燃料经济性和耐久性兼顾问题，提出了一种基于庞特里亚金（Pontryagin）极小值原理满意优化的分层能量管理方法，不仅能将氢耗量维持在较低水平，还能降低 FC 的输出功率波动，有效提高其耐久性，延长其服役寿命。文献[78]针对 FC/LB HPSS 提出了一种基于遗忘因子递推最小二乘算法的在线辨识方法和极小值原理的综合能量管理方法，可有效降低系统的能耗，抑制 FC 性能的衰减。

总体而言，尽管基于通信网络的集中式控制策略能够有效实现动态功率分配、SOC 调节、再生能量回收、经济性优化、效率优化等控制目标，但将其推广应用于 MEA HPSS 时，仍存在以下不足。

（1）MEA 电气化负荷数量众多，空间分布广泛，需要大量的电压、电流采样部件，使得系统结构复杂、成本高昂，更影响了全局可靠性。

（2）系统可靠性差，基于通信网络的集中式控制器普遍存在单点失效问题，即任何环节出现故障，都将致使整个机载 HPSS 失效，无法满足机载设备对可靠性的严苛要求。

（3）通信延时的存在，使得动态功率分配实时性能差，无法达到预期效果。

（4）供电单元无法实现"热插拔"，使得 HPSS 不具备冗余容错及灵活扩容能力，难以满足未来 MEA 分布式供电对供电系统提出的多样性、宜扩展、强容错等要求。

图 2.4 所示为分布式控制策略的基本运行原理。与集中式控制策略相比，分布式控制策略不包含中央控制器，各供电单元均只与邻近供电单元通信，并凭借自身及邻近供电单元的数据信息就地控制并更新自身状态，共同完成协同控制，实现动态功率优化分配的目标。文献[79]和文献[80]针对 LB/SC HESS 提出了一种基于一致性理论的分布式协同控制策略，不仅能实现 HESS 组内和组间的动态功率优化分配，还能提升直流母线电压和动态功率分配的控制精度。文献[81]针对 HPSS 提出了一种基于低带宽通信的新型分布式控制策略，不仅能实现动态功率优化分配，还能显著减小通信负担，提高系统的可靠性。文献[82]~文献[85]针对孤岛直流微电网提出了一种分布式二层控制策略，实现了精确的直流母线电压调节和稳态负荷功率分配，但无法兼顾供电单元的动态特性，实现脉动负荷功率在不同供电单元间的优化分配。总体而言，尽管分布式控制策略解决了集中

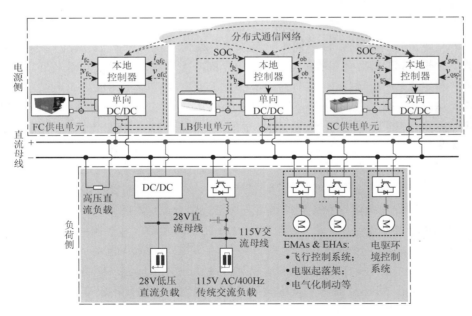

图 2.4　分布式控制策略的基本运行原理

式控制策略普遍存在的单点失效问题，提高了系统的可靠性，但不难发现分布式控制策略通常需要采集负荷电流或母线电压等公共信号。由于 MEA 中电气化负荷数量众多，空间分布广泛，分布式控制策略的实现仍需大量使用电压、电流采样部件和通信网络，系统成本高昂。

为克服集中式控制策略和分布式控制策略的缺点，分散式控制策略逐渐受到国内外学者的关注。图 2.5 所示为分散式控制策略的基本运行原理。与集中式控制策略和分布式控制策略相比，分散式控制策略无须使用中央控制器和互联通信网络，各供电单元仅根据自身信息就地控制，从而实现动态功率优化分配，并且系统中各供电单元均独立工作，具备"热插拔"功能。分散式控制策略具有控制简单、无须互联通信（抗网络攻击能力强）、实时性较好、成本较低等优势，可大致归为以下两类。

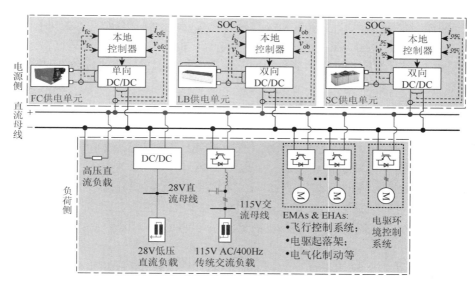

图 2.5　分散式控制策略的基本运行原理

（1）基于频域解耦的分散式动态功率分配策略，文献[46]和文献[86]通过对 FC 和 SC 端口变换器施加相互独立的控制，实现了动态功率分配和 SC SOC 调节等控制目标。文献[87]和文献[88]针对 HPSS 提出了一种分散式功率管理策略，在不采用中央能量管理系统和通信网络的情况下，实现了对不同供电单元输出功率的优化管理，确保 HPSS 提供最大的光伏功率，同时维持微电网的功率平衡。文献[89]针对 FC/SC HPSS 提出了一种基于能量守恒的分散式动态功率分配策略，实现了负荷功率在 FC 和 SC 之间的优化分配，但没有考虑 SC 的 SOC 限制。文献[90]针对 HPSS 提出了一种基于博弈论的分散式实时能量管理策略，实现了动态功率分配和储能元件 SOC 调节等控制目标，但该策略的实现复杂且运算耗时。文献[91]针对 LB/SC HESS 提出了基于自适应下垂控制的分散式功率管理策略，根据直流母线电压和储能元件的 SOC，通过插入/拔出储能单元来实现功率管理和储能元件 SOC 调节，但该策略没有实现负荷功率在 LB 和 SC 间优化分配。文献[92]针对 FC/LB HPSS 提出了一种基于辅助问题原理的分散式凸优化框架，实现了动态功率分配和

LB SOC 调节等控制目标，但该方法的求解时间较长，动态功率分配的实时性较差。此外，不难发现这些控制策略均需采集负荷电流或母线电压等公共信号。由于 MEA 中电气化负荷数量众多，空间分布广泛，若不利用通信网络很难直接获取这些公共信号。因此，这类控制策略不是真正意义上的分散式控制策略。

（2）基于混合下垂控制的分散式动态功率分配策略。根据供电单元输出阻抗组合形式的不同，混合下垂控制主要可分为三种方案：①虚拟 HPF 和虚拟 LPF 的组合形式及其改进形式[56, 93, 94]；②虚拟电阻和虚拟电容的组合形式[95-100]及其改进形式[54, 55, 101, 102]；③虚拟电感和虚拟电阻的组合形式[103, 104]及其改进形式[105]。总体而言，该方向上的已有研究尚存在以下局限性。

（1）研究对象大多针对仅含两种不同动态特性供电单元的系统（如 FC/LB HPSS、FC/SC HPSS 或 LB/SC HESS）开展，聚焦于动态功率分配控制，较少考虑系统参数的不确定性、储能元件 SOC 限制、负荷再生能量回收等需求。文献[54]、文献[93]、文献[94]、文献[101]和文献[102]没有考虑系统参数的不确定性、负荷再生能量回收等需求；文献[55]、文献[103]和文献[104]没有考虑系统参数的不确定性；文献[95]和文献[96]所提方法在 SC SOC 调节过程无法实现动态功率分配且没有考虑系统参数的不确定性、负荷再生能量回收等需求；文献[97]和文献[98]没有考虑系统参数的不确定性、储能元件 SOC 限制、负荷再生能量回收等需求；文献[99]和文献[100]没有考虑储能元件 SOC 限制、负荷再生能量回收等需求。此外，文献[54]、文献[55]、文献[93]～文献[105]仅解决了脉动负荷功率在两种不同特性供电单元间的优化分配，不适用于 FC/LB/SC HPSS。

（2）应用受限，文献[54]、文献[93]～文献[102]所提方法直接应用于 FC/LB HPSS 或 FC/SC HPSS 时可能面临失效的困境。这是因为在负荷再生能量回馈过程，FC 因电化学反应的不可逆性，无法吸收再生能量，而储能供电单元的输出阻抗将阻碍低频再生功率向储能元件回馈，引起直流母线电压升高，导致系统无法正常运行。为使系统正常运行，需要额外安装卸荷电阻对其进行耗散，势必会增大系统体积和质量，且系统的能量利用率较低。

综上，已有研究成果仍无法有效解决 MEA HPSS 的动态功率分配控制问题，亟待深入研究，提出行之有效的应对措施。

2.3　混合供电系统大信号稳定性分析的研究现状

一般而言，机载 HPSS 的稳定性分为小信号稳定性和大信号稳定性[106]。小信号稳定性是指系统在平衡状态（或稳态工作点）附近所受到的微小扰动消失后，系统从偏离状态自动恢复到原平衡状态的能力；大信号稳定性是指系统在平衡状态附近受到大扰动后（如启动、故障或大负载切换等），系统自动过渡到新的平衡状态或恢复到原平衡状态的能力。

目前，针对机载 HPSS 稳定性的研究主要集中在小信号稳定性分析，通过构建机载 HPSS 的小信号模型，采用小信号分析方法对其稳定性进行研究。典型的小信号稳定性分析方法主要有奈奎斯特（Nyquist）稳定判据[107, 108]、特征值法[109-112]、阻抗比判据及其改进型[113-118]等。然而，由于小信号稳定性分析方法忽略了系统模型中的高阶扰动项，所以小信号稳定性理论仅适用于分析系统在某一稳态工作点处受微小扰动时的稳定性，并不能用于研究系统在启动、故障应急以及大负载切换（如飞行模式切换）等大扰动条件下的稳定性[106]。

为攻克机载 HPSS 的大信号稳定性分析难题，国内外学者结合非线性系统理论中的相关方法已开展了一些前期研究工作。目前，常用的大信号稳定性分析方法主要有以下几类。

1. 时域仿真法

时域仿真法通过在计算机仿真软件或半实物仿真平台中搭建系统模型进行仿真来评估系统的大信号稳定性。时域仿真法是评估系统稳定性最可靠的方式之一，通常作为其他大信号稳定性分析方法检验的标准[119]。然而，由于计算机或半实物仿真平台软硬件条件的限制，随着系统阶数和复杂度的增加，时域仿真的运算量将大大增加，仿真运行速度将大大降低，因此该方法难以同时兼顾准确性（仿真精度）和时效性（仿真速度）。此外，该方法只能对设计结果进行检验，不能提供系统的稳定程度信息，难以探究系统的稳定机理，无法全面、有效地指导机载 HPSS 的大信号稳定性分析与设计。

2. 相平面法

相平面法是一种基于图形的大信号稳定性分析方法，具有直观、方便等突出优势。文献[120]和文献[121]采用相平面法分析了 DC/DC 变换器带理想 CPL 的大信号稳定性，但所画的相平面图仅展示了两个变量间的相轨迹，没有全面反映所有变量间的关系；文献[122]采用相平面法对简化机载直流电力系统的大信号稳定性进行了分析研究，所画的相平面图同样仅展示了两个变量间的相轨迹，没有全面反映所有变量间的关系；文献[123]采用相平面法分析了同步参考坐标系锁相环（二阶系统）的大信号稳定性，直观形象地展示了变量间的关系。概括来说，相平面法仅适用于分析低阶系统（即一阶/二阶系统）的大信号稳定性，由于机载 HPSS 属于高阶、强非线性的电力电子系统，所以该方法不适用于研究机载 HPSS 的大信号稳定性。

3. 李雅普诺夫稳定性理论

李雅普诺夫稳定性理论是研究非线性系统稳定性问题的基础理论，主要包含李雅普诺夫第一方法（李雅普诺夫间接法）和李雅普诺夫第二方法（李雅普诺夫直接法）。李雅普诺夫第一方法属于小信号稳定性分析方法，通过将非线性系统模型在某一稳态工作点附近足够小的领域内进行泰勒（Taylor）展开导出近似的线性系统模型，再根据线性系统模型特征值的实部是否均为负来判断非线性系统在稳态工作点的小信号稳定性。李雅普诺夫第二方法通过构造具有广义能量属性的李雅普诺夫函数，分析李雅普诺夫函数导数的定号性，判断非线性系统的稳定性。李雅普诺夫第二方法概念直观、物理含义清晰、理论严谨、方法具有一般性，已成为研究系统稳定性的主要工具。文献[106]和文献[124]采用李雅普诺夫直接法对直流微电网的大信号稳定性进行了分析，但并未考虑源、荷的动态调节过程，无法有效指导系统控制参数的设计；文献[125]采用李雅普诺夫直接法分析了并网型电压源变流器的电网同步稳定性，提供了较为可靠的评估结果。然而，由于非线性系统特性千差万别，目前仍缺乏标准统一的李雅普诺夫函数构造法。此外，若构建的李雅普诺夫函数不满足李雅普诺夫稳定性理论的条件，则不能断定该系统不稳定，这可能是由于所选的李雅普诺夫函数不合适。因此，直接应用李雅普诺夫稳定性理论对机载 HPSS 进行大信号稳定性分析存在较大困难。

4. 人工智能方法

人工智能技术作为引领未来的战略性技术之一，在精度、效率、实时性和预测性等方面拥有明显的优势。随着广域测量系统和向量测量单元的普及，以海量系统运行数据为依托，基于数据挖掘的人工智能方法可同时兼顾大信号稳定性分析的实时性和准确性，具有较大的发展潜力。该方法的基本思路为：首先构建大信号稳定性评估模型，然后利用预处理过的样本数据离线训练评估模型，以获得最优评估模型，最后通过广域测量系统或向量测量单元获取系统的实测数据，将实测数据经过预处理后输入训练好的最优评估模型中，从而在线评估系统的大信号稳定性。文献[126]～文献[132]通过将深度学习方法引入电力系统暂态稳定性评估（即大信号稳定性评估）中，以提高电力系统暂态稳定性评估的快速性和准确性。然而，大信号稳定性评估模型的准确性与训练所使用的样本数据密切相关，若实测数据与训练数据不一致（如实测数据存在噪声干扰/测量信息丢失），则分析结果的准确率降低，评估性能变差。此外，人工智能方法无法探究系统的失稳机理，若系统发生改变，评估模型需重新训练，难以应用于实际工程中。

5. 混合势函数理论

混合势函数理论是一种基于李雅普诺夫直接法的大信号稳定性分析方法，为非线性电路的大信号稳定性分析提供了统一的研究方法，给出了解析形式的稳定性判据，有助于指导系统参数设计[36, 38, 39, 62, 133-142]。该理论的应用方法为：基于非线性电路的特性与结构，构建待研究系统的混合势函数（混合势函数是一种李雅普诺夫类型的能量函数，包括电压势函数和电流势函数），然后结合混合势函数理论中的稳定性判据，对系统的大信号稳定性进行分析，估算出系统的参数稳定域。目前，基于混合势函数理论的大信号稳定性分析技术发展迅速，研究报道较多，文献[36]、文献[133]和文献[134]基于混合势函数理论对简化的 MEA 电力系统进行了大信号稳定性分析，得到了解析形式的大信号稳定边界。文献[135]针对具有双级 LC 滤波器的 CPL 系统，基于混合势函数理论推导得到了系统在大扰动条件下的稳定性判据，并给出了滤波器元件参数的约束条件。文献[136]和文献[137]基于混合势函数理论分析了电流控制型 DC-DC 级联系统的大信号稳定性，得到了级联系统在大信号扰动下保持稳定运行所需满足的充分条件，即解析形式的大信号稳定性判据。文献[138]～文献[141]基于混合势函数理论分析了直流微电网带 CPL 的大信号稳定性，推导了直流微电网在大扰动下的稳定性判据，探讨了系统参数对系统稳定边界的影响。然而，考虑控制系统的调节动态后，采用该方法分析系统的大信号稳定性时所构造的混合势函数在理论层次将不再满足混合势函数理论的基本条件[62]，分析结果的准确性有待论证，亟须进一步深入研究。针对这一弊端，本书以文献[136]和文献[137]所研究的电流控制型 DC-DC 级联系统为例进行详细说明。

图 2.6 所示为文献[136]和文献[137]的峰值电流控制型 Buck 变换器及基于回转器的大信号模型，该系统的状态空间方程为

$$
\begin{cases}
C\dfrac{\mathrm{d}v_{\mathrm{out}}}{\mathrm{d}t} = \dfrac{1}{R_{\mathrm{sense}}}\left(V_{\mathrm{ref}} - R_2\dfrac{v_{\mathrm{out}}/H - V_{\mathrm{ref}}}{R_1} - v_{\mathrm{c1}}\right) - \dfrac{P_{\mathrm{CPL}}}{v_{\mathrm{out}}} \\[3mm]
C_1\dfrac{\mathrm{d}v_{\mathrm{c1}}}{\mathrm{d}t} = \dfrac{v_{\mathrm{out}}/H - V_{\mathrm{ref}}}{R_1}
\end{cases}
\tag{2.1}
$$

式中，C 和 C_1 分别为输出滤波电容和积分电容；v_{out} 和 v_{c1} 分别为输出滤波电容电压和积分电容电压；R_{sense} 为等效的电流采样电阻；R_1 和 R_2 为比例积分（proportional-integral，PI）环的比例电阻；$1/H$ 为反馈分压比；V_{ref} 为反馈网络的参考电压；P_{CPL} 为 CPL 的功率。

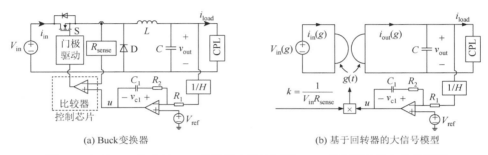

(a) Buck变换器　　　　　　　　　(b) 基于回转器的大信号模型

图 2.6　文献[136]和文献[137]的峰值电流控制型 Buck 变换器及其大信号模型

结合式（2.1），若考虑峰值电流控制型 Buck 变换器的控制电路，该系统的等效电路如图 2.7 所示。根据图 2.7，该系统的混合势函数应构造为

$$
\begin{aligned}
P(v_{\mathrm{out}}, v_{\mathrm{c1}}) &= -\int \frac{(R_1+R_2)V_{\mathrm{ref}}}{R_1 R_{\mathrm{sense}}}\,\mathrm{d}v_{\mathrm{out}} + \int \frac{R_2 v_{\mathrm{out}}}{R_1 R_{\mathrm{sense}} H}\,\mathrm{d}v_{\mathrm{out}} + \int \frac{v_{\mathrm{c1}}}{R_{\mathrm{sense}}}\,\mathrm{d}v_{\mathrm{out}} \\
&\quad + \int \frac{P_{\mathrm{CPL}}}{v_{\mathrm{out}}}\,\mathrm{d}v_{\mathrm{out}} - \int \frac{v_{\mathrm{out}}}{R_1 H}\,\mathrm{d}v_{\mathrm{c1}} + \int \frac{V_{\mathrm{ref}}}{R_1}\,\mathrm{d}v_{\mathrm{c1}} \\
&= -\frac{(R_1+R_2)V_{\mathrm{ref}}}{R_1 R_{\mathrm{sense}}}v_{\mathrm{out}} + \frac{R_2}{2R_1 R_{\mathrm{sense}} H}v_{\mathrm{out}}^2 + \frac{1}{R_{\mathrm{sense}}}v_{\mathrm{c1}}v_{\mathrm{out}} \\
&\quad + P_{\mathrm{CPL}}\ln(v_{\mathrm{out}}) - \frac{1}{R_1 H}v_{\mathrm{out}}v_{\mathrm{c1}} + \frac{V_{\mathrm{ref}}}{R_1}v_{\mathrm{c1}}
\end{aligned}
\tag{2.2}
$$

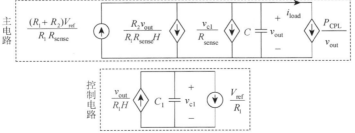

图 2.7　文献[136]和文献[137]的峰值电流控制型 Buck 变换器的等效电路

由式（2.2）可推导出，混合势函数的偏导数为

$$\begin{cases} \dfrac{\partial P}{\partial v_{\text{out}}} = -\dfrac{(R_1 + R_2)V_{\text{ref}}}{R_1 R_{\text{sense}}} + \dfrac{R_2}{R_1 R_{\text{sense}} H} v_{\text{out}} + \dfrac{1}{R_{\text{sense}}} v_{\text{c1}} + \dfrac{P_{\text{CPL}}}{v_{\text{out}}} - \dfrac{1}{R_1 H} v_{\text{c1}} \neq -C \dfrac{\mathrm{d}v_{\text{out}}}{\mathrm{d}t} \\ \dfrac{\partial P}{\partial v_{\text{c1}}} = \dfrac{1}{R_{\text{sense}}} v_{\text{out}} - \dfrac{1}{R_1 H} v_{\text{out}} + \dfrac{V_{\text{ref}}}{R_1} \neq -C_1 \dfrac{\mathrm{d}v_{\text{c1}}}{\mathrm{d}t} \end{cases} \quad (2.3)$$

由式（2.3）可知，考虑峰值电流控制型 Buck 变换器的控制电路后，所构造的混合势函数不满足混合势函数理论的基本性质。文献[136]和文献[137]所构造的混合势函数仅为主电路的混合势函数，并不是整个系统的混合势函数。因此，文献[136]和文献[137]仅根据主电路混合势函数所得的分析结果缺乏理论依据，准确性有待论证。

为此，在应用混合势函数理论分析复杂系统的大信号稳定性时，通常忽略源、荷的动态调节过程，通过简化系统完成大信号稳定性分析。文献[62]和文献[142]仅考虑供电单元的下垂特性，忽略供电单元内环（电压环/电流环）的调节过程，基于混合势函数理论分析了简化直流微电网带 CPL 的大信号稳定性，得到了简化直流微电网在大扰动下的稳定性判据。然而，所得的分析结果不能指导系统内环控制参数的设计。

6. 吸引域估计方法

吸引域（即局部渐进稳定区域）内的任意初始状态经过暂态过程后均可收敛至平衡点，如图 2.8 所示。显然，吸引域不仅能直接反映系统的稳定性，有助于研发人员较为准确地判断大扰动对系统稳定性的影响，还能判断系统的稳定程度。然而，由于许多实际系统往往具有高阶、强非线性特性，直接通过解析法很难甚至不可能求解出系统的吸引域。因此，吸引域估计成为工程控制理论的研究热点，在实际工程领域有着广泛的应用。

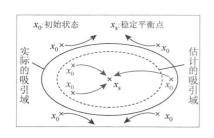

图 2.8　吸引域示意图（见彩图）

由于估计的吸引域通常为实际吸引域的子集，具有一定的保守性，估计的吸引域只是判断系统稳定性的充分不必要条件，即只要初始状态位于估计的吸引域内，系统最终就能在平衡点保持稳定运行。然而，若初始状态位于估计的吸引域外，估计的吸引域则无法准确判断系统的稳定性。因此，如何获得系统在平衡点处的最大估计吸引域（largest estimated domain of attraction, LEDA）是吸引域估计问题研究的重点。目前，吸引域估计方法主要有两类：①逆轨迹法（或反向轨迹跟踪法）[143, 144]，可刻画出系统真实的吸引域边界，但理论证明过程不严谨，且无法给出所刻画吸引域边界的解析表达式，难以量化评估系统的稳定性程度[145-147]；②基于李雅普诺夫稳定性理论的吸引域估计方法，通过构造李雅普诺夫函数（或暂态能量函数），将吸引域估计问题转化为李雅普诺夫函数临界值（或临界能量）的计算。目前，这类吸引域估计方法主要有 Takagi-Sugeno（T-S）多模型法[148-154]、能量函数法[155-165]、遗传算法[166, 167]、线性矩阵不等式（linear matrix inequality, LMI）优化法[168-173]、平方和规划（sum of squares programming, SOSP）法[174-190]等。然而，现有方法用于分析机载 HPSS 的大信号稳定性时仍存在较多局限性。

（1）T-S 多模型法首先基于 T-S 模糊方法对系统进行模糊建模，通过利用多个线性模型来拟合系统的非线性模型，然后结合 LMI 方法求出系统的 LEDA。该方法的复杂度随非线性变量的增加呈指数上升，易造成"维数灾难"，故该方法仅适用于非线性变量较少的系统。能量函数法主要用于分析传统交流电力系统的暂态稳定性，首先结合电力系统的特征，构造一个能够反映电力系统暂态特性的暂态能量函数，然后运用相关不稳定平衡点（relevant unstable equilibrium point，RUEP）法[155-157]、势能界面（potential energy boundary surface，PEBS）法[158, 159]、基于稳定域边界的主导不稳定平衡点（boundary of stabily based controlling unstable equilibrium point，BCU）法[160, 161]、扩展等面积（extended equal area criterion，EEAC）法[162, 163]等典型方法计算出电力系统的临界能量（即吸引域的边界），从而获得电力系统的 LEDA。该方法具有计算速度较快、能够提供稳定性指标等突出优点，但其计算精度较低、适应性较差[119, 159, 164, 165]。由于机载 HPSS 的高阶、强非线性特性突出，若将 T-S 多模型法和能量函数法用于分析机载 HPSS 的大信号稳定性，通常会忽略源、荷的动态调节过程以简化系统模型，所得分析结果并不能全面、有效地指导系统设计。此外，由于 T-S 多模型法和能量函数法在吸引域估计过程中均没有结合最优化方法，所得吸引域的保守性相对较高。

（2）遗传算法、LMI 优化法、SOSP 法均属于李雅普诺夫稳定性理论与最优化理论相结合的吸引域估计方法。这些方法首先基于李雅普诺夫稳定性理论，将吸引域估计问题转化为最优化问题，然后利用相应的最优化方法对最优化问题进行求解以获得系统的 LEDA，能够有效降低所得 LEDA 的保守性。遗传算法复杂度较高、研究成果较少、技术相对不成熟，故在实际工程中较少应用。尽管 LMI 优化法的运行速度比 SOSP 法更快，但对高阶系统而言，LMI 优化法所得 LEDA 的精度比 SOSP 法更低[190]。此外，LMI 优化法中李雅普诺夫函数是预先给定的，若给定的李雅普诺夫函数选取不恰当，则可能造成所得的 LEDA 比较保守；SOSP 法中李雅普诺夫函数是在一定的约束条件下通过求解 SOSP 问题得到的，拥有更大的搜寻空间，保守性更低。因此，本书后续章节将采用 SOSP 法对机载 HPSS 的大信号稳定性进行分析。

7. 其他方法

除了上述六种方法，其他大信号稳定性分析方法还有分岔/混沌理论[191, 192]、半张量积方法[193]、基于耦合因子的非线性解耦方法[194]等。尽管运用分岔/混沌理论也能得到较为精确的稳定性分析结果，但该方法依赖于精确的离散数学模型，分析过程复杂，运算量极为庞大，仅适用于低阶系统。半张量积方法能直接根据多元多项式的半张量积判断系统的稳定性，其最大优势在于无须构造李雅普诺夫函数，基本实现了系统稳定性判断的自动生成，并且能够提供吸引域边界的近似求解。然而，该吸引域边界近似求解方法受系统阶数的限制，尚难以应用于高阶机载 HPSS 的大信号稳定性分析。基于耦合因子的非线性解耦方法通过借鉴解耦思路，将原高阶非线性系统近似转化为一系列解耦的一阶二次和二阶二次子系统。在解耦空间中，结合现有分析工具对这些低阶二次非线性子系统的大信号稳定性进行分析，从而间接地反映原系统的大信号稳定性。该方法不仅能够有效克服电力电子系统的高维挑战，还能降低相关结论的保守性，提供更有实际意义的稳定性分析结论。然而，该方法尚处于起步阶段，其有效性还有待进一步研究验证。

综上，已有研究成果仍不完善，难以有效应对机载 HPSS 的大信号稳定性分析难题，亟须深入研究，提出有效的大信号稳定性分析理论与方法。

2.4　混合供电系统致稳控制的研究现状

一般而言，提高机载 HPSS 的大信号稳定性可从架构优化、参数优化和致稳控制三方面入手。

机载 HPSS 的架构优化主要通过分析 MEA 不同电力系统结构对其稳定性的影响，从而对机载 HPSS 的架构进行优化设计。文献[134]和文献[195]从减轻 MEA 电力系统的体积、质量和提升系统结构稳定性的角度出发，研究了不同电力系统的结构特征，详细分析了不同结构对布线系统、地面运行方式、发电方式、电力电子系统数量、清洁能源集成方式及结构稳定性的影响，最终确立了 MEA 的电力系统优化结构。由于本书第 1 章已对多电飞机电力系统架构进行了优化，从而确立了最适合未来 MEA 的高压直流电力系统架构，本书后续章节所研究的机载 HPSS 架构属于高压直流电力系统架构，故从机载 HPSS 架构优化的角度再次提高其稳定性的可行性显然不高。

机载 HPSS 的参数优化方法大致可分为无源方法[113, 196, 197]和有源方法[117, 148, 198]两类。无源方法的实现方式主要有两种。①根据稳定性分析结果，对系统参数进行优化设计，从而改善系统的稳定性。然而，对由标准化装置构建的系统而言，由于系统参数通常是固定的，难以更改，该方法应用时存在一定的局限性。②通过在电源变换器的输出侧或负荷变换器输入侧添加无源阻尼装置，改善源/荷的阻抗特性，避免电源变换器输出阻抗与负荷变换器输入阻抗相互交叠，从而提升系统的稳定性。文献[113]和文献[196]通过在滤波电容/滤波电感上串联/并联阻尼电阻，平滑输入滤波器的谐振峰，避免电源变换器输出阻抗与负荷变换器输入阻抗相互交叠，以改善系统的稳定性。显然，该方法会增加系统的功率损耗，降低系统的运行效率。文献[197]通过适当地增大母线的电容（即在直流母线上并联额外的母线电容），降低电源变换器输出阻抗的幅值，避免电源变换器输出阻抗与负荷变换器输入阻抗相互交叠，从而提高系统的稳定性，但电源变换器的动态性能会变差。为解决无源方法存在的问题，有源方法受到国内外学者的广泛关注。有源方法无须改变原系统的参数、结构和控制策略，只需在系统中外接一个稳定补偿装置，就能有效改善系统的稳定性。文献[117]通过在发动机的高压发电通道和低压发电通道之间外接一个背靠背变换器，提高了发动机和机载直流供电系统的稳定性。文献[148]和文献[198]在直流母线上并联了一个可等效为滤波电容的有源电容变换器（或虚拟电容变换器），不仅可以避免电解电容的使用，减小系统的体积质量，还能提升系统的稳定性。然而，现有的有源方法要么仅在小信号层面开展研究，难以保证系统在大扰动条件下的稳定性；要么忽略稳定补偿装置的动态调节过程，仅关注稳定补偿装置等效参数对系统大信号稳定性的影响，无法指导稳定补偿装置的参数设计，实际补偿效果有限。

机载 HPSS 的致稳控制策略可分为确保系统小信号稳定的致稳控制策略[111, 118, 199]和确保系统全局稳定的致稳控制策略[200-213]。确保系统小信号稳定的致稳控制策略通过调节电源变换器的输出阻抗或负荷变换器的输入阻抗，使系统的等效环路增益满足相应的稳定判据，从而保证系统的小信号稳定性。文献[111]、文献[118]和文献[199]在原有控制策略的基础上通过引入反馈控制环路，对电源变换器的输出阻抗进行塑形，从而调整系统的等效环路增益，使其满足小信号稳定判据。然而，该方法在大扰动条件下可能失效，无法保证系统的大信号稳定性。为此，国内外学者对确保系统全局稳定的致稳控制策略开展了广泛深入的研究。确保系统全局稳定的致稳控制策略通过采用非线性控制方法对源/荷的控制系统进行设计，以保证系统的全局稳定性，典型的非线性控制方法可归纳如下。

（1）模型预测控制（model predictive control，MPC）具有动态响应快、控制简单灵活、便于处理非线性约束等优点，已广泛应用于电力电子领域。文献[200]～文献[203]在电力电子系统的 MPC 方面开展了富有成效的研究，不仅有效解决了参数不确定、外部扰动及建模误差等因素引起的模型不匹配问题，还能约束系统状态的运行范围。然而，MPC 的设计过程缺乏理论依据，在理论层次难以严格证明系统的全局稳定性。

（2）反步控制（backstepping control）可将高阶非线性系统分解成多个低阶子系统，并逐一对其构造合适的李雅普诺夫函数和中间虚拟控制量，保证系统渐近稳定，最终完成整个控制律的设计。因此，反步控制特别适合于高阶非线性系统，文献[204]和文献[205]针对含 CPL 的直流微电网，提出了一种基于反步控制和扰动观测理论的致稳控制策略，不仅能保证系统的全局稳定性，还能提高系统的鲁棒性。然而，反步控制无法直接利用电源变换器模型进行设计，需对电源变换器模型进行重构，因此反步控制器的设计过程较为复杂。此外，已有研究无法很好地兼顾系统的动态性能和稳态性能，尚未对反步控制器和扰动观测器的参数整定方法展开系统性的研究。

（3）滑模控制（sliding mode control，SMC）原理简单，对内部参数和外部扰动均不敏感（即鲁棒性强），在电力电子系统中得到了广泛应用。文献[206]～文献[208]所设计的 SMC 控制器不仅能够保证系统的全局稳定性，还能有效提高系统在受到参数摄动和负载扰动时的动态性能与鲁棒性。然而，不难发现，现有研究大多致力于解决传统 SMC 固有的抖振现象以及高开关频率或可变开关频率引起的大功率损耗、强电磁干扰等问题，尚未系统性地研究兼顾动态性能和稳态性能的参数设计方法。

（4）无源控制（passivity-based control，PBC）从能量控制角度出发，通过对系统耗散特性方程进行阻尼配置，保证系统能量跟随设定的能量函数，从而使系统状态跟踪上设定值，确保系统稳定运行。PBC 因动态响应快、鲁棒性强、结构简单、无奇异点、易于实现等优点，受到越来越多的关注。文献[209]～文献[213]采用的 PBC 控制器不仅动态性能优异，还能确保系统全局稳定和强鲁棒性。然而，已有研究并未深入剖析系统参数与动态性能的关联关系，系统性地研究可同时兼顾动态性能和稳态性能的参数整定方法。

综上，已有的研究成果仍不能有效解决机载 HPSS 在大扰动条件下的致稳控制问题，尚缺乏兼顾系统动态性能和稳态性能的参数设计方法，仍需深入研究。

2.5　本　章　小　结

本章对航空业的现状和发展趋势进行了简要说明，阐明了发展 MEA 技术的重要意义。对典型的机载 HPSS 结构进行了简要分析，揭示了机载 HPSS 所面临的挑战并对其国内外研究现状作了总结，理清了研究脉络。针对国内外现有研究存在的不足，确立了本书的研究重点。

第3章 机载混合供电系统的分散式动态功率
分配控制策略

动态功率分配控制策略是实现脉动负荷功率在不同供电单元间优化分配的关键，对 HPSS 能否成功运用于未来 MEA 电力系统具有极为重要的理论意义和现实价值。为充分发挥 HPSS 中不同类型供电单元的优良特性，确保系统安全可靠运行，不仅要对脉动负荷功率进行动态优化分配，还需兼顾母线电压调节、储能元件 SOC 管理、再生能量回收、供电单元"热插拔"及冗余拓展等需求。本章对机载 HPSS 的动态功率分配控制策略进行深入研究，旨在提出一套可靠性高、性能优良的动态功率分配控制策略，以弥补现有控制策略的不足。

3.1 基于虚拟阻容匹配的混合下垂控制策略

由国内外研究现状分析可知，在采用分散式控制策略的 HPSS 中，各供电单元独立运行，无须互联通信，具备即插即用功能。因此，与传统的集中式控制策略相比，分散式控制策略具有更高的实时性和可靠性。下垂控制作为分散式控制的主流方法，不仅能实现母线电压调节和稳态负荷功率分配，还能实现供电单元的"热插拔"[56, 61, 63, 64, 97]。然而，传统下垂控制无法兼顾不同供电单元的动态特性，实现脉动负荷功率在不同供电单元间的动态分配。鉴于此，本节针对含有两种不同类型供电单元的机载 HPSS（以 FC/SC HPSS 为例），基于虚拟阻容匹配的混合下垂控制方法，提出一套分散式动态功率分配控制策略。

对于 FC/SC HPSS，由于快速变化的脉动负荷功率会大大缩短 FC 的服役寿命[46, 53-56]，且 FC 能量密度高、功率密度低、动态响应慢，所以 FC 仅提供负荷所需的低频功率以提高其耐久性；SC 功率密度高、动态响应快，但能量密度低[46, 53-56, 95-97]，故由其提供负荷所需的高频功率以提升系统的动态性能。为保证负荷功率按此分配，可采用如图 3.1 所示的基于虚拟阻容匹配的新型混合下垂控制策略，其中 FC 供电单元采用改进的虚拟电阻下垂控制方法，SC 供电单元采用改进的虚拟电容下垂控制方法。

因传统的虚拟电阻下垂控制方法会引起母线电压的跌落，为消除母线电压偏差，本节将 FC 供电单元采用的虚拟电阻下垂控制方法改进为

$$v_{ofc}(s) = V_{nom}(s) - R_{vfc}i_{ofc}(s) + \Delta V_{vr}(s) \quad (3.1)$$

其中，

$$\Delta V_{vr}(s) = \frac{k_{ifc}}{s}\left(V_{nom}(s) - v_{ofc}(s)\right) \quad (3.2)$$

式中，$v_{ofc}(s)$和$i_{ofc}(s)$分别为 FC 供电单元输出电压和输出电流对应的频域函数；$V_{nom}(s)$为

母线电压基准对应的频域函数；R_{vfc} 为 FC 供电单元的虚拟电阻；$\Delta V_{vr}(s)$ 为 FC 供电单元输出电压补偿值对应的频域函数；k_{ifc} 为 FC 供电单元输出电压补偿环节的积分系数。

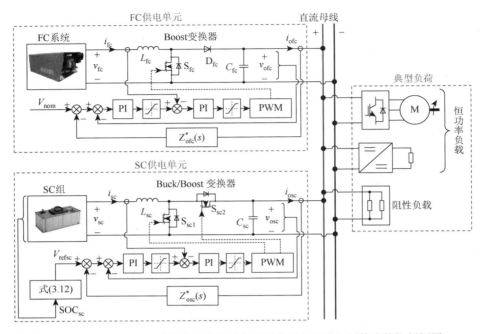

图 3.1　FC/SC HPSS 采用基于虚拟阻容匹配的混合下垂控制策略的控制框图

将式（3.2）代入式（3.1）可得 FC 供电单元的下垂特性为

$$v_{ofc}(s) = V_{nom}(s) - Z_{ofc}^*(s)i_{ofc}(s) = V_{nom}(s) - \frac{R_{vfc}s}{s+k_{ifc}}i_{ofc}(s) \qquad (3.3)$$

式中，$Z_{ofc}^*(s)$ 为 FC 供电单元的期望输出阻抗。

在实际工程中，SC 由于容量有限，将不可避免地发生剩余容量不足以满足当前负荷功率实时需求的情况。若 SC 供电单元仍按当前负荷功率需求运行，则 SC 过充或过放，使其充放电能力下降、服役寿命缩短，进而不能满足 HPSS 的负荷功率需求，甚至诱发安全事故。因此，在实现脉动负荷功率动态优化分配的同时还需防止 SC 过充或过放。一般而言，当 SC 的 SOC 处于 25%～90%时，充放电能力较强，运行效率较高，为最佳运行区间[46, 54-56, 77, 78, 103, 105]。因此，根据 SC 的 SOC（即 SOC_{sc}）所处范围，本书将 SC 供电单元的运行模式分为充电模式（$SOC_{sc} \leqslant 25\%$）、正常模式（$25\% < SOC_{sc} < 90\%$）和放电模式（$SOC_{sc} \geqslant 90\%$）。

由于电容具有"通交隔直"的作用，所以本节提出 SC 供电单元采用虚拟电容下垂控制方法，以确保 SC 供电单元仅提供负荷所需的高频功率。然而，当 SC 供电单元处于非正常模式（充电模式或放电模式）时，SC 供电单元不仅要提供高频负荷功率，还应兼顾 SC 的 SOC 调节，以确保 SC 长期运行在正常模式，延长其服役寿命。综合上述考虑，本节将 SC 供电单元采用的虚拟电容下垂方法设计为

$$v_{\mathrm{osc}}(s) = V_{\mathrm{refsc}}(s) - Z_{\mathrm{osc}}^{*}(s)i_{\mathrm{osc}}(s) = V_{\mathrm{refsc}}(s) - \frac{R_{\mathrm{vsc}}}{R_{\mathrm{vsc}}C_{\mathrm{vsc}}s + 1}i_{\mathrm{osc}}(s) \tag{3.4}$$

式中，$v_{\mathrm{osc}}(s)$ 和 $i_{\mathrm{osc}}(s)$ 分别为 SC 供电单元输出电压和输出电流对应的频域函数；$V_{\mathrm{refsc}}(s)$ 为 SC 供电单元输出电压基准对应的频域函数；$Z_{\mathrm{osc}}^{*}(s)$ 为 SC 供电单元的期望输出阻抗；R_{vsc} 和 C_{vsc} 分别为 SC 供电单元的虚拟电阻和虚拟电容。

3.1.1　动态功率分配特性分析

图 3.2 所示为 FC/SC HPSS 采用基于虚拟阻容匹配的混合下垂控制策略的简化等效电路，根据基尔霍夫电压和电流定律可得

$$i_{\mathrm{ofc}}(s) + i_{\mathrm{osc}}(s) = i_{\mathrm{load}}(s) \tag{3.5}$$

$$v_{\mathrm{ofc}}(s) = v_{\mathrm{osc}}(s) = v_{\mathrm{bus}}(s) \tag{3.6}$$

式中，$i_{\mathrm{load}}(s)$ 为等效负荷总电流对应的频域函数；$v_{\mathrm{bus}}(s)$ 为母线电压对应的频域函数。

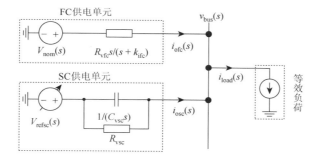

图 3.2　FC/SC HPSS 采用基于虚拟阻容匹配的混合下垂控制策略的简化等效电路

由式（3.3）～式（3.6）可推导出，负荷电流在 FC 和 SC 供电单元间的分配关系为

$$\begin{cases} i_{\mathrm{ofc}}(s) = G_{\mathrm{fc}}(s)i_{\mathrm{load}}(s) + G_{\mathrm{fs}}(s)\Delta V_{\mathrm{fs}}(s) \\ i_{\mathrm{osc}}(s) = G_{\mathrm{sc}}(s)i_{\mathrm{load}}(s) - G_{\mathrm{fs}}(s)\Delta V_{\mathrm{fs}}(s) \end{cases} \tag{3.7}$$

其中，

$$G_{\mathrm{fc}}(s) = \frac{R_{\mathrm{vsc}}s + R_{\mathrm{vsc}}k_{\mathrm{ifc}}}{R_{\mathrm{vsc}}R_{\mathrm{vfc}}C_{\mathrm{vsc}}s^{2} + (R_{\mathrm{vfc}} + R_{\mathrm{vsc}})s + R_{\mathrm{vsc}}k_{\mathrm{ifc}}} \tag{3.8}$$

$$G_{\mathrm{sc}}(s) = \frac{R_{\mathrm{vsc}}R_{\mathrm{vfc}}C_{\mathrm{vsc}}s^{2} + R_{\mathrm{vfc}}s}{R_{\mathrm{vsc}}R_{\mathrm{vfc}}C_{\mathrm{vsc}}s^{2} + (R_{\mathrm{vfc}} + R_{\mathrm{vsc}})s + R_{\mathrm{vsc}}k_{\mathrm{ifc}}} \tag{3.9}$$

$$G_{\mathrm{fs}}(s) = \frac{R_{\mathrm{vsc}}C_{\mathrm{vsc}}s^{2} + (1 + R_{\mathrm{vsc}}C_{\mathrm{vsc}}k_{\mathrm{ifc}})s + k_{\mathrm{ifc}}}{R_{\mathrm{vsc}}R_{\mathrm{vfc}}C_{\mathrm{vsc}}s^{2} + (R_{\mathrm{vfc}} + R_{\mathrm{vsc}})s + R_{\mathrm{vsc}}k_{\mathrm{ifc}}} \tag{3.10}$$

式中，$G_{\mathrm{fc}}(s)$ 和 $G_{\mathrm{sc}}(s)$ 分别为负荷电流分配至 FC 和 SC 供电单元引入的 LPF 和 HPF；$G_{\mathrm{fs}}(s)$ 为 FC/SC HPSS 的等效输出导纳；$\Delta V_{\mathrm{fs}}(s) = V_{\mathrm{nom}}(s) - V_{\mathrm{refsc}}(s)$。

由式（3.7）可知，无论 SC 供电单元处于何种模式，负荷电流 i_{load} 分配至 FC 供电单

元时自动加入二阶 LPF $G_{fc}(s)$，分配至 SC 供电单元时自动加入二阶 HPF $G_{sc}(s)$。因此，通过合理配置滤波器 $G_{fc}(s)$ 和 $G_{sc}(s)$ 的截止频率（详见 3.1.2 小节），负荷电流即可自动地分为低频电流和高频电流，分别分配给 FC 和 SC 供电单元。如此，所提策略实现了脉动负荷功率在 FC 和 SC 供电单元间的动态优化分配。

根据式（3.7）和拉普拉斯变换终值定理可得，FC 和 SC 供电单元的稳态输出电流分别为

$$\begin{cases} I_{ofc} = \lim_{s \to 0} si_{ofc}(s) = I_{load} + \Delta V_{fs} / R_{vsc} \\ I_{osc} = \lim_{s \to 0} si_{osc}(s) = -\Delta V_{fs} / R_{vsc} \end{cases} \tag{3.11}$$

式中，I_{ofc} 和 I_{osc} 分别为 FC 和 SC 供电单元的稳态输出电流；I_{load} 为稳态负荷电流。

由式（3.11）可知，FC 和 SC 供电单元的稳态输出电流与其基准电压偏差 ΔV_{fs} 密切相关。因此，通过合理调节 SC 供电单元的输出电压基准，即可调节 SC 供电单元的稳态输出电流，从而实现 SC SOC 调节。为此，本节将 SC 供电单元的输出电压基准设置为

$$V_{refsc} = \begin{cases} V_{nom} - \Delta V_{sc}, & 充电模式(SOC_{sc} \leqslant 25\%) \\ V_{nom}, & 正常模式(25\% < SOC_{sc} < 90\%) \\ V_{nom} + \Delta V_{sc}, & 放电模式(SOC_{sc} \geqslant 90\%) \end{cases} \tag{3.12}$$

式中，ΔV_{sc} 为 SC 供电单元输出电压基准的增量；SOC_{sc} 为 SC 的 SOC。

由式（3.11）和式（3.12）可得，当 SC 供电单元处于不同模式时，FC 和 SC 供电单元的稳态输出电流分别为

$$I_{ofc} = \begin{cases} I_{load} + \Delta V_{sc} / R_{vsc}, & 充电模式(SOC_{sc} \leqslant 25\%) \\ I_{load}, & 正常模式(25\% < SOC_{sc} < 90\%) \\ I_{load} - \Delta V_{sc} / R_{vsc}, & 放电模式(SOC_{sc} \geqslant 90\%) \end{cases} \tag{3.13}$$

$$I_{osc} = \begin{cases} -\Delta V_{sc} / R_{vsc}, & 充电模式(SOC_{sc} \leqslant 25\%) \\ 0, & 正常模式(25\% < SOC_{sc} < 90\%) \\ \Delta V_{sc} / R_{vsc}, & 放电模式(SOC_{sc} \geqslant 90\%) \end{cases} \tag{3.14}$$

由式（3.13）和式（3.14）可知，当 SC 供电单元处于充电模式时，FC 供电单元将额外提供大小为 $\Delta V_{sc} / R_{vsc}$ 的电流为 SC 充电；当 SC 供电单元处于放电模式时，SC 供电单元将额外向负荷提供大小为 $\Delta V_{sc} / R_{vsc}$ 的电流进行放电；当 SC 供电单元处于正常模式时，SC 供电单元的稳态输出电流为零，全部的稳态负荷电流均由 FC 供电单元提供。因此，所提策略通过调节 SC 供电单元的基准电压实现了 SC SOC 调节。

此外，在能量回馈过程，FC 因电化学反应的不可逆性，无法吸收再生能量，故负荷回馈电流只能由 SC 供电单元吸收。从图 3.2 可以看出，SC 供电单元的期望输出阻抗可等效为虚拟电容和虚拟电阻的并联，尽管虚拟电容具有"通交隔直"特性，将阻碍低频回馈电流向 SC 回馈，但低频回馈电流可从虚拟电阻支路向 SC 回馈。因此，所有的负荷再生能量均可由 SC 供电单元来吸收。

综上，基于虚拟阻容匹配的混合下垂控制策略无须互联通信，以分散控制的方式同时实现了母线电压调节、动态功率分配、SC SOC 调节及再生能量回收。

3.1.2　系统参数设计

1. 虚拟阻抗参数设计

由式（3.8）可得，二阶 LPF $G_{fc}(s)$ 的截止频率 ω_{gc} 和阻尼比 ζ_g 分别满足

$$(R_{vsc}R_{vfc}C_{vsc})^2\omega_{gc}^4 + \left((R_{vfc}+R_{vsc})^2 - 2k_{ifc}R_{vfc}C_{vsc}R_{vsc}^2 - 2R_{vsc}^2\right)\omega_{gc}^2 - (R_{vsc}k_{ifc})^2 = 0 \quad (3.15)$$

$$\zeta_g = \frac{R_{vfc}+R_{vsc}}{2R_{vsc}\sqrt{R_{vfc}C_{vsc}k_{ifc}}} \quad (3.16)$$

综合考虑 FC 和 SC 供电单元的动态特性以及系统的体积、质量设计需求，结合相关工程案例[54, 55, 99]，本节将高频和低频负荷功率的边界频率 f_{fs} 设定为 0.2Hz。为确保脉动负荷功率按期望方式分配给 FC 和 SC 供电单元，同时兼顾 $G_{fc}(s)$ 的动态响应和超调量，二阶 LPF $G_{fc}(s)$ 的截止频率 ω_{gc} 和阻尼比 ζ_g 分别设计为

$$\omega_{gc} = 2\pi f_{fs} \quad (3.17)$$

$$\zeta_g = \sqrt{2}/2 \quad (3.18)$$

需要说明的是，边界频率 f_{fs} 和 $G_{fc}(s)$ 的阻尼比 ζ_g 可根据实际应用需求而调整。

为保证直流母线电压始终处于设定范围，满足相应的电气标准（如 MIL-STD-704F[61]），FC 和 SC 供电单元的虚拟电阻 R_{vfc} 和 R_{vsc} 应满足

$$0 \leqslant R_{vfc} \leqslant (V_{nom} - V_{busmin})/I_{ofcmax} \quad (3.19)$$

$$0 \leqslant R_{vsc} \leqslant \min\left\{(V_{refsc} - V_{busmin})/I_{oscmax}, (V_{busmax} - V_{refsc})/(\alpha_{resc}I_{oscmax})\right\} \quad (3.20)$$

式中，V_{busmax} 和 V_{busmin} 分别为母线电压的上限和下限；I_{ofcmax} 和 I_{oscmax} 分别为 FC 和 SC 供电单元的额定输出电流；α_{resc} 为负荷最大再生电流与 SC 供电单元额定输出电流之比。对于 MEA 而言，α_{resc} 约为 20%[55, 103]。

当 SC 供电单元处于充电或放电模式时，为使其恢复至正常模式，本节将 SC 供电单元的充电或放电电流设置为 3.70A（充电或放电功率设置为 1kW），即

$$\Delta V_{sc}/R_{vsc} = 3.7 \quad (3.21)$$

此外，为保证 SC 供电单元的电压基准不超过母线电压的设定范围，其电压基准增量 ΔV_{sc} 应满足

$$0 < \Delta V_{sc} \leqslant \min\left\{V_{nom} - V_{busmin}, V_{busmax} - V_{nom}\right\} \quad (3.22)$$

根据式（3.12）和式（3.19）～式（3.22），合理选取 FC 和 SC 供电单元的虚拟电阻 R_{vfc} 和 R_{vsc} 以及 SC 供电单元电压基准增量 ΔV_{sc}，再结合条件式（3.15）～式（3.18），最终确定 k_{ifc} 和 C_{vsc} 的取值。针对本章所采用的 FC/SC HPSS 实验平台，选取的供电单元虚拟阻抗参数如表 3.1 所示。

2. 内环控制参数设计

根据图 3.1 所示的 FC/SC HPSS，FC 或 SC 端口变换器的数学模型可表示为

$$\begin{cases} L_x \dfrac{di_x}{dt} = v_x - (1 - d_x)v_{ox} \\ C_x \dfrac{dv_{ox}}{dt} = (1 - d_x)i_x - i_{ox} \end{cases} \tag{3.23}$$

式中，L_x 和 C_x 分别为端口变换器的滤波电感和滤波电容（下角标 x = fc 表示 FC，x = sc 表示 SC）；v_x 和 i_x 分别为端口变换器的输入电压和输入电流；d_x 为开关管 S_{fc} 或 S_{sc1} 脉宽调制（pulse width modulation，PWM）的占空比；v_{ox} 和 i_{ox} 分别为端口变换器的输出电压和输出电流。FC/SC HPSS 采用基于虚拟阻容匹配的混合下垂控制策略的参数如表 3.1 所示。

表 3.1 FC/SC HPSS 采用基于虚拟阻容匹配的混合下垂控制策略的参数

单元	参数	数值	单元	参数	数值
FC 供电单元	额定电压 V_{fc}/V	105.6	SC 供电单元	滤波电容 C_{sc}/μF	470
	额定功率 P_{fcmax}/kW	3		开关频率 f_s/kHz	20
	最大输出电流 I_{ofcmax}/A	12		虚拟电阻 R_{vsc}/Ω	0.6
	滤波电感 L_{fc}/mH	1		虚拟电容 C_{vsc}/F	1.97
	滤波电容 C_{fc}/μF	470		电压基准增量 ΔV_{sc}/V	2.22
	开关频率 f_s/kHz	20		电压环比例系数 k_{vpsc}	0.25
	虚拟电阻 R_{vfc}/Ω	0.8		电压环积分系数 k_{visc}	70.94
	电压补偿环节积分系数 k_{ifc}	1.73		电流环比例系数 k_{cpsc}	0.02
	电压环比例系数 k_{vpfc}	0.016		电流环积分系数 k_{cisc}	70.44
	电压环积分系数 k_{vifc}	8.12	其他	母线标称电压 V_{nom}/V	270
	电流环比例系数 k_{cpfc}	0.02		母线电压上限 V_{busmax}/V	280
	电流环积分系数 k_{cifc}	70.67		母线电压下限 V_{busmin}/V	250
SC 供电单元	额定电压 V_{sc}/V	124.2		功率分配边界频率 f_{fs}/Hz	0.2
	额定容量 Q_{scmax}/F	65.2		再生电流比率 α_{re}	20%
	滤波电感 L_{sc}/mH	1		最大负荷功率 $P_{loadmax}$/kW	3

由式（3.23）可推导出，FC 或 SC 端口变换器的小信号模型为

$$\begin{cases} \tilde{i}_x(s) = G_{vix}(s)\tilde{v}_x(s) + G_{dix}(s)\tilde{d}_x(s) + G_{iix}(s)\tilde{i}_{ox}(s) \\ \tilde{v}_{ox}(s) = G_{vvx}(s)\tilde{v}_x(s) - G_{dvx}(s)\tilde{d}_x(s) - G_{ivx}(s)\tilde{i}_{ox}(s) \end{cases} \tag{3.24}$$

其中，

$$G_{vix}(s) = C_x V_{ox}^2 s \big/ \left(L_x C_x V_{ox}^2 s^2 + V_x^2 \right) \tag{3.25}$$

$$G_{dix}(s) = \left(C_x V_{ox}^3 s + V_x V_{ox} I_x \right) \big/ \left(L_x C_x V_{ox}^2 s^2 + V_x^2 \right) \tag{3.26}$$

$$G_{iix}(s) = V_x V_{ox} \big/ \left(L_x C_x V_{ox}^2 s^2 + V_x^2 \right) \tag{3.27}$$

$$G_{vvx}(s) = V_x V_{ox} \big/ \left(L_x C_x V_{ox}^2 s^2 + V_x^2 \right) \tag{3.28}$$

$$G_{\mathrm{dvx}}(s) = \left(L_{\mathrm{x}} I_{\mathrm{x}} s - V_{\mathrm{x}}\right) V_{\mathrm{ox}}^2 \Big/ \left(L_{\mathrm{x}} C_{\mathrm{x}} V_{\mathrm{ox}}^2 s^2 + V_{\mathrm{x}}^2\right) \tag{3.29}$$

$$G_{\mathrm{ivx}}(s) = L_{\mathrm{x}} V_{\mathrm{ox}}^2 s \Big/ \left(L_{\mathrm{x}} C_{\mathrm{x}} V_{\mathrm{ox}}^2 s^2 + V_{\mathrm{x}}^2\right) \tag{3.30}$$

式中，$\tilde{v}_{\mathrm{x}}(s)$、$\tilde{i}_{\mathrm{x}}(s)$、$\tilde{v}_{\mathrm{ox}}(s)$、$\tilde{i}_{\mathrm{ox}}(s)$ 和 $\tilde{d}_{\mathrm{x}}(s)$ 分别为 v_{x}、i_{x}、v_{ox}、i_{ox} 和 d_{x} 对应的小信号量；V_{x}、I_{x}、V_{ox} 和 I_{ox} 分别为 v_{x}、i_{x}、v_{ox} 和 i_{ox} 对应的稳态值。

图 3.3 所示为 FC 或 SC 端口变换器的控制框图，其中电压环 PI 控制器 $G_{\mathrm{vx}}(s)$ 和电流环 PI 控制器 $G_{\mathrm{cx}}(s)$ 分别为

$$G_{\mathrm{vx}}(s) = (k_{\mathrm{vpx}} s + k_{\mathrm{vix}})/s \tag{3.31}$$

$$G_{\mathrm{cx}}(s) = (k_{\mathrm{cpx}} s + k_{\mathrm{cix}})/s \tag{3.32}$$

式中，k_{vpx} 和 k_{vix} 分别为电压环控制器 $G_{\mathrm{vx}}(s)$ 的比例系数和积分系数；k_{cpx} 和 k_{cix} 分别为电流环控制器 $G_{\mathrm{cx}}(s)$ 的比例系数和积分系数。

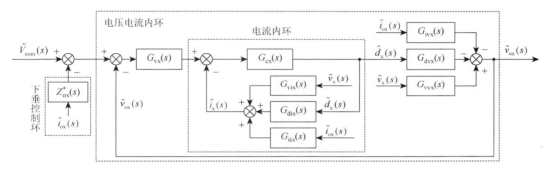

图 3.3　FC 或 SC 端口变换器的控制框图

根据图 3.3 可推导出，电流环和电压环的开环传递函数分别为

$$T_{\mathrm{cx}}(s) = G_{\mathrm{cx}}(s) G_{\mathrm{dix}}(s) \tag{3.33}$$

$$T_{\mathrm{vx}}(s) = G_{\mathrm{vx}}(s) G_{\mathrm{cx}}(s) G_{\mathrm{dvx}}(s) \big/ \left(1 + G_{\mathrm{cx}}(s) G_{\mathrm{dix}}(s)\right) \tag{3.34}$$

式中，$T_{\mathrm{cx}}(s)$ 和 $T_{\mathrm{vx}}(s)$ 分别为电流环和电压环的开环传递函数。

为保证系统稳定，电压环和电流环的相位裕度不小于 $\pi/4$，则端口变换器的电压环和电流环分别设计为

$$\begin{cases} \left|T_{\mathrm{cx}}(\mathrm{j}\omega_{\mathrm{cx}})\right| = 1 \\ \angle T_{\mathrm{cx}}(\mathrm{j}\omega_{\mathrm{cx}}) \geqslant -3\pi/4 \end{cases} \tag{3.35}$$

$$\begin{cases} \left|T_{\mathrm{vx}}(\mathrm{j}\omega_{\mathrm{vx}})\right| = 1 \\ \angle T_{\mathrm{vx}}(\mathrm{j}\omega_{\mathrm{vx}}) \geqslant -3\pi/4 \end{cases} \tag{3.36}$$

式中，ω_{cx} 和 ω_{vx} 分别为电流环和电压环的控制带宽。

一般而言，为削弱电压环、电流环和开关频率间的耦合，在设计电压电流内环时，电流环控制带宽不超过开关频率的 1/10，电压环控制带宽不超过电流环控制带宽的 1/10[54, 95-97]。因此，结合条件式（3.35）和式（3.36），通过合理选取 ω_{cx} 和 ω_{vx}，即可求解出端口变换器的电压环和电流环参数，如表 3.1 所示。

3. 动态功率分配特性设计

根据图 3.3 可推导出，FC 或 SC 供电单元实际的输出阻抗为

$$Z_{ox}(s) = \frac{G_{ivx}(s)(1 + G_{cx}(s)G_{dix}(s)) - G_{cx}(s)G_{dvx}(s)(G_{iix}(s) + Z_{ox}^*(s)G_{vx}(s))}{1 + G_{cx}(s)(G_{dix}(s) - G_{vx}(s)G_{dvx}(s))} \quad (3.37)$$

式中，$Z_{ox}(s)$ 为供电单元实际的输出阻抗（下角标 x = fc 表示 FC，x = sc 表示 SC）。

由式（3.37）可知，FC 和 SC 供电单元实际的输出阻抗受内部控制环的影响，通常与期望输出阻抗 $Z_{ofc}^*(s)$ 和 $Z_{osc}^*(s)$ 不一致，因此供电单元间实际的动态功率分配特性发生改变。为确保 FC 和 SC 供电单元间实际的动态功率分配关系与期望的动态功率分配关系尽可能保持一致，需对 FC 和 SC 供电单元间实际的功率分配特性进行优化设计。

根据 3.1.1 小节的分析结果可知，负荷电流在 FC 和 SC 供电单元间的分配关系由引入的滤波器 $G_{fc}(s)$ 和 $G_{sc}(s)$ 决定。图 3.4 所示为滤波器 $G_{fc}(s)$ 和 $G_{sc}(s)$ 的频域特性。从图 3.4 可以看出，负荷电流分配至 FC 供电单元期望引入的滤波器 $G_{fc}(s)$ 具有低通特性，负荷电流分配至 SC 供电单元期望引入的滤波器 $G_{sc}(s)$ 具有高通特性。因此，在实际工程案例中，动态功率分配特性的设计目标可确立为保证负荷电流分配至 FC 供电单元实际引入的滤波器呈低通特性，负荷电流分配至 SC 供电单元实际引入的滤波器呈高通特性，且它们的截止频率尽可能与设定的功率分配边界频率保持一致。

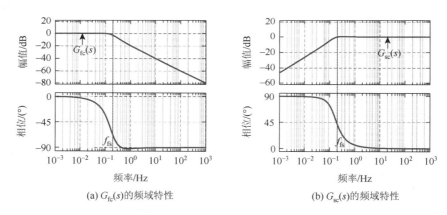

图 3.4 $G_{fc}(s)$ 和 $G_{sc}(s)$ 的频域特性

针对本节所研究的 FC/SC HPSS，结合动态功率分配特性的目标，所提的动态功率分配特性设计方法如表 3.2 所示，具体过程如下。

步骤 1：结合式（3.37），负荷电流分配至 FC 和 SC 供电单元实际引入的滤波器可分别表示为

$$G_{fc}'(s) = \frac{Z_{osc}(s)}{Z_{ofc}(s) + Z_{osc}(s)} \quad (3.38)$$

$$G_{sc}'(s) = \frac{Z_{ofc}(s)}{Z_{ofc}(s) + Z_{osc}(s)} \quad (3.39)$$

式中，$G'_{fc}(s)$ 和 $G'_{sc}(s)$ 分别为负荷电流分配至 FC 和 SC 供电单元实际引入的滤波器。FC/SC HPSS 动态功率分配特性的设计方法如表 3.2 所示。

表 3.2　FC/SC HPSS 动态功率分配特性的设计方法

设计步骤	具体操作内容
初始化	根据 FC 和 SC 供电单元相应的电能质量、动静态性能、稳定性及体积质量等设计要求，初步选取供电单元参数
步骤 1	基于初选的供电单元参数，分析负荷电流分配至 FC 和 SC 供电单元实际引入滤波器的零极点
步骤 2	对影响滤波器频域特性的主导零极点进行参数敏感度分析，揭示系统参数对主导零极点的具体影响，从而确立需调节的系统参数和参数调整方向
步骤 3	根据步骤 2 所确立的系统参数调整方案，通过适当调节敏感参数，对滤波器频域特性进行优化塑形

　　基于表 3.1 所示的初选参数，$G'_{fc}(s)$ 和 $G'_{sc}(s)$ 塑形前的频域特性如图 3.5 所示。从图 3.5 可以看出，负荷电流分配至 FC 供电单元实际引入的滤波器 $G'_{fc}(s)$ 具有低通特性，负荷电流分配至 SC 供电单元实际引入的滤波器 $G'_{sc}(s)$ 具有高通特性，且它们的截止频率与设定的功率分配边界频率基本相同。然而，滤波器 $G'_{fc}(s)$ 在高频段（$f \geqslant f_{fs}$）内对高频负荷功率的衰减作用不够强，而滤波器 $G'_{sc}(s)$ 在高频段内将使部分高频负荷功率发生衰减，导致 FC 供电单元可能会提供少量的高频负荷功率。为此，需对 $G'_{fc}(s)$ 和 $G'_{sc}(s)$ 的频域特性进行优化塑形，即优化配置它们的零极点。

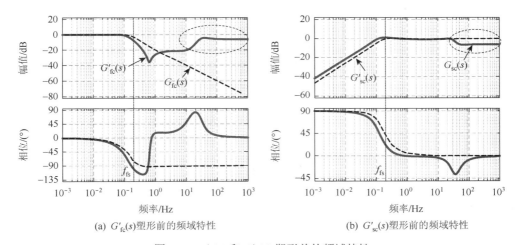

(a) $G'_{fc}(s)$ 塑形前的频域特性　　　　　　　　(b) $G'_{sc}(s)$ 塑形前的频域特性

图 3.5　$G'_{fc}(s)$ 和 $G'_{sc}(s)$ 塑形前的频域特性

　　根据表 3.1 所示的初选参数，滤波器 $G_{fc}(s)$、$G'_{fc}(s)$、$G_{sc}(s)$ 和 $G'_{sc}(s)$ 的零极点如表 3.3 所示。结合图 3.5（a）和表 3.2 可知，实际滤波器 $G'_{fc}(s)$ 的零点 z'_{fc1} 与期望滤波器 $G_{fc}(s)$ 的零点 z_{fc1} 完全相等，实际滤波器 $G'_{fc}(s)$ 的极点 s'_{fc1}、s'_{fc2} 与期望滤波器 $G_{fc}(s)$ 的极点 s_{fc1}、s_{fc2} 近似相等，实际滤波器 $G'_{fc}(s)$ 其余的零极点均分布于高频段内，故实际滤波器 $G'_{fc}(s)$ 的频域特性与期望滤波器 $G_{fc}(s)$ 的频域特性在低频段（$f < f_{fs}$）内基本保持一致。由于零点 z'_{fc6} — z'_{fc9} 与极点 s'_{fc6} — s'_{fc9} 可近似抵消，它们对滤波器频率特性的影响可忽略不计。因此，

滤波器 $G'_{fc}(s)$ 在高频段内的衰减特性主要受零点 z'_{fc4}、 z'_{fc5} 和极点 s'_{fc4}、 s'_{fc5} 的影响。同理，滤波器 $G'_{sc}(s)$ 的高通特性主要受零点 z'_{sc4}、 z'_{sc5} 和极点 s'_{sc4}、 s'_{sc5} 的影响。

表 3.3 $G_{fc}(s)$、 $G'_{fc}(s)$、 $G_{sc}(s)$ 和 $G'_{sc}(s)$ 的零极点

滤波器	零点	数值	极点	数值
$G_{fc}(s)$	z_{fc1}	-1.73	s_{fc1} & s_{fc2}	$-0.74 \pm 0.74i$
$G'_{fc}(s)$	z'_{fc1}	-1.73	s'_{fc1} & s'_{fc2}	$-0.56 \pm 0.60i$
	z'_{fc2} & z'_{fc3}	$-0.45 \pm 4.04i$	s'_{fc3}	-3.78
	z'_{fc4} & z'_{fc5}	$-48.87 \pm 65.38i$	s'_{fc4} & s'_{fc5}	$-84.16 \pm 174.05i$
	z'_{fc6} & z'_{fc7}	$-2641.46 \pm 3517.47i$	s'_{fc6} & s'_{fc7}	$-2608.01 \pm 3544.75i$
	z'_{fc8} & z'_{fc9}	$-2699.97 \pm 3424.75i$	s'_{fc8} & s'_{fc9}	$-2711.07 \pm 3442.86i$
$G_{sc}(s)$	z_{sc1} & z_{sc2}	0 & -0.85	s_{sc1} & s_{sc2}	$-0.74 \pm 0.74i$
$G'_{sc}(s)$	z'_{sc1} & z'_{sc2}	0 & -0.85	s'_{sc1} & $s'_{sc2\ 2}$	$-0.56 \pm 0.60i$
	z'_{sc3}	-4.25	s'_{sc3}	-3.78
	z'_{sc4} & z'_{sc5}	$-120.07 \pm 230.99i$	s'_{sc4} & s'_{sc5}	$-84.16 \pm 174.05i$
	z'_{sc6} & z'_{sc7}	$-2579.93 \pm 3581.53i$	s'_{sc6} & s'_{sc7}	$-2608.01 \pm 3544.75i$
	z'_{sc8} & z'_{sc9}	$-2717.34 \pm 3452.53i$	s'_{sc8} & s'_{sc9}	$-2711.07 \pm 3442.86i$

步骤 2：由于零极点所对应的频率由其模值决定，本节以主导零极点模值对系统参数的敏感度作为评判系统参数对主导零极点影响力强弱的指标。需要说明的是，零极点模值的参数敏感度定义为零极点模值对系统参数的偏导数值，正值表示零极点所对应的频率随着系统参数的增大而增大，负值表示零极点对应的频率随着系统参数的增大而减小，并且参数敏感度的绝对值越大，说明零极点所对应的频率对系统参数的变化越敏感。图 3.6 所示为主导零点 z'_{fc4}、 z'_{fc5}、 z'_{sc4}、 z'_{sc5} 和主导极点 s'_{fc4}、 s'_{fc5}、 s'_{sc4}、 s'_{sc5} 模值的参数敏感度分析结果。由图 3.6 可知，滤波器 $G'_{fc}(s)$ 主导零点 z'_{fc4}、 z'_{fc5} 所对应的频率主要由 FC 供电单元的滤波电容 C_{fc} 决定，且随着 C_{fc} 的减小而增大；主导极点 s'_{fc4}、 s'_{fc5} 所对应的频率主要由 FC 和 SC 供电单元的滤波电容 C_{fc} 和 C_{sc} 决定，且随着 C_{fc} 或 C_{sc} 的减小而增大。滤波器 $G'_{sc}(s)$ 主导零点 z'_{sc4}、 z'_{sc5} 所对应的频率主要由 SC 供电单元的滤波电容 C_{sc} 决定，且随着 C_{sc} 的减小而增大；主导极点 s'_{sc4}、 s'_{sc5} 所对应的频率主要由 FC 和 SC 供电单元的滤波电容 C_{fc} 和 C_{sc} 决定，且随着 C_{fc} 或 C_{sc} 的减小而增大。结合图 3.5 可知，为削弱主导零极点对滤波器频域特性的影响，对于滤波器 $G'_{fc}(s)$ 而言，应使零点 z'_{fc4}、 z'_{fc5} 所对应的频率增大（减小 C_{fc}），极点 s'_{fc4}、 s'_{fc5} 所对应的频率减小（增大 C_{fc} 或 C_{sc}），从而使它们相互靠近；对于滤波器 $G'_{sc}(s)$ 而言，应使零点 z'_{sc4}、 z'_{sc5} 所对应的频率减小（增大 C_{sc}），极点 s'_{sc4}、 s'_{sc5} 所对应的频率增大（减小 C_{fc} 或 C_{sc}），从而使它们相互靠近。在权衡滤波器 $G'_{fc}(s)$ 和 $G'_{sc}(s)$ 的参数调整方向后，系统参数调整方案最终确立为适当减小 C_{fc} 和增大 C_{sc}。

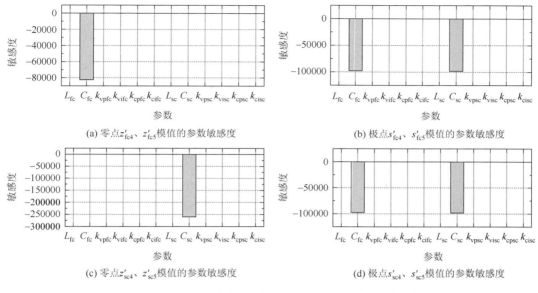

(a) 零点z'_{fc4}、z'_{fc5}模值的参数敏感度

(b) 极点s'_{fc4}、s'_{fc5}模值的参数敏感度

(c) 零点z'_{sc4}、z'_{sc5}模值的参数敏感度

(d) 极点s'_{sc4}、s'_{sc5}模值的参数敏感度

图 3.6　零点 z'_{fc4}、z'_{fc5}、z'_{sc4}、z'_{sc5} 和极点 s'_{fc4}、s'_{fc5}、s'_{sc4}、s'_{sc5} 模值的参数敏感度分析结果

步骤 3：图 3.7 所示为滤波器 $G'_{fc}(s)$ 和 $G'_{sc}(s)$ 随敏感参数 C_{fc} 和 C_{sc} 变化的频域特性，仅单独改变 C_{fc} 或 C_{sc}，其余参数均保持不变。从图 3.7 可以看出，随着 C_{fc} 的减小或 C_{sc} 的增大，滤波器 $G'_{fc}(s)$ 和 $G'_{sc}(s)$ 的频率特性均得到改善，这与参数敏感度分析结果一致。因此，在兼顾供电单元的电能质量、动静态性能、稳定性以及体积质量等设计要求的同时，FC 和 SC 供电单元的滤波电容最终分别设置为 $C_{fc} = 220\mu F$ 和 $C_{sc} = 1880\mu F$。

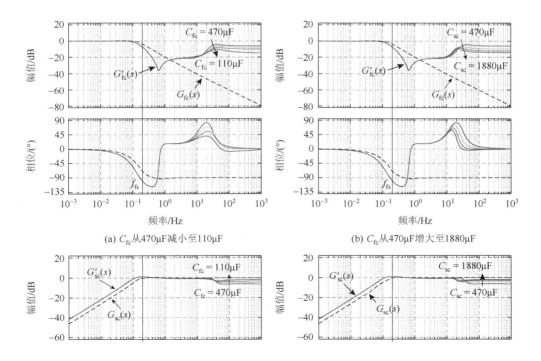

(a) C_{fc}从470μF减小至110μF

(b) C_{fc}从470μF增大至1880μF

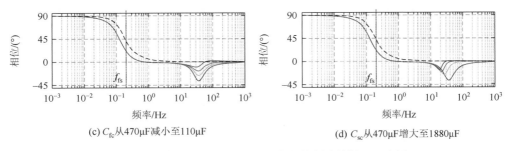

(c) C_{fc} 从 470μF 减小至 110μF　　　　　　　(d) C_{sc} 从 470μF 增大至 1880μF

图 3.7　　$G'_{fc}(s)$ 和 $G'_{sc}(s)$ 随 C_{fc} 和 C_{sc} 变化的频域特性（见彩图）

图 3.8 所示为滤波器 $G'_{fc}(s)$ 和 $G'_{sc}(s)$ 塑形后的频域特性。从图 3.8 可以看出，经过优化塑形后，滤波器 $G'_{fc}(s)$ 和 $G'_{sc}(s)$ 的频域特性得到明显改善，滤波器 $G'_{fc}(s)$ 呈低通特性，滤波器 $G'_{sc}(s)$ 呈高通特性，且它们的截止频率与给定功率分配边界频率的偏差较小，可忽略不计，从而确保了 FC 和 SC 供电单元间实际的动态功率分配性能与期望的动态功率分配性能基本保持一致。

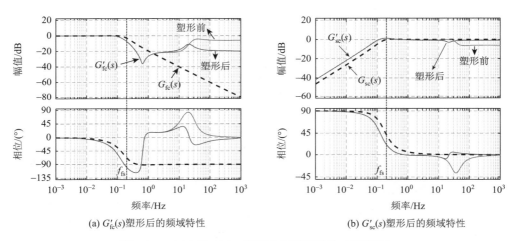

(a) $G'_{fc}(s)$塑形后的频域特性　　　　　　　　(b) $G'_{sc}(s)$塑形后的频域特性

图 3.8　　$G'_{fc}(s)$ 和 $G'_{sc}(s)$ 塑形后的频域特性（见彩图）

4. 小信号稳定性分析

随着 MEA 技术的发展，机载负荷的电气化水平将越来越高，且大量为电力电子变换器负荷及伺服电机驱动系统等 CPL。然而，CPL 的增量输入阻抗一般呈负阻抗特性，大大衰减了系统阻尼，极易导致系统震荡，引发稳定性问题。此外，CPL 易与前级供电系统产生相互作用[36, 60-63, 99, 105, 106, 112, 119, 137-139, 145, 199, 210]，即使前级供电系统在设计时已保证了稳定性，但在扰动作用下整个系统也可能失稳，威胁飞行安全。一般而言，实际 CPL 的控制带宽有限，而理想 CPL 的控制带宽无穷大。因此，在实际系统稳定性分析时，通常以系统带理想 CPL 作为稳定性最脆弱的情况[36, 60, 61, 99, 100, 204, 205]。为保证 FC/SC HPSS 的稳定运行，本节在系统带理想 CPL 的情况下对系统典型的稳态工作点进行了小信号分析。

理想 CPL 的动态模型可表示为

$$i_{\text{CPL}} = P_{\text{CPL}} / v_{\text{bus}} \tag{3.40}$$

式中，P_{CPL} 和 i_{CPL} 分别为理想 CPL 的功率和电流。

由式（3.40）可推导出，理想 CPL 的输入阻抗为

$$Z_{\text{inCPL}} = -V_{\text{bus}}^2 / P_{\text{CPL}} \tag{3.41}$$

式中，Z_{inCPL} 为理想 CPL 的输入阻抗。

由图 3.1 可推导出，FC/SC HPSS 的输出阻抗为

$$Z_{\text{osys}}(s) = \frac{Z_{\text{ofc}}(s)Z_{\text{osc}}(s)}{Z_{\text{ofc}}(s) + Z_{\text{osc}}(s)} \tag{3.42}$$

式中，$Z_{\text{osys}}(s)$ 为 FC/SC HPSS 的输出阻抗。

图 3.9 所示为 FC/SC HPSS 输出阻抗 $Z_{\text{osys}}(s)$ 和理想 CPL 输入阻抗 $Z_{\text{inCPL}}(s)$ 的频域特性。从图 3.9 可以看出，随着理想 CPL 功率的逐渐增大，尽管 $Z_{\text{inCPL}}(s)$ 的幅值逐渐减小，FC/SC HPSS 的稳定裕度逐渐变小，但在系统额定功率范围内，$Z_{\text{inCPL}}(s)$ 始终大于 $Z_{\text{osys}}(s)$ 的幅值，即 $Z_{\text{inCPL}}(s)$ 和 $Z_{\text{osys}}(s)$ 的幅值没有相互交叠。因此，根据 Middlebrook（米德尔布鲁克）判据可知，最终选取的系统参数能够保证系统在整个运行范围内稳定运行。需要说明的是，若选取的系统参数无法保证系统在整个运行范围内的稳定性，则需结合上述参数设计方法和稳定性分析结果，合理调整系统参数。

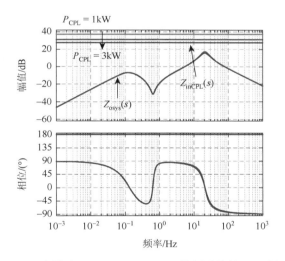

图 3.9　正常模式下 $Z_{\text{osys}}(s)$ 和 $Z_{\text{inCPL}}(s)$ 的频域特性（见彩图）

3.1.3　热插拔功能分析与设计

随着 MEA 技术的快速发展，其供电系统的功率等级将不断提高。与此同时，为适应未来 MEA 对其供电系统提出的高可靠、易扩展、强容错等要求，当供电单元发生故障时，为便于对故障供电单元进行更换，并保证其余供电单元的正常运作，研究供电单元的热插拔技术势在必行。

1. 扩展供电单元

为提高系统的功率等级，可在原有系统的基础上，根据实际工程需求接入 FC 或 SC 供电单元，其扩容后的简化电路如图 3.10 所示。为实现低频负荷功率在 FC 供电单元之间的合理分配，第 i 个 FC 供电单元（$i = 1, 2, \cdots, m$）的虚拟电阻 $R_{\mathrm{vfc}i}$ 和电压补偿环节积分系数 $k_{\mathrm{ifc}i}$ 分别设计为

$$\frac{R_{\mathrm{vfc}i}}{R_{\mathrm{vfc}1}} = \frac{P_{\mathrm{ofcmax}1}}{P_{\mathrm{ofcmax}i}} \tag{3.43}$$

$$k_{\mathrm{ifc}i} = k_{\mathrm{ifc}1} \tag{3.44}$$

式中，$P_{\mathrm{ofcmax}i}$ 为第 i 个 FC 供电单元（$i = 1, 2, \cdots, m$）的额定输出功率。

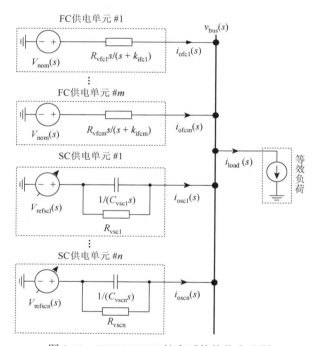

图 3.10 FC/SC HPSS 扩容后的简化电路图

为实现高频负荷功率在 SC 供电单元之间的合理分配，第 j 个 SC 供电单元（$j = 1, 2, \cdots, n$）的虚拟电阻 $R_{\mathrm{vsc}j}$ 和虚拟电容 $C_{\mathrm{vsc}j}$ 分别设计为

$$\frac{R_{\mathrm{vsc}j}}{R_{\mathrm{vsc}1}} = \frac{Q_{\mathrm{scmax}1}}{Q_{\mathrm{scmax}j}} \tag{3.45}$$

$$\frac{C_{\mathrm{vsc}j}}{C_{\mathrm{vsc}1}} = \frac{Q_{\mathrm{scmax}j}}{Q_{\mathrm{scmax}1}} \tag{3.46}$$

式中，$Q_{\mathrm{scmax}j}$ 为第 j 个 SC 供电单元（$j = 1, 2, \cdots, n$）的额定容量。

若将图 3.10 等效为图 3.2 所示的简化等效电路，则 FC 供电单元等效的虚拟电阻 R_{vfc} 和电压补偿环节积分系数 k_{ifc} 分别为

$$R_{\mathrm{vfc}} = R_{\mathrm{vfc1}} P_{\mathrm{ofcmax1}} \bigg/ \sum_{i=1}^{m} P_{\mathrm{ofcmax}i} \tag{3.47}$$

$$k_{\mathrm{ifc}} = k_{\mathrm{ifc1}} \tag{3.48}$$

SC 供电单元等效的虚拟电阻 R_{vsc} 和虚拟电容 C_{vsc} 分别为

$$R_{\mathrm{vsc}} = R_{\mathrm{vsc1}} Q_{\mathrm{scmax1}} \bigg/ \sum_{j=1}^{n} Q_{\mathrm{scmax}j} \tag{3.49}$$

$$C_{\mathrm{vsc}} = C_{\mathrm{vsc1}} \sum_{j=1}^{n} Q_{\mathrm{scmax}j} \bigg/ Q_{\mathrm{scmax1}} \tag{3.50}$$

为保证系统扩容前后的动态功率分配性能保持不变，即保证 LPF $G_{\mathrm{fc}}(s)$ 的截止频率和阻尼比保持不变，结合式（3.15）、式（3.16）和式（3.47）～式（3.50）可得，FC 和 SC 供电单元的容量比应满足

$$\frac{P_{\mathrm{ofcmax1}}}{\displaystyle\sum_{i=1}^{m} P_{\mathrm{ofcmax}i}} = \frac{Q_{\mathrm{scmax1}}}{\displaystyle\sum_{j=1}^{n} Q_{\mathrm{scmax}j}} \tag{3.51}$$

2. 拔出供电单元

若扩展的 FC 和 SC 供电单元因故障同时从系统中拔出后，系统中 FC 和 SC 供电单元的容量比仍满足条件式（3.51），此时系统的动态功率分配性能将保持不变；若扩展的 FC 或 SC 供电单元因故障单独从系统中拔出后，条件式（3.51）显然得不到满足，系统的动态功率分配性能将发生改变。为了说明单独拔出 FC 或 SC 供电单元对系统动态功率分配性能的影响，本节以由 2 台 3kW FC 供电单元和 2 台 3kW SC 供电单元构成的 HPSS 为例（单台供电单元的参数如表 3.1 所示），当 1 台 FC 供电单元从系统中拔出后，功率分配的边界频率由 0.2Hz 变为 0.12Hz，FC 供电单元的响应速度将稍微变慢，SC 供电单元将缓冲更多的高频负荷功率；当 1 台 SC 供电单元从系统中拔出后，功率分配的边界频率由 0.2Hz 变为 0.33Hz，FC 供电单元的响应速度将略微变快，提供更多的低频负荷功率。由上述分析可知，当扩展的 FC 或 SC 供电单元因故障单独从系统中拔出后，系统功率分配的边界频率变化不大，无须改动其他正常运行的供电单元，系统仍能实现脉动负荷功率在其余供电单元间的自主优化分配，从而确保关键负荷的供电。

综上，对于所提的通用扩容方法，各供电单元独立运行，无须互联通信，具备热插拔功能，极易实现供电单元的模块化和冗余设计，从而可快速完成对故障供电单元的更换，有效缩短系统的维修时间。

3.1.4　半实物仿真验证及分析

为验证基于虚拟阻容匹配的混合下垂控制策略的有效性和可行性，根据图 3.1，本节

在电力电子硬件在环（hardware-in-the-loop，HIL）实时仿真与测试设备 Typhoon HIL 602 中搭建了 3kW FC/SC HPSS 的仿真模型，FC、SC 及其端口变换器均使用模型库中提供的模型，而端口变换器的控制器采用基于 TMS320F28335 的控制盒。图 3.11 所示为半实物实时仿真平台，由上位机监控系统、数字示波器、Typhoon HIL 602 设备和外接 DSP28335 控制盒组成。半实物仿真中所用到的系统参数如表 3.1 所示，其中 FC 和 SC 供电单元的滤波电容采用动态功率分配特性设计后的参数，即 $C_{fc} = 220\mu F$ 和 $C_{sc} = 1880\mu F$。

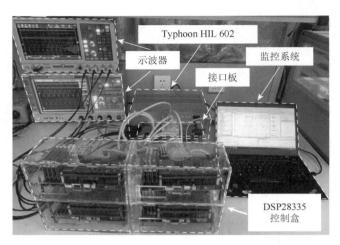

图 3.11   半实物实时仿真平台

1. CPL 测试

图 3.12 所示为正常模式下 FC/SC HPSS 带 CPL 的半实物仿真结果，图中 P_{ofc}、P_{osc} 和 P_{load} 分别为 FC 供电单元、SC 供电单元和负荷的功率。在此半实物仿真中，CPL 功率在 0kW（空载）至 3kW（满载）间阶跃跳变。从图 3.12 可以看出，当 CPL 功率阶跃跳变时，FC 供电单元缓慢响应负荷功率变化，最终提供全部的负荷功率，而 SC 供电单元快速响应负荷功率突变，其稳态输出功率为 0kW。此外，在整个运行过程中，直流母线电压始终处于设定范围内，其稳态值维持在标称值 270V，并且系统始终保持稳定。因此，所提策略不仅实现了直流母线电压调节、动态功率分配等控制目标，还能保证系统稳定运行，验证了系统参数设计的正确性和所提策略的有效性。

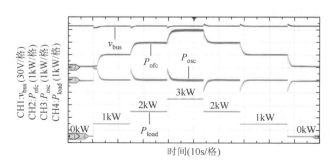

图 3.12   正常模式下 FC/SC HPSS 带 CPL 的半实物仿真结果（见彩图）

2. 脉动负荷测试

图 3.13 所示为正常模式下 FC/SC HPSS 带脉动负荷的半实物仿真结果,其局部放大图如图 3.14 所示。在此半实物仿真中,脉动负荷功率设为 50Hz 的正弦波,其幅值为 1kW;稳态负荷功率在-0.5kW 和 2kW 间跳变。从图 3.13 和图 3.14 可以看出,在整个运行过程中,尽管负荷功率始终脉动变化,但直流母线电压始终处于设定范围内,其稳态值可维持在标称值 270V,且系统始终保持稳定运行。当 SC 供电单元处于正常模式时,FC 供电单元仅提供低频负荷功率,而 SC 供电单元缓冲所有的高频负荷功率。此外,在能量回馈过程中,FC 供电单元的稳态输出功率为 0kW,所有的负荷再生功率均被 SC 供电单元吸收。

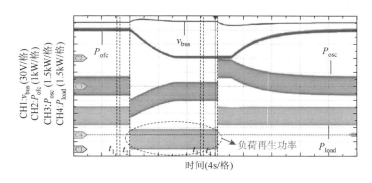

图 3.13　正常模式下 FC/SC HPSS 带脉动负荷的半实物仿真结果(见彩图)

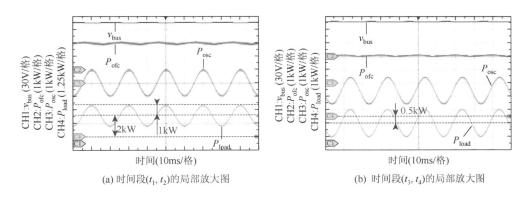

(a) 时间段(t_1, t_2)的局部放大图　　　　　　　(b) 时间段(t_3, t_4)的局部放大图

图 3.14　图 3.13 中仿真结果的局部放大图(见彩图)

图 3.15 所示为充电模式下 FC/SC HPSS 带脉动负荷的半实物仿真结果。在此半实物仿真中,稳态负荷功率为 2kW;脉动负荷功率设为 50Hz 的正弦波,其幅值为 1kW;SC 的初始 SOC 为 24.6%。从图 3.15 可以看出,当 SC 供电单元处于充电模式时,FC 供电单元除提供全部的低频负荷功率(2kW)外,还提供大小为 1kW 的功率(即 SC 供电单元的充电电流为 3.70A)为 SC 充电,以使其 SOC 恢复至预设值 57.5%(其值可根据实际需求进行调整),从而保证 SC 供电单元长时间运行在正常模式;全部的高频负荷功率均由

SC 供电单元缓冲。此外，在整个运行过程中，直流母线电压始终处于设定范围内，其稳态值可维持在标称值 270V，且系统始终是稳定的。

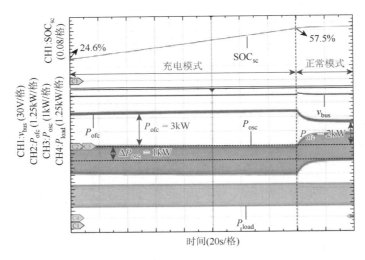

图 3.15   充电模式下 FC/SC HPSS 带脉动负荷的半实物仿真结果（见彩图）

图 3.16 所示为放电模式下 FC/SC HPSS 带脉动负荷的半实物仿真结果。在此半实物仿真中，稳态负荷功率为 2kW；脉动负荷功率设为 50Hz 的正弦波，其幅值为 1kW；SC 的初始 SOC 为 91%。从图 3.16 可以看出，当 SC 供电单元处于放电模式时，FC 供电单元仅提供低频负荷功率，SC 供电单元除了缓冲所有的高频负荷功率，还额外为负荷提供大小为 1kW 的功率（即 SC 供电单元的放电电流为 3.70A）进行放电，以使其 SOC 恢复至预设值 57.5%（其值可根据实际需求进行调整），从而确保 SC 供电单元长期运行在正常模式。此外，直流母线电压始终处于设定范围内，其稳态值维持在标称值 270V，系统在整个运行过程中始终保持稳定。

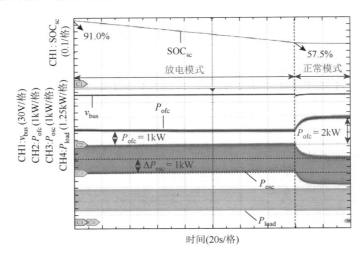

图 3.16   放电模式下 FC/SC HPSS 带脉动负荷的半实物仿真结果（见彩图）

综上，在脉动负荷下，所提策略不仅能同时实现母线电压调节、动态功率分配、再生能量回收及 SC SOC 调节等功能，还能保证系统的稳定性，从而验证了系统参数设计的正确性和所提策略的有效性。

3. 供电单元热插拔测试

本节根据 3.1.3 小节所提的通用扩容方法，在图 3.1 所示的 FC/SC HPSS 的基础上（原有的 FC 和 SC 供电单元分别记为 FC 供电单元#1 和 SC 供电单元#1），同时扩展了 1 台 3kW 的 FC 供电单元和 1 台 3kW 的 SC 供电单元（扩展的 FC 和 SC 供电单元分别记为 FC 供电单元#2 和 SC 供电单元#2，其参数与表 3.1 所示参数相同），以验证供电单元的热插拔特性和系统扩容方法的有效性。

图 3.17 所示为正常模式下 FC/SC HPSS 扩容后带脉动负荷的仿真结果，图中 SOC_{sc1} 和 SOC_{sc2} 分别为 SC #1 和 SC #2 的 SOC，P_{ofc1} 和 P_{ofc2} 分别为 FC 供电单元#1 和 FC 供电单元#2 的输出功率，P_{osc1} 和 P_{osc2} 分别为 SC 供电单元#1 和 SC 供电单元#2 的输出功率。在此半实物仿真中，脉动负荷功率设为 50Hz 的正弦波，其幅值为 1kW；稳态负荷功率在 −0.5kW 和 2kW 间阶跃跳变。从图 3.17 可以看出，当所有的 SC 供电单元均处于正常模式时，FC 供电单元均只提供低频负荷功率，SC 供电单元缓冲全部的高频负荷功率，并且同类型的供电单元间均实现了负荷功率的均分。在能量回馈过程中，FC 供电单元的稳态输出功率为 0kW，SC 供电单元吸收了全部的负荷再生功率。此外，直流母线电压始

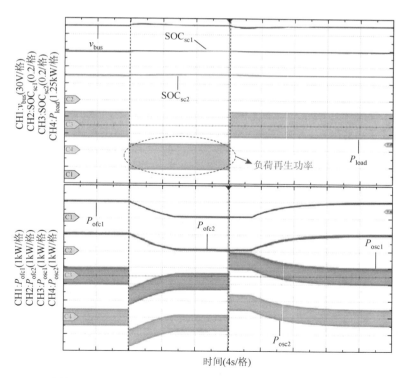

图 3.17　正常模式下 FC/SC HPSS 扩容后带脉动负荷的半实物仿真结果（见彩图）

终维持在标称值 270V，满足设定的电能质量指标，且系统在整个运行过程中始终保持稳定。因此，所提扩容方法的有效性得到了验证。

图 3.18 所示为正常模式下供电单元在线接入或退出扩展 FC/SC HPSS 的半实物仿真结果。在此半实物仿真中，脉动负荷功率设为 50Hz 的正弦波，其幅值为 1kW；而稳态负荷功率为 2kW。如图 3.18（a）所示，当 FC 供电单元#1 和 SC 供电单元#1 同时在线退出系统时，FC 供电单元#2 缓慢响应，最终提供全部的低频负荷功率；SC 供电单元#2 快速响应这一过程中系统的功率波动，提供所有的高频负荷功率。如图 3.18（b）所示，当 FC 供电单元#1 在线退出系统时，FC 供电单元#2 缓慢响应，最终提供全部的低频负荷功率；SC 供电单元#1 和 SC 供电单元#2 快速响应由 FC 供电单元#1 在线退出系统而引起的系统功率波动，并且仍只提供高频负荷功率。通过对比图 3.18（a）与图 3.18（b）的半实物仿真结果可知，当 FC 供电单元#1 单独在线退出系统时，FC 供电单元#2 的动态响应速度将变慢，这与 3.1.3 节的分析结果相一致。如图 3.18（c）所示，当 SC 供电单元#1 在线退出系统时，SC 供电单元#2 快速响应，提供全部的高频负荷功率；当 SC 供电单元#1 在线接入系统时，SC 供电单元#1 和 SC 供电单元#2 均快速响应，且高频负荷功率在 SC 供电单元#1 和 SC 供电单元#2 间能够实现均分。此外，SC 供电单元#1 在线接入或退出系统不会影响 FC 供电单元的输出功率。

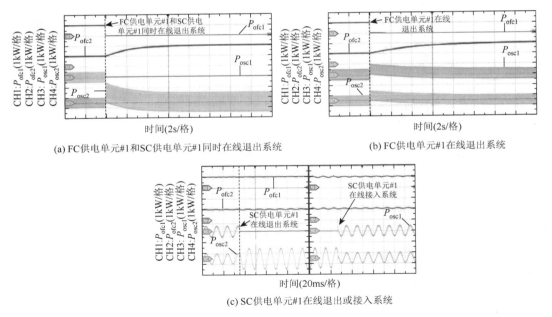

图 3.18　正常模式下供电单元在线接入或退出扩展 FC/SC HPSS 的半实物仿真结果（见彩图）

综上，对于扩展的 FC/SC HPSS，若某一供电单元因故障而退出系统，则所提策略仍能实现负荷功率在正常运行供电单元间的动态优化分配，保证关键负荷的供电；发生故障的 SC 供电单元经过维修后直接接入系统，无须进行任何其他操作，所提策略可立即实现高频负荷功率在 SC 供电单元间的合理分配；发生故障的 FC 供电单元经过维修后直接接入系统，需重启所有的 FC 供电单元后才能实现低频负荷功率在 FC 供电单元间的合理分配。因此，SC 供电单元具备热插拔特性，FC 供电单元仅能实现在线退出系统，不影响其余供电单元的正常运作。

3.2　基于虚拟阻感匹配的混合下垂控制策略

虽然 3.1 节所提出的基于虚拟阻容匹配的混合下垂控制策略有效，但系统阶数相对较高，参数设计较为复杂和困难。为进一步简化动态功率分配控制策略，针对所研究的 FC/SC HPSS，本节基于虚拟阻感匹配的混合下垂控制，提出一种更为简便的分散式动态功率分配控制策略。

图 3.19 所示为 FC/SC HPSS 采用基于虚拟阻感匹配的混合下垂控制策略的控制框图，图中 FC 和 SC 供电单元分别采用虚拟电感和虚拟电阻下垂控制方法，其输出阻抗特性分别设计为

$$i_{\text{ofc}}(s) = \frac{V_{\text{nom}}(s) - v_{\text{ofc}}(s)}{Z_{\text{ofc}}^*(s)} = \frac{V_{\text{nom}}(s) - v_{\text{ofc}}(s)}{L_{\text{vfc}}s} \tag{3.52}$$

$$v_{\text{osc}}(s) = V_{\text{refsc}}(s) - Z_{\text{osc}}^*(s)i_{\text{osc}}(s) = V_{\text{refsc}}(s) - R_{\text{vsc}}i_{\text{osc}}(s) \tag{3.53}$$

式中，L_{vfc} 为 FC 供电单元的虚拟电感；R_{vsc} 为 SC 供电单元的虚拟电阻。

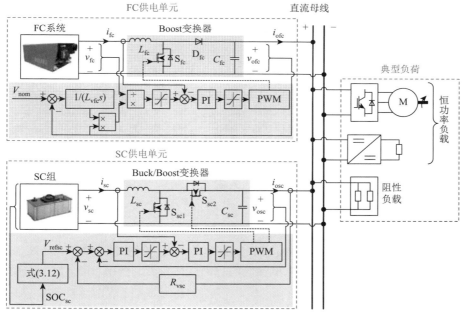

图 3.19　FC/SC HPSS 采用基于虚拟阻感匹配的混合下垂控制策略的控制框图

由式（3.52）可知，FC 供电单元的稳态输出电压可调节至设定值 V_{nom}，不会引起母线电压的跌落。此外，通过对比式（3.3）、式（3.4）、式（3.52）和式（3.53）可知，基于虚拟阻感匹配的混合下垂控制策略的实现方式显然比基于虚拟阻容匹配的混合下垂控制策略更为简单。

3.2.1　动态功率分配特性分析

　　图 3.20 所示为 FC/SC HPSS 采用基于虚拟阻感匹配的混合下垂控制策略的简化等效电路。在能量回馈过程，FC 供电单元无法吸收再生能量，负荷再生电流只能由 SC 供电单元来吸收。从图 3.20 可以看出，SC 供电单元的期望输出阻抗呈虚拟电阻特性，允许全频域的再生电流向 SC 回馈。因此，基于虚拟阻感匹配的混合下垂控制策略同样能够实现再生能量回收。

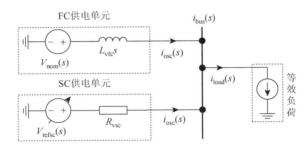

图 3.20　FC/SC HPSS 采用基于虚拟阻感匹配的混合下垂控制策略的简化等效电路

　　结合图 3.20，负荷电流在 FC 和 SC 供电单元间的分配关系可推导为

$$\begin{cases} i_{\mathrm{ofc}}(s) = Q_{\mathrm{fc}}(s)i_{\mathrm{load}}(s) + Q_{\mathrm{fs}}(s)\Delta V_{\mathrm{fs}}(s) \\ i_{\mathrm{osc}}(s) = Q_{\mathrm{sc}}(s)i_{\mathrm{load}}(s) - Q_{\mathrm{fs}}(s)\Delta V_{\mathrm{fs}}(s) \end{cases} \tag{3.54}$$

其中，

$$Q_{\mathrm{fc}}(s) = \frac{R_{\mathrm{vsc}}}{L_{\mathrm{vfc}}s + R_{\mathrm{vsc}}} \tag{3.55}$$

$$Q_{\mathrm{sc}}(s) = \frac{L_{\mathrm{vfc}}s}{L_{\mathrm{vfc}}s + R_{\mathrm{vsc}}} \tag{3.56}$$

$$Q_{\mathrm{fs}}(s) = \frac{1}{L_{\mathrm{vfc}}s + R_{\mathrm{vsc}}} \tag{3.57}$$

　　由式（3.54）可知，通过合理配置 LPF $Q_{\mathrm{fc}}(s)$ 和 HPF $Q_{\mathrm{sc}}(s)$ 的截止频率（详见 3.2.2 节），即可实现负荷电流在 FC 和 SC 供电单元间的自主优化分配。在稳态时，FC 和 SC 供电单元的稳态输出电流分别为

$$\begin{cases} I_{\mathrm{ofc}} = \lim_{s \to 0} s i_{\mathrm{ofc}}(s) = I_{\mathrm{load}} + \Delta V_{\mathrm{fs}}/R_{\mathrm{vsc}} \\ I_{\mathrm{osc}} = \lim_{s \to 0} s i_{\mathrm{osc}}(s) = -\Delta V_{\mathrm{fs}}/R_{\mathrm{vsc}} \end{cases} \tag{3.58}$$

　　由式（3.58）可知，通过合理调节 SC 供电单元的基准电压，即可对其稳态输出电流进行调节，从而实现 SC SOC 管理。同理，本节将 SC 供电单元的输出电压基准设置为式（3.12），以达到调节 SC SOC 的目的（详细分析见 3.1.1 小节）。

　　综上，基于虚拟阻感匹配的混合下垂控制策略不仅能同时实现母线电压调节、动态功率分配、SC SOC 调节和再生能量回收等功能，还能大大简化系统分析与设计。因此，该策略更适用于未来 MEA 的机载 HPSS。

3.2.2　系统参数设计

1. 虚拟阻抗参数设计

由式（3.55）可得，一阶 LPF $Q_{fc}(s)$ 的截止频率 ω_{qc} 为

$$\omega_{qc} = R_{vsc}/L_{vfc} \tag{3.59}$$

为确保脉动负荷功率按期望方式分配给 FC 和 SC 供电单元，$Q_{fc}(s)$ 的截止频率 ω_{qc} 应设计为

$$\omega_{qc} = 2\pi f_{fs} \tag{3.60}$$

为保证直流母线电压始终处于设定范围，满足相应的电气标准，FC 和 SC 供电单元的虚拟电感 L_{vfc} 和虚拟电阻 R_{vsc} 应满足：

$$0 < L_{vfc} \leqslant \min\left\{(V_{nom} - V_{busmin})/\beta_{ccr}, (V_{busmax} - V_{nom})/\beta_{ccr}\right\} \tag{3.61}$$

$$0 < R_{vsc} \leqslant \min\left\{(V_{refsc} - V_{busmin})/I_{oscmax}, (V_{busmax} - V_{refsc})/(\alpha_{rescc} I_{oscmax})\right\} \tag{3.62}$$

式中，β_{ccr} 为 FC 供电单元输出电流允许的最大变化率。

当 SC 供电单元处于充电或放电模式时，为使其恢复至正常模式，本节将 SC 供电单元的充电或放电电流设置为 3.70A（即将充电或放电功率设置为 1kW），详见 3.1.2 小节的式（3.21）。此外，为保证 SC 供电单元的电压基准不超过母线电压的设定范围，其电压基准增量 ΔV_{sc} 应满足式（3.22）。

根据式（3.12）、式（3.21）、式（3.22）和式（3.62），合理选取 SC 供电单元的虚拟电阻 R_{vsc} 和电压基准增量 ΔV_{sc}，再结合条件式（3.59）~式（3.61），最终确定 FC 供电单元虚拟电感 L_{vfc} 的取值。针对本书所采用的 FC/SC HPSS 半实物仿真平台，选取的供电单元虚拟阻抗参数如表 3.4 所示。

2. 内环控制参数设计

对于图 3.19 所示的 FC/SC HPSS，FC 端口变换器的控制框图如图 3.21 所示，SC 端口变换器的控制框图如图 3.3 所示。FC 和 SC 端口变换器的内环控制参数可参照 3.1.2 小节所述的内环控制参数设计方法进行设计，最终选取的内环控制参数如表 3.4 所示。

3. 动态功率分配特性设计

根据图 3.3 和图 3.21 可推导出，FC 和 SC 供电单元实际的输出阻抗分别为

$$Z_{ofc}(s) = \frac{\left(G_{ivfc}(s) + G_{cfc}(s)G_{difc}(s)G_{ivfc}(s) - G_{cfc}(s)G_{dvfc}(s)G_{iifc}(s)\right)V_{fc}V_{ofc}Z_{ofc}^{*}(s)}{V_{fc}V_{ofc}Z_{ofc}^{*}(s) + G_{cfc}(s)\left(-V_{ofc}^{2}G_{dvfc}(s) + I_{fc}V_{fc}G_{dvfc}(s)Z_{ofc}^{*}(s) + V_{fc}V_{ofc}G_{difc}(s)Z_{ofc}^{*}(s)\right)} \tag{3.63}$$

$$Z_{osc}(s) = \frac{G_{ivsc}(s)\left(1 + G_{csc}(s)G_{disc}(s)\right) - G_{csc}(s)G_{dvsc}(s)\left(G_{iisc}(s) + Z_{osc}^{*}(s)G_{vsc}(s)\right)}{1 + G_{csc}(s)\left(G_{disc}(s) - G_{vsc}(s)G_{dvsc}(s)\right)} \tag{3.64}$$

负荷电流分配至 FC 和 SC 供电单元实际引入的滤波器分别为

$$Q'_{\mathrm{fc}}(s) = \frac{Z_{\mathrm{osc}}(s)}{Z_{\mathrm{ofc}}(s) + Z_{\mathrm{osc}}(s)} \tag{3.65}$$

$$Q'_{\mathrm{sc}}(s) = \frac{Z_{\mathrm{ofc}}(s)}{Z_{\mathrm{ofc}}(s) + Z_{\mathrm{osc}}(s)} \tag{3.66}$$

式中，$Q'_{\mathrm{fc}}(s)$ 和 $Q'_{\mathrm{sc}}(s)$ 分别为负荷电流分配至 FC 和 SC 供电单元实际引入的滤波器。FC/SC HPSS 采用基于虚拟阻感匹配的混合下垂控制策略的参数如表 3.4 所示。

表 3.4　FC/SC HPSS 采用基于虚拟阻感匹配的混合下垂控制策略的参数

单元	参数	数值	单元	参数	数值
FC 供电单元	额定电压 V_{fc}/V	105.6	SC 供电单元	滤波电容 C_{sc}/μF	2820
	额定功率 P_{fcmax}/kW	3		开关频率 f_{s}/kHz	20
	最大输出电流 I_{ofcmax}/A	12		虚拟电阻 R_{vsc}/Ω	1
	最大电流变化率 β_{ccr}/(A/s)	1.2		电压基准增量 ΔV_{sc}/V	3.7
	滤波电感 L_{fc}/mH	1		电压环比例系数 k_{vpsc}	0.25
	滤波电容 C_{fc}/μF	220		电压环积分系数 k_{visc}	70.94
	开关频率 f_{s}/kHz	20		电流环比例系数 k_{cpsc}	0.02
	虚拟电感 L_{vfc}/H	0.80		电流环积分系数 k_{cisc}	70.44
	电流环比例系数 k_{cpfc}	0.02	其他	母线标称电压 V_{nom}/V	270
	电流环积分系数 k_{cifc}	44.73		母线电压上限 V_{busmax}/V	280
SC 供电单元	额定电压 V_{sc}/V	124.2		母线电压下限 V_{busmin}/V	250
	额定容量 Q_{scmax}/F	65.2		功率分配边界频率 f_{fs}/Hz	0.2
	滤波电感 L_{sc}/mH	1		再生电流比率 α_{re}	20%

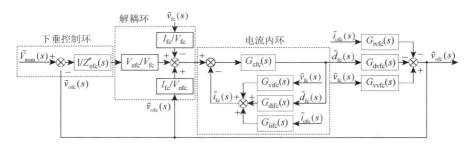

图 3.21　FC 端口变换器的控制框图

　　同理，为使 FC 和 SC 供电单元间实际的动态功率分配关系与期望的动态功率分配关系尽可能保持一致，本节根据表 3.2 所述的动态功率分配特性设计方法，对滤波器 $Q'_{\mathrm{fc}}(s)$ 和 $Q'_{\mathrm{sc}}(s)$ 的频率特性进行了优化塑形，最终选取的系统参数如表 3.4 所示。图 3.22 所示为滤波器 $Q'_{\mathrm{fc}}(s)$ 和 $Q'_{\mathrm{sc}}(s)$ 经过优化塑形后的频域特性，图中塑形前 FC 和 SC 供电单元的滤波电容分别为 $C_{\mathrm{fc}} = 470\mu\mathrm{F}$ 和 $C_{\mathrm{sc}} = 470\mu\mathrm{F}$。从图 3.22 可以看出，滤波器 $Q'_{\mathrm{fc}}(s)$ 和 $Q'_{\mathrm{sc}}(s)$ 的频域特性在经过优化塑形后得到明显改善，滤波器 $Q'_{\mathrm{fc}}(s)$ 呈低通特性，滤波器 $Q'_{\mathrm{sc}}(s)$ 呈高通特性，且它们的截止频率与设定的功率分配边界频率基本相同，从而保证了 FC 和 SC 供电单元间实际的动态功率分配性能与期望的动态功率分配性能保持一致。

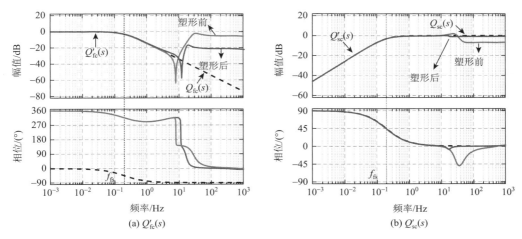

(a) $Q'_{fc}(s)$　　(b) $Q'_{sc}(s)$

图 3.22　$Q'_{fc}(s)$ 和 $Q'_{sc}(s)$ 塑形后的频域特性（见彩图）

4. 小信号稳定性分析

参照 3.1.2 小节 FC/SC HPSS 的小信号稳定性分析过程，本节在系统带理想 CPL 的情况下，对系统输出阻抗 $Z_{osys}(s)$ 和理想 CPL 输入阻抗 $Z_{inCPL}(s)$ 的频率特性进行分析，分析结果如图 3.23 所示。从图 3.23 可以看出，在系统额定功率范围内，$Z_{inCPL}(s)$ 的幅值始终大于 $Z_{osys}(s)$ 的幅值，故最终选取的系统参数能够保证系统的稳定性。

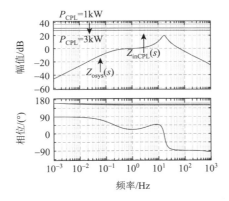

图 3.23　$Z_{osys}(s)$ 和 $Z_{inCPL}(s)$ 的频域特性（见彩图）

3.2.3　热插拔功能分析与设计

1. 扩展供电单元

图 3.24 为 FC/SC HPSS 扩容后的简化电路。为实现低频负荷功率在 FC 供电单元之间

的合理分配，第 i 个 FC 供电单元（$i=1, 2, \cdots, m$）的虚拟电感 $L_{\mathrm{v}fci}$ 设计为

$$\frac{L_{\mathrm{v}fci}}{L_{\mathrm{v}fc1}} = \frac{P_{\mathrm{ofcmax1}}}{P_{\mathrm{ofcmax}i}} \tag{3.67}$$

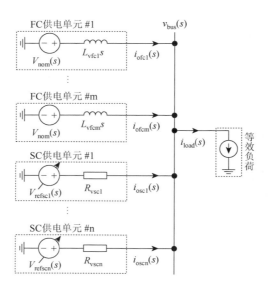

图 3.24　FC/SC HPSS 扩容后的简化电路图

为实现高频负荷功率在 SC 供电单元之间的合理分配，第 j 个 SC 供电单元（$j = 1, 2, \cdots, n$）的虚拟电阻 $R_{\mathrm{v}scj}$ 设计为

$$\frac{R_{\mathrm{v}scj}}{R_{\mathrm{v}sc1}} = \frac{Q_{\mathrm{scmax1}}}{Q_{\mathrm{scmax}j}} \tag{3.68}$$

若将图 3.24 等效为图 3.20 所示的简化等效电路，则 FC 供电单元等效的虚拟电感 $L_{\mathrm{v}fc}$ 和 SC 供电单元等效的虚拟电阻 $R_{\mathrm{v}sc}$ 分别为

$$L_{\mathrm{v}fc} = L_{\mathrm{v}fc1} P_{\mathrm{ofcmax1}} \bigg/ \sum_{i=1}^{m} P_{\mathrm{ofcmax}i} \tag{3.69}$$

$$R_{\mathrm{v}sc} = R_{\mathrm{v}sc1} Q_{\mathrm{scmax1}} \bigg/ \sum_{j=1}^{n} Q_{\mathrm{scmax}j} \tag{3.70}$$

为保证系统扩容前后的动态功率分配性能保持不变，即保证 $Q_{\mathrm{fe}}(s)$ 的截止频率保持不变，结合式（3.59）、式（3.69）和式（3.70）可得，FC 和 SC 供电单元的容量比应满足：

$$\frac{P_{\mathrm{ofcmax1}}}{\sum_{i=1}^{m} P_{\mathrm{ofcmax}i}} = \frac{Q_{\mathrm{scmax1}}}{\sum_{j=1}^{n} Q_{\mathrm{scmax}j}} \tag{3.71}$$

2. 拔出供电单元

与基于虚拟阻容匹配的混合下垂控制策略类似，若扩展的 FC 和 SC 供电单元同时退出系统，则系统的动态功率分配性能将保持不变；若扩展的 FC 或 SC 供电单元单独退出

系统，尽管系统的动态功率分配性能将发生改变，但功率分配的边界频率变化不大，无须改动其他正常运行的供电单元，系统仍能实现脉动负荷功率在供电单元间的优化分配，确保关键负荷的供电。因此，所提的系统扩容方法可实现供电单元的热插拔。

3.2.4　半实物仿真验证及分析

为验证基于虚拟阻感匹配的混合下垂控制策略的有效性和可行性，本节根据图 3.19，在图 3.11 所示的半实物实时仿真平台中搭建 FC/SC HPSS 的仿真模型，FC、SC 及其端口变换器均使用模型库中提供的模型，而端口变换器的控制器采用基于 TMS320F28335 的控制盒。半实物仿真中所用到的系统参数如表 3.4 所示。

1. CPL 测试

图 3.25 所示为正常模式下 FC/SC HPSS 带 CPL 的半实物仿真结果。在此半实物仿真中，CPL 功率在 0kW 至 3kW 间跳变。从图 3.25 可以看出，当 CPL 功率阶跃跳变时，FC 供电单元缓慢响应负荷功率变化，最终提供全部的负荷功率，而 SC 供电单元快速响应负荷功率突变，其稳态输出功率为 0kW。此外，在整个过程中，直流母线电压始终在标称值 270V 附近进行调节，且系统始终保持稳定。

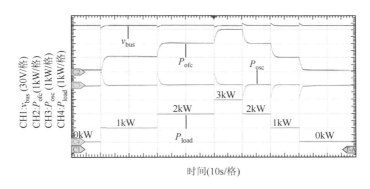

图 3.25　正常模式下 FC/SC HPSS 带 CPL 的半实物仿真结果（见彩图）

为进一步突出所提策略的优越性，本节根据 3.2.3 小节所述的系统扩容方法，在图 3.19 所示的 FC/SC HPSS 的基础上（原有的 FC 和 SC 供电单元分别记为 FC 供电单元#1 和 SC 供电单元#1），同时扩展了 1 台 3kW 的 FC 供电单元（记为 FC 供电单元#2）和 1 台 3kW 的 SC 供电单元（记为 SC 供电单元#2），扩展供电单元的参数与原有供电单元的参数相同。图 3.26 所示为正常模式下扩展 FC/SC HPSS 带 CPL 的半实物仿真结果。在此半实物仿真中，CPL 功率在 0kW 至 6kW（满载）间跳变。从图 3.26 可以看出，当 CPL 功率阶跃跳变时，FC 供电单元缓慢响应负荷功率变化，仅提供低频负荷功率，而 SC 供电单元快速响应负荷功率突变，仅提供高频负荷功率，并且同类型的供电单元间可实现负荷功率的精确均分。此外，直流母线电压始终处于设定范围内，其稳态值维持在标称值 270V，且系统在 CPL 功率跳变的整个过程中始终稳定运行。

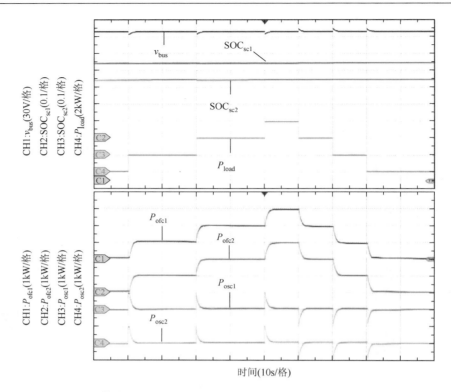

图 3.26　正常模式下扩展 FC/SC HPSS 带 CPL 的半实物仿真结果（见彩图）

　　综上，本节所提策略不仅实现了直流母线电压调节、动态功率优化分配等控制目标，还能保证系统稳定运行。半实物仿真结果很好地验证了系统参数设计的正确性以及所提策略和系统扩容方法的有效性。

　　2. 脉动负荷测试

　　当 SC 供电单元#1 处于充电模式时，扩展 FC/SC HPSS 带脉动负荷的半实物仿真结果如图 3.27 所示，其局部放大图如图 3.28 所示。在此半实物仿真中，稳态负荷功率为 4kW；脉动负荷功率设为 10Hz 的正弦波，其幅值为 1kW；SC #1 的初始 SOC 为21.2%。从图 3.27 和图 3.28 可以看出，当 SC 供电单元#1 和 SC 供电单元#2 分别处于充电模式和正常模式时，所有的高频负荷功率均由 SC 供电单元#1 和 SC 供电单元#2缓冲，而 FC 供电单元#1 和 FC 供电单元#2 除共同承担全部的低频负荷功率（4kW）外，还各自额外提供 0.5kW 的功率为 SC #1 充电（即 SC 供电单元#1 的充电功率为1kW），以使其 SOC 恢复至预设值 57.5%，从而保证 SC 供电单元#1 长时间运行在正常模式。如图 3.27 和图 3.28（b）所示，当 SC 供电单元#1 恢复至正常模式后，FC 供电单元#1 和 FC 供电单元#2 仅提供低频负荷功率，而 SC 供电单元#1 和 SC 供电单元#2 缓冲全部的高频负荷功率，并且同类型的供电单元间可实现负荷功率的精确均分。此外，在整个运行过程中，直流母线电压始终处于设定范围内，其稳态值可维持在标称值 270V，并且系统始终是稳定的。

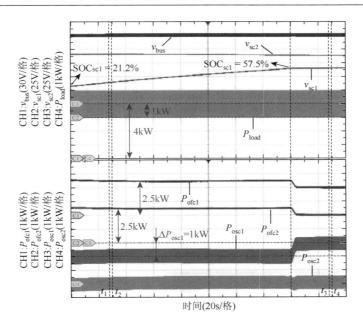

图 3.27　当 SC 供电单元#1 处于充电模式时扩展 FC/SC HPSS 带脉动负荷的半实物仿真结果（见彩图）

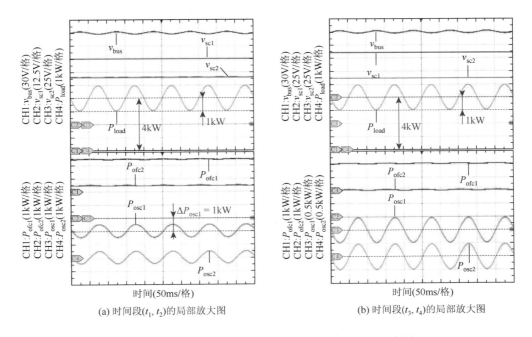

(a) 时间段(t_1, t_2)的局部放大图　　　　　　(b) 时间段(t_3, t_4)的局部放大图

图 3.28　图 3.27 中半实物仿真结果的局部放大图（见彩图）

　　当 SC 供电单元#2 处于放电模式时，扩展 FC/SC HPSS 带脉动负荷的半实物仿真结果如图 3.29 所示。在此半实物仿真中，稳态负荷功率为 4kW；脉动负荷功率设为 10Hz 的正弦波，其幅值为 1kW；SC 供电单元#2 的初始 SOC 为 92.2%。从图 3.29 可以看出，当

SC 供电单元#1 和 SC 供电单元#2 处于正常模式和放电模式时，FC 供电单元#1 和 FC 供电单元#2 仅提供低频负荷功率，SC 供电单元#1 缓冲一半的高频负荷功率，而 SC 供电单元#2 除了缓冲一半的高频负荷功率，还为负荷提供大小为 1kW 的功率进行放电，以使其 SOC 恢复至预设值 57.5%，从而保证 SC 供电单元#2 长期工作在正常模式。当 SC 供电单元#2 恢复至正常模式时，FC 供电单元#1 和 FC 供电单元#2 仅提供低频负荷功率，SC 供电单元#1 和 SC 供电单元#2 承担所有的高频负荷功率，并且同类型的供电单元间可实现负荷功率的精确均分。此外，直流母线电压始终维持在标称值 270V 附近，并且系统在整个运行过程中始终保持稳定运行。

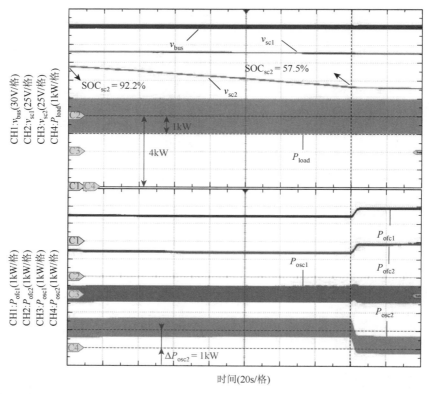

图 3.29　当 SC 供电单元#2 处于放电模式时扩展 FC/SC HPSS 带脉动负荷的半实物仿真结果（见彩图）

　　当 SC 供电单元#1 和 SC 供电单元#2 分别处于放电模式和充电模式时，扩展 FC/SC HPSS 带脉动负荷的半实物仿真结果如图 3.30 所示。在此半实物仿真中，稳态负荷功率为 4kW；脉动负荷功率设为 10Hz 的正弦波，其幅值为 1kW；SC 供电单元#1 和 SC 供电单元#2 的初始 SOC 分别为 96.0%和 23.0%。从图 3.30 可以看出，当 SC 供电单元#1 和 SC 供电单元#2 分别处于放电模式和充电模式时，FC 供电单元#1 和 FC 供电单元#2 仅提供低频负荷功率，SC 供电单元#1 和 SC 供电单元#2 除了各自缓冲一半的高频负荷功率，还互相以 1kW 的功率进行放电或充电，从而使其 SOC 恢复至预设值 57.5%，确保 SC 供电单元#1 和 SC 供电单元#2 长时间运行在正常模式。当 SC 供电单元#2 恢复至正常模式时，SC 供电单元#2 仅缓冲一半的高频负荷功率，不再继续充电；SC 供电单元#1 除了缓冲一半的高频负荷功率，仍以 1kW 的功率进行放电，直至其恢复至正常模式，此时 FC 供电单元#1 和 FC 供电单元#2 各自少提供 0.5kW 的低频负荷功率。当 SC 供电单元#1 和 SC 供电单元#2 均恢复至正常模式时，FC 供电单元#1 和 FC 供电单元#2 仅提供低频负荷功率，SC 供电单元#1 和 SC 供电单元#2 仅缓冲所有的高频负荷功率，且同类型的供电单元间可实现负荷功率的精确均分。此外，直流母线电压始终在标称值 270V 进行调节，并且系统始终保持稳定运行。

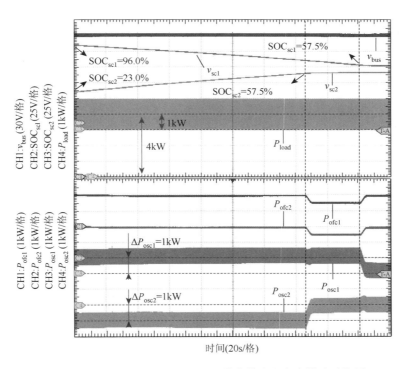

图 3.30　当 SC 供电单元#1 和 SC 供电单元#2 分别处于放电模式和充电模式时扩展 FC/SC HPSS 带脉动负荷的半实物仿真结果（见彩图）

图 3.31 所示为不同模式下扩展 FC/SC HPSS 带脉动负荷的半实物仿真结果。在此半实物仿真中，脉动负荷功率设为 10Hz 的正弦波，其幅值为 1kW；稳态负荷功率在−1kW 和 4kW 间跳变。从图 3.31 可以看出，无论 SC 供电单元处于何种模式，FC 供电单元#1 和 FC 供电单元#2 均只提供低频负荷功率，SC 供电单元#1 和 SC 供电单元#2 缓冲全部的高频负荷功率，并且同类型的供电单元间实现了负荷功率的精确均分。在能量回馈过程中，所有的再生功率均能被 SC 供电单元吸收。此外，直流母线电压始终处于设定范围内，并且系统始终保持稳定运行。

综上，在脉动负荷下，本节所提策略不仅能同时实现母线电压调节、动态功率分配、SC SOC 调节及再生能量回收等功能，还能保证系统的稳定性，从而验证了系统参数设计的正确性和所提策略的有效性。

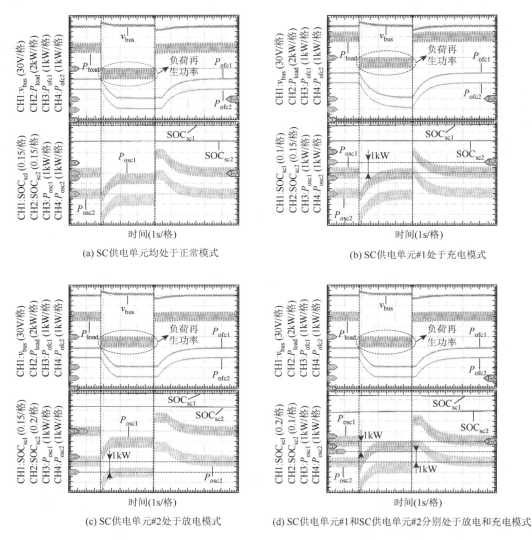

(a) SC供电单元均处于正常模式　　　　　(b) SC供电单元#1处于充电模式

(c) SC供电单元#2处于放电模式　　(d) SC供电单元#1和SC供电单元#2分别处于放电和充电模式

图 3.31　不同模式下扩展 FC/SC HPSS 带脉动负荷的半实物仿真结果（见彩图）

3. 供电单元热插拔测试

图 3.32 所示为正常模式下供电单元在线接入或退出扩展 FC/SC HPSS 的半实物仿真结果。在此半实物仿真中，脉动负荷功率设为 10Hz 的正弦波，其幅值为 1kW，稳态负荷功率为 3kW。从图 3.32（a）可以看出，当 FC 供电单元#1 在线退出系统时，FC 供电单元#2 缓慢响应，最终提供全部的低频负荷功率；SC 供电单元#1 和 SC 供电单元#2 快速响应，仍只提供高频负荷功率。从图 3.32（b）可以观察到，当 SC 供电单元#1 在线退出系统时，SC 供电单元#2 快速响应，提供全部的高频负荷功率；当 SC 供电单元#1 在线接入系统时，SC 供电单元#1 和 SC 供电单元#2 均快速响应，高频负荷功率在 SC 供电单元#1 和 SC 供电单元#2 间能够实现精确均分。在 SC 供电单元#1 退出或接入系统的过程中，FC 供电单元#1 和 FC 供电单元#2 仍只提供低频负荷功率。从图 3.32（c）可以看出，当 FC 供电单元#1 和 SC 供电单元#1 同时在线退

出系统时，FC 供电单元#2 缓慢响应，最终提供全部的低频负荷功率；SC 供电单元#2 快速响应，提供所有的高频负荷功率。此外，在整个运行过程中，直流母线电压始终处于设定范围，且系统始终保持稳定。综上，当某一供电单元因故障而在线退出系统时，所提策略仍能实现负荷功率在正常运行供电单元间的动态优化分配，并且 SC 供电单元具备热插拔特性。

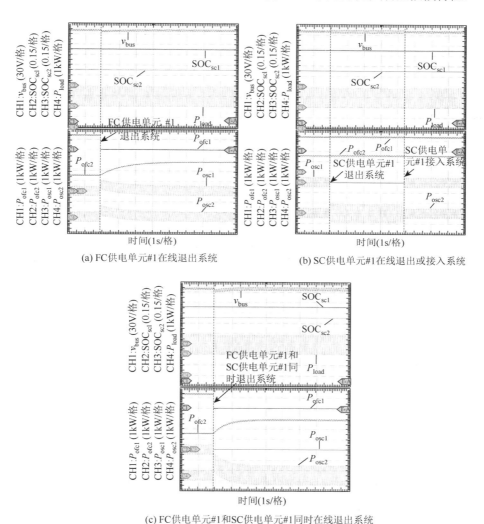

图 3.32　正常模式下供电单元在线接入或退出扩展 FC/SC HPSS 的半实物仿真结果（见彩图）

3.3　基于虚拟阻感容匹配的混合下垂控制策略

为将本书所提的混合下垂控制策略推广应用于多源 HPSS，本节基于虚拟阻感容匹配的混合下垂控制，提出一种适用于 FC/LB/SC HPSS 的分散式动态功率分配控制策略，并基于此归纳总结出分散式动态功率分配控制策略的通用设计准则。

图 3.33 所示为 FC/LB/SC HPSS 采用基于虚拟阻感容匹配的混合下垂控制策略的控制

框图，其简化等效电路如图 3.34 所示。图 3.33 和图 3.34 中，FC 供电单元采用虚拟电感下垂控制方法，LB 供电单元采用虚拟电阻下垂控制方法，SC 供电单元采用改进的虚拟电容下垂控制方法，具体为

$$i_{\mathrm{ofc}}(s)=\frac{V_{\mathrm{nom}}(s)-v_{\mathrm{ofc}}(s)}{Z_{\mathrm{ofc}}^*(s)}=\frac{V_{\mathrm{nom}}(s)-v_{\mathrm{ofc}}(s)}{L_{\mathrm{vfc}}s} \tag{3.72}$$

$$v_{\mathrm{ob}}(s)=V_{\mathrm{refb}}(s)-Z_{\mathrm{ob}}^*(s)i_{\mathrm{ob}}(s)=V_{\mathrm{refb}}(s)-R_{\mathrm{vb}}i_{\mathrm{ob}}(s) \tag{3.73}$$

$$v_{\mathrm{osc}}(s)=V_{\mathrm{refsc}}(s)-Z_{\mathrm{osc}}^*(s)i_{\mathrm{osc}}(s)=V_{\mathrm{refsc}}(s)-\frac{R_{\mathrm{vsc}}}{R_{\mathrm{vsc}}C_{\mathrm{vsc}}s+1}i_{\mathrm{osc}}(s) \tag{3.74}$$

式中，$v_{\mathrm{ob}}(s)$ 和 $i_{\mathrm{ob}}(s)$ 分别为 LB 供电单元的输出电压和输出电流对应的频域函数；$V_{\mathrm{refb}}(s)$ 为 LB 供电单元的输出电压基准对应的频域函数；$Z_{\mathrm{ob}}^*(s)$ 为 LB 供电单元的期望输出阻抗。

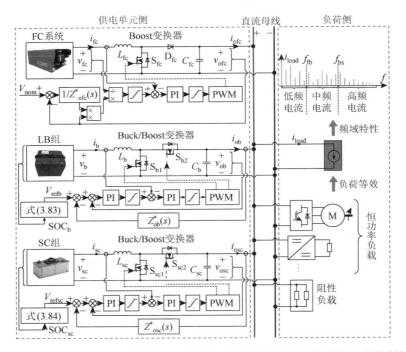

图 3.33　FC/LB/SC HPSS 采用基于虚拟阻感容匹配的混合下垂控制策略的控制框图

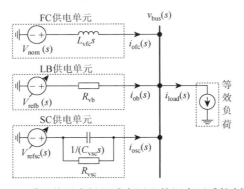

图 3.34　FC/LB/SC HPSS 采用基于虚拟阻感容匹配的混合下垂控制策略的简化等效电路

3.3.1　动态功率分配特性分析

1. 系统处于健康状态时性能分析

当系统处于健康状态，即所有供电单元均正常工作时，结合图 3.34，负荷电流在 FC、LB 和 SC 供电单元间的分配关系可推导为

$$\begin{cases} i_{\text{ofc}}(s) = S_{\text{fc}}(s)i_{\text{load}}(s) + S_{\text{fb}}(s)\Delta V_{\text{fb}} + S_{\text{fs}}(s)\Delta V_{\text{fs}} \\ i_{\text{ob}}(s) = S_{\text{b}}(s)i_{\text{load}}(s) - S_{\text{fb}}(s)\Delta V_{\text{fb}} + S_{\text{bs}}(s)\Delta V_{\text{bs}} \\ i_{\text{osc}}(s) = S_{\text{sc}}(s)i_{\text{load}}(s) - S_{\text{fs}}(s)\Delta V_{\text{fs}} - S_{\text{bs}}(s)\Delta V_{\text{bs}} \end{cases} \tag{3.75}$$

式中，$\Delta V_{\text{fb}}(s) = V_{\text{nom}}(s) - V_{\text{refb}}(s)$；$\Delta V_{\text{bs}}(s) = V_{\text{refb}}(s) - V_{\text{refsc}}(s)$；$S_{\text{fc}}(s)$、$S_{\text{fb}}(s)$、$S_{\text{fs}}(s)$、$S_{\text{b}}(s)$、$S_{\text{bs}}(s)$ 和 $S_{\text{sc}}(s)$ 分别为

$$S_{\text{fc}}(s) = \frac{R_{\text{vb}}R_{\text{vsc}}}{R_{\text{vb}}R_{\text{vsc}}L_{\text{vfc}}C_{\text{vsc}}s^2 + L_{\text{vfc}}(R_{\text{vb}} + R_{\text{vsc}})s + R_{\text{vb}}R_{\text{vsc}}} \tag{3.76}$$

$$S_{\text{fb}}(s) = \frac{R_{\text{vsc}}}{R_{\text{vb}}R_{\text{vsc}}L_{\text{vfc}}C_{\text{vsc}}s^2 + L_{\text{vfc}}(R_{\text{vb}} + R_{\text{vsc}})s + R_{\text{vb}}R_{\text{vsc}}} \tag{3.77}$$

$$S_{\text{fs}}(s) = \frac{R_{\text{vb}}(R_{\text{vsc}}C_{\text{vsc}}s + 1)}{R_{\text{vb}}R_{\text{vsc}}L_{\text{vfc}}C_{\text{vsc}}s^2 + L_{\text{vfc}}(R_{\text{vb}} + R_{\text{vsc}})s + R_{\text{vb}}R_{\text{vsc}}} \tag{3.78}$$

$$S_{\text{b}}(s) = \frac{L_{\text{vfc}}R_{\text{vsc}}s}{R_{\text{vb}}R_{\text{vsc}}L_{\text{vfc}}C_{\text{vsc}}s^2 + L_{\text{vfc}}(R_{\text{vb}} + R_{\text{vsc}})s + R_{\text{vb}}R_{\text{vsc}}} \tag{3.79}$$

$$S_{\text{bs}}(s) = \frac{L_{\text{vfc}}s(R_{\text{vsc}}C_{\text{vsc}}s + 1)}{R_{\text{vb}}R_{\text{vsc}}L_{\text{vfc}}C_{\text{vsc}}s^2 + L_{\text{vfc}}(R_{\text{vb}} + R_{\text{vsc}})s + R_{\text{vb}}R_{\text{vsc}}} \tag{3.80}$$

$$S_{\text{sc}}(s) = \frac{L_{\text{vfc}}R_{\text{vb}}s(R_{\text{vsc}}C_{\text{vsc}}s + 1)}{R_{\text{vb}}R_{\text{vsc}}L_{\text{vfc}}C_{\text{vsc}}s^2 + L_{\text{vfc}}(R_{\text{vb}} + R_{\text{vsc}})s + R_{\text{vb}}R_{\text{vsc}}} \tag{3.81}$$

由式（3.75）可知，通过合理配置 LPF $S_{\text{fc}}(s)$、带通滤波器（band-pass filter，BPF）$S_{\text{b}}(s)$ 和 HPF $S_{\text{sc}}(s)$ 的截止频率（3.3.2 节），即可实现负荷电流在不同供电单元间的自主优化分配。在稳态时，FC、LB 和 SC 供电单元的稳态输出电流分别为

$$\begin{cases} I_{\text{ofc}} = \lim_{s \to 0} si_{\text{ofc}}(s) = I_{\text{load}} + \Delta V_{\text{fb}}/R_{\text{vb}} + \Delta V_{\text{fs}}/R_{\text{vsc}} \\ I_{\text{ob}} = \lim_{s \to 0} si_{\text{ob}}(s) = -\Delta V_{\text{fb}}/R_{\text{vb}} \\ I_{\text{osc}} = \lim_{s \to 0} si_{\text{osc}}(s) = -\Delta V_{\text{fs}}/R_{\text{vsc}} \end{cases} \tag{3.82}$$

式中，I_{ob} 为 LB 供电单元的稳态输出电流。

由式（3.82）可知，通过合理调节储能供电单元的基准电压，即可对其稳态输出电流进行调节，从而调节储能元件的 SOC。为保证储能供电单元长期处于正常模式，以延长其服役寿命，本节将 LB 和 SC 供电单元的输出电压基准分别设置为

$$V_{\text{refb}} = \begin{cases} V_{\text{nom}} - \Delta V_{\text{b}}, & \text{充电模式(SOC}_{\text{b}} \leqslant 40\%) \\ V_{\text{nom}}, & \text{正常模式(40\%} < \text{SOC}_{\text{b}} < 80\%) \\ V_{\text{nom}} + \Delta V_{\text{b}}, & \text{放电模式(SOC}_{\text{b}} \geqslant 80\%) \end{cases} \tag{3.83}$$

式中，ΔV_{b} 为 LB 供电单元的基准电压增量；SOC_{b} 为 LB 的 SOC。

$$V_{refsc} = \begin{cases} V_{nom} - \Delta V_{sc}, & \text{充电模式(SOC}_{sc} \leqslant 25\%) \\ V_{nom}, & \text{正常模式(25\% < SOC}_{sc} < 90\%) \\ V_{nom} + \Delta V_{sc}, & \text{放电模式(SOC}_{sc} \geqslant 90\%) \end{cases} \tag{3.84}$$

将式（3.83）、式（3.84）代入式（3.82）可得，各供电单元的稳态输出电流如表 3.5 所示。由表 3.5 可知，当 LB 或 SC 供电单元处于充电模式时，FC 供电单元将额外提供大小为 $\Delta V_b/R_{vb}$ 或 $\Delta V_{sc}/R_{vsc}$ 的电流为 LB 或 SC 充电，以使其恢复至正常模式；同理，当 LB 或 SC 供电单元处于放电模式时，LB 或 SC 供电单元将向负荷额外提供大小为 $\Delta V_b/R_{vb}$ 或 $\Delta V_{sc}/R_{vsc}$ 的电流以进行放电，使其恢复至正常模式。因此，当系统处于健康状态时，本书所提策略能够实现对储能元件的 SOC 的调节。

表 3.5　不同模式下各供电单元的稳态输出电流

案例	LB 模式	SC 模式	I_{ofc}	I_{ob}	I_{osc}
所有供电单元均正常运作	充电模式	充电模式	$I_{load}+\Delta V_b/R_{vb}+\Delta V_{sc}/R_{vsc}$	$-\Delta V_b/R_{vb}$	$-\Delta V_{sc}/R_{vsc}$
		正常模式	$I_{load}+\Delta V_b/R_{vb}$	$-\Delta V_b/R_{vb}$	0
		放电模式	$I_{load}+\Delta V_b/R_{vb}-\Delta V_{sc}/R_{vsc}$	$-\Delta V_b/R_{vb}$	$\Delta V_{sc}/R_{vsc}$
	正常模式	充电模式	$I_{load}+\Delta V_{sc}/R_{vsc}$	0	$-\Delta V_{sc}/R_{vsc}$
		正常模式	I_{load}	0	0
		放电模式	$I_{load}-\Delta V_{sc}/R_{vsc}$	0	$\Delta V_{sc}/R_{vsc}$
	放电模式	充电模式	$I_{load}-\Delta V_b/R_{vb}+\Delta V_{sc}/R_{vsc}$	$\Delta V_b/R_{vb}$	$-\Delta V_{sc}/R_{vsc}$
		正常模式	$I_{load}-\Delta V_b/R_{vb}$	$\Delta V_b/R_{vb}$	0
		放电模式	$I_{load}-\Delta V_b/R_{vb}-\Delta V_{sc}/R_{vsc}$	$\Delta V_b/R_{vb}$	$\Delta V_{sc}/R_{vsc}$
FC 供电单元发生故障	充电模式	充电模式	\	$(R_{vsc}I_{load}-\Delta V_b+\Delta V_{sc})/(R_{vb}+R_{vsc})$	$(R_{vb}I_{load}+\Delta V_b-\Delta V_{sc})/(R_{vb}+R_{vsc})$
		正常模式	\	$(R_{vsc}I_{load}-\Delta V_b)/(R_{vb}+R_{vsc})$	$(R_{vb}I_{load}+\Delta V_b)/(R_{vb}+R_{vsc})$
		放电模式	\	$(R_{vsc}I_{load}-\Delta V_b-\Delta V_{sc})/(R_{vb}+R_{vsc})$	$(R_{vb}I_{load}+\Delta V_b+\Delta V_{sc})/(R_{vb}+R_{vsc})$
	正常模式	充电模式	\	$(R_{vsc}I_{load}+\Delta V_{sc})/(R_{vb}+R_{vsc})$	$(R_{vb}I_{load}-\Delta V_{sc})/(R_{vb}+R_{vsc})$
		正常模式	\	$(R_{vsc}I_{load})/(R_{vb}+R_{vsc})$	$(R_{vb}I_{load})/(R_{vb}+R_{vsc})$
		放电模式	\	$(R_{vsc}I_{load}-\Delta V_{sc})/(R_{vb}+R_{vsc})$	$(R_{vb}I_{load}+\Delta V_{sc})/(R_{vb}+R_{vsc})$
	放电模式	充电模式	\	$(R_{vsc}I_{load}+\Delta V_b+\Delta V_{sc})/(R_{vb}+R_{vsc})$	$(R_{vb}I_{load}-\Delta V_b-\Delta V_{sc})/(R_{vb}+R_{vsc})$
		正常模式	\	$(R_{vsc}I_{load}+\Delta V_b)/(R_{vb}+R_{vsc})$	$(R_{vb}I_{load}-\Delta V_b)/(R_{vb}+R_{vsc})$
		放电模式	\	$(R_{vsc}I_{load}+\Delta V_b-\Delta V_{sc})/(R_{vb}+R_{vsc})$	$(R_{vb}I_{load}-\Delta V_b+\Delta V_{sc})/(R_{vb}+R_{vsc})$
LB 供电单元发生故障	\	充电模式	$I_{load}+\Delta V_{sc}/R_{vsc}$	\	$-\Delta V_{sc}/R_{vsc}$
		正常模式	I_{load}	\	0
		放电模式	$I_{load}-\Delta V_{sc}/R_{vsc}$	\	$\Delta V_{sc}/R_{vsc}$

案例	LB 模式	SC 模式	I_{ofc}	I_{ob}	I_{osc}
SC 供电单元发生故障	充电模式	\	$I_{\text{load}} + \Delta V_{\text{b}}/R_{\text{vb}}$	$-\Delta V_{\text{b}}/R_{\text{vb}}$	\
	正常模式		I_{load}	0	\
	放电模式		$I_{\text{load}} - \Delta V_{\text{b}}/R_{\text{vb}}$	$\Delta V_{\text{b}}/R_{\text{vb}}$	\

在能量回馈过程，FC 供电单元无法吸收再生能量，负荷再生能量只能由 LB 和 SC 供电单元吸收。此时，根据图 3.34 可推导出，负荷电流在 LB 和 SC 供电单元间的分配关系为

$$\begin{cases} i_{\text{ob}}(s) = T_{\text{b}}(s)i_{\text{load}}(s) + T_{\text{bs}}(s)\Delta V_{\text{bs}} \\ i_{\text{osc}}(s) = T_{\text{sc}}(s)i_{\text{load}}(s) - T_{\text{bs}}(s)\Delta V_{\text{bs}} \end{cases} \tag{3.85}$$

其中

$$T_{\text{b}}(s) = \frac{R_{\text{vsc}}}{R_{\text{vb}}R_{\text{vsc}}C_{\text{vsc}}s + R_{\text{vb}} + R_{\text{vsc}}} \tag{3.86}$$

$$T_{\text{sc}}(s) = \frac{R_{\text{vb}}R_{\text{vsc}}C_{\text{vsc}}s + R_{\text{vb}}}{R_{\text{vb}}R_{\text{vsc}}C_{\text{vsc}}s + R_{\text{vb}} + R_{\text{vsc}}} \tag{3.87}$$

$$T_{\text{bs}}(s) = \frac{R_{\text{vsc}}C_{\text{vsc}}s + 1}{R_{\text{vb}}R_{\text{vsc}}C_{\text{vsc}}s + R_{\text{vb}} + R_{\text{vsc}}} \tag{3.88}$$

由式（3.85）可知，在能量回馈过程，LB 供电单元仅吸收低频负荷再生电流，而 SC 供电单元除缓冲所有的高频负荷再生电流，还将吸收部分的低频负荷再生电流，但这并不影响 SC 的服役寿命。因此，在能量回馈过程，本书所提策略仍能兼顾 LB 和 SC 供电单元的动态特性，实现动态功率分配和再生能量回收。

2. 系统处于部分失效状态时的性能分析

1）FC 供电单元失效时的性能分析

当 FC 供电单元因故障而从系统中断时，负荷电流在 LB 和 SC 供电单元间的分配关系如式（3.85）所示。由式（3.85）可知，尽管 LB 供电单元仍只提供低频负荷电流，但 SC 供电单元除了缓冲所有的高频负荷电流，还需提供少量的低频负荷电流。通过合理设置供电单元的虚拟阻抗参数，可将 SC 供电单元提供的低频负荷电流调至很小（3.3.2 小节），从而大致实现负荷功率在 LB 和 SC 供电单元间的优化分配。在稳态时，LB 和 SC 供电单元的稳态输出电流分别为

$$\begin{cases} I_{\text{ob}} = \lim_{s \to 0} si_{\text{ob}}(s) = \dfrac{R_{\text{vsc}}}{R_{\text{vb}} + R_{\text{vsc}}}I_{\text{load}} + \dfrac{1}{R_{\text{vb}} + R_{\text{vsc}}}\Delta V_{\text{bs}} \\ I_{\text{osc}} = \lim_{s \to 0} si_{\text{osc}}(s) = \dfrac{R_{\text{vb}}}{R_{\text{vb}} + R_{\text{vsc}}}I_{\text{load}} - \dfrac{1}{R_{\text{vb}} + R_{\text{vsc}}}\Delta V_{\text{bs}} \end{cases} \tag{3.89}$$

结合式（3.83）、式（3.84）和式（3.89）可得，当 FC 供电单元发生故障时，不同模式下 LB 和 SC 供电单元的稳态输出电流如表 3.5 所示。从表 3.5 可以看出，当 LB 和 SC 均处于放电模式或充电模式时，SOC 调节方法可能失效；当 LB 和 SC 处于其余模式时，

所提策略仍能调节其 SOC。此外，通过合理选取 LB 供电单元的虚拟电阻（3.3.2 节），直流母线电压也能控制到设定值 V_{nom} 附近。

2）LB 供电单元失效时的性能分析

当 LB 供电单元因故障而退出系统时，根据图 3.34，负荷电流在 FC 和 SC 供电单元间的分配关系可推导为

$$\begin{cases} i_{\text{ofc}}(s) = U_{\text{fc}}(s)i_{\text{load}}(s) + U_{\text{fs}}(s)\Delta V_{\text{fs}} \\ i_{\text{osc}}(s) = U_{\text{sc}}(s)i_{\text{load}}(s) - U_{\text{fs}}(s)\Delta V_{\text{fs}} \end{cases} \tag{3.90}$$

其中

$$U_{\text{fc}}(s) = \frac{R_{\text{vsc}}}{R_{\text{vsc}}L_{\text{vfc}}C_{\text{vsc}}s^2 + L_{\text{vfc}}s + R_{\text{vsc}}} \tag{3.91}$$

$$U_{\text{sc}}(s) = \frac{L_{\text{vfc}}s(R_{\text{vsc}}C_{\text{vsc}}s + 1)}{R_{\text{vsc}}L_{\text{vfc}}C_{\text{vsc}}s^2 + L_{\text{vfc}}s + R_{\text{vsc}}} \tag{3.92}$$

$$U_{\text{fs}}(s) = \frac{R_{\text{vsc}}C_{\text{vsc}}s + 1}{R_{\text{vsc}}L_{\text{vfc}}C_{\text{vsc}}s^2 + L_{\text{vfc}}s + R_{\text{vsc}}} \tag{3.93}$$

由式（3.90）可知，负荷电流分配到 FC 供电单元时自动加入 LPF $U_{\text{fc}}(s)$，分配到 SC 供电单元时自动加入 HPF $U_{\text{sc}}(s)$。因此，当 LB 供电单元因故障而退出系统时，本书所提策略仍能实现负荷功率在 FC 和 SC 供电单元间的动态优化分配。由式（3.90）可得，FC 和 SC 供电单元的稳态输出电流分别为

$$\begin{cases} I_{\text{ofc}} = \lim_{s \to 0} si_{\text{ofc}}(s) = I_{\text{load}} + \Delta V_{\text{fs}}/R_{\text{vsc}} \\ I_{\text{osc}} = \lim_{s \to 0} si_{\text{osc}}(s) = -\Delta V_{\text{fs}}/R_{\text{vsc}} \end{cases} \tag{3.94}$$

结合式（3.84）和式（3.94）可知，当 LB 供电单元失效时，不同模式下 FC 和 SC 供电单元的稳态输出电流如表 3.5 所示。从表 3.5 可以看出，对于该情况，所提策略仍能实现 SC SOC 的管控。此外，由式（3.72）可知，在 FC 供电单元的控制下，直流母线电压仍可调至设定值 V_{nom}。同理，根据 3.1.1 小节的分析结果可知，在能量回馈过程，SC 供电单元能够吸收所有的负荷再生能量，从而实现再生能量回收。

3）SC 供电单元失效时的性能分析

若 SC 供电单元因故障而从系统中断，结合图 3.34，则负荷电流在 FC 和 LB 供电单元间的分配关系可推导为

$$\begin{cases} i_{\text{ofc}}(s) = W_{\text{fc}}(s)i_{\text{load}}(s) + W_{\text{fb}}(s)\Delta V_{\text{fb}}(s) \\ i_{\text{ob}}(s) = W_{\text{b}}(s)i_{\text{load}}(s) - W_{\text{fb}}(s)\Delta V_{\text{fb}}(s) \end{cases} \tag{3.95}$$

其中

$$W_{\text{fc}}(s) = \frac{R_{\text{vb}}}{L_{\text{vfc}}s + R_{\text{vb}}} \tag{3.96}$$

$$W_{\text{b}}(s) = \frac{L_{\text{vfc}}s}{L_{\text{vfc}}s + R_{\text{vb}}} \tag{3.97}$$

$$W_{\text{fb}}(s) = \frac{1}{L_{\text{vfc}}s + R_{\text{vb}}} \tag{3.98}$$

由式（3.95）可知，当 SC 供电单元因故障而退出系统时，负荷电流分配至 FC 供电单元时自动加入 LPF $W_{fc}(s)$，分配至 LB 供电单元时自动加入 HPF $W_{b}(s)$，即所提策略仍能实现负荷功率在 FC 和 LB 供电单元间的优化分配。稳态时，FC 和 LB 供电单元的稳态输出电流分别为

$$\begin{cases} I_{ofc} = \lim_{s \to 0} si_{ofc}(s) = I_{load} + \Delta V_{fb} / R_{vb} \\ I_{ob} = \lim_{s \to 0} si_{ob}(s) = -\Delta V_{fb} / R_{vb} \end{cases} \quad (3.99)$$

结合式（3.83）和式（3.99）可知，当 SC 供电单元发生故障时，不同模式下 FC 和 LB 供电单元的稳态输出电流如表 3.5 所示。从表 3.5 可以看出，在这一情形下，本书所提策略仍能调节 LB 的 SOC。同理，根据 3.2.1 节的分析结果可知，本书所提策略仍能实现直流母线电压的无差调节和负荷再生能量的回收。

综上，当系统处于部分失效状态，即系统中某一供电单元因故障而退出系统时，本书所提策略无须改动其余正常运行的供电单元，仍能实现直流母线电压调节、动态功率分配、储能元件 SOC 调节和再生能量回收等功能。此外，通过对比式（3.72）～式（3.74）中 FC、LB 和 SC 供电单元的输出阻抗表达式可归纳总结出，分散式动态功率分配控制策略的通用设计准则为：结合供电单元的动态特性对其虚拟阻抗进行优化配置，使动态响应由慢到快的供电单元输出阻抗关于拉普拉斯算子 s 的分子多项式与分母多项式的最高次之比分别满足 s^1、s^0 和 s^{-1}（或 s^0、s^{-1} 和 s^{-2}），并合理配置储能供电单元输出阻抗的稳态增益和输出电压基准。

3.3.2　系统参数设计

1. 虚拟阻抗参数设计

由式（3.76）和式（3.81）可得，LPF $S_{fc}(s)$ 和 HPF $S_{sc}(s)$ 的截止频率 ω_{fc} 和 ω_{sc} 分别满足：

$$(R_{vb}R_{vsc}L_{vfc}C_{vsc})^2\omega_{fc}^4 + \left(L_{vfc}^2(R_{vb}+R_{vsc})^2 - 2L_{vfc}C_{vsc}(R_{vb}R_{vsc})^2\right)\omega_{fc}^2 - (R_{vb}R_{vsc})^2 = 0 \quad (3.100)$$

$$(R_{vb}R_{vsc}L_{vfc}C_{vsc})^2\omega_{sc}^4 + \left(2L_{vfc}C_{vsc}(R_{vb}R_{vsc})^2 + 2(L_{vfc}R_{vb})^2 - L_{vfc}^2(R_{vb}+R_{vsc})^2\right)\omega_{sc}^2 \\ - (R_{vb}R_{vsc})^2 = 0 \quad (3.101)$$

综合考虑 FC、LB 和 SC 供电单元的动态特性以及系统的体积、质量设计需求，结合相关工程案例[46, 53-56, 70, 99]，本节将低频和中频负荷功率的边界频率 f_{fb} 设定为 0.2Hz，中频和高频负荷功率的边界频率 f_{bs} 设定为 2Hz。为确保负荷功率按期望方式分配给 FC、LB 和 SC 供电单元，LPF $S_{fc}(s)$ 和 HPF $S_{sc}(s)$ 的截止频率 ω_{fc} 和 ω_{sc} 分别设计为

$$\omega_{fc} = 2\pi f_{fb} \quad (3.102)$$

$$\omega_{sc} = 2\pi f_{bs} \quad (3.103)$$

需要说明的是，边界频率 f_{fb} 和 f_{bs} 可根据实际应用需求而调整。

由式（3.85）和式（3.89）可知，若 FC 供电单元因故障而失效，则 SC 供电单元除了缓冲所有的高频负荷功率，还将提供部分低频负荷功率。为确保低频负荷功率主要由 LB 供电单元提供，参数 R_{vb} 和 R_{vsc} 应满足

$$R_{vsc} \geqslant 4R_{vb} \tag{3.104}$$

为保证直流母线电压始终处于设定范围内，满足 MIL-STD-704F 标准[61]，FC 供电单元的虚拟电感 L_{vfc}、LB 供电单元的虚拟电阻 R_{vb} 和 SC 供电单元的虚拟电阻 R_{vsc} 应满足：

$$0 < L_{vfc} \leqslant \min\left\{(V_{nom} - V_{busmin})/\beta_{ccr}, (V_{busmax} - V_{nom})/\beta_{ccr}\right\} \tag{3.105}$$

$$0 \leqslant R_{vb} \leqslant \min\left\{(V_{refb} - V_{busmin})/I_{obmax}, (V_{busmax} - V_{refb})/(\alpha_{reb}I_{obmax})\right\} \tag{3.106}$$

$$0 \leqslant R_{vsc} \leqslant \min\left\{(V_{refsc} - V_{busmin})/I_{oscmax}, (V_{busmax} - V_{refsc})/(\alpha_{resc}I_{oscmax})\right\} \tag{3.107}$$

式中，I_{obmax} 为 LB 供电单元的额定输出电流；α_{reb} 为负荷最大再生电流与 LB 供电单元额定输出电流之比，本节取 $\alpha_{reb} = 20\%$[55, 103]。

当储能供电单元处于非正常模式时，为使其恢复至正常模式，本节将 LB 和 SC 供电单元的充电/放电电流均设置为 3.7A（相应的充电/放电功率为 1kW），即

$$\Delta V_b / R_{vb} = 3.7 \tag{3.108}$$

$$\Delta V_{sc} / R_{vsc} = 3.7 \tag{3.109}$$

同时，为保证 LB 和 SC 供电单元的电压基准不超过母线电压的设定范围，其电压基准增量 ΔV_b 和 ΔV_{sc} 应满足：

$$0 < \Delta V_b \leqslant \min\left\{V_{nom} - V_{busmin}, V_{busmax} - V_{nom}\right\} \tag{3.110}$$

$$0 < \Delta V_{sc} \leqslant \min\left\{V_{nom} - V_{busmin}, V_{busmax} - V_{nom}\right\} \tag{3.111}$$

根据条件式（3.104）和式（3.106）～式（3.111），合理选取 LB 和 SC 供电单元的虚拟电阻 R_{vb} 和 R_{vsc}。然后将选取的 R_{vb} 和 R_{vsc} 代入式（3.100）～式（3.103），即可求解出 FC 供电单元的虚拟电感 L_{vfc} 和 SC 供电单元的虚拟电容 C_{vsc}。需要说明的是，若 FC 供电单元虚拟电感 L_{vfc} 的求解结果不满足条件式（3.105），则需重新选取 R_{vb} 和 R_{vsc}，然后重复上述求解过程。针对本书所采用的 FC/LB/SC HPSS 实验平台，选取的供电单元虚拟阻抗参数如表 3.6 所示。

表 3.6　FC/LB/SC HPSS 采用基于虚拟阻感容匹配的混合下垂控制策略的参数

单元	参数	数值	单元	参数	数值
FC 供电单元	额定电压 V_{fc}/V	105.6	LB 供电单元	虚拟电阻 R_{vb}/Ω	0.3
	额定功率 P_{fcmax}/kW	3		电压基准增量 ΔV_b/V	1.11
	最大输出电流 I_{ofcmax}/A	12		电压环比例系数 k_{vpb}	0.086
	最大电流变化率 β_{ccr}/(A/s)	1.2		电压环积分系数 k_{vib}	20.72
	滤波电感 L_{fc}/mH	1		电流环比例系数 k_{cpb}	0.02
	滤波电容 C_{fc}/μF	220		电流环积分系数 k_{cib}	70.67
	开关频率 f_s/kHz	20		再生电流比率 α_{reb}	20%
	虚拟电感 L_{vfc}/H	0.21	SC 供电单元	额定电压 V_{sc}/V	124.2
	电流环比例系数 k_{cpfc}	0.02		额定容量 Q_{scmax}/F	65.2
	电流环积分系数 k_{cifc}	44.73		滤波电感 L_{sc}/mH	1

单元	参数	数值	单元	参数	数值
其他	母线标称电压 V_{nom}/V	270	SC 供电单元	滤波电容 C_{sc}/μF	1880
	母线电压上限 V_{busmax}/V	280		开关频率 f_s/kHz	20
	母线电压下限 V_{busmin}/V	250		虚拟电阻 R_{vsc}/Ω	1.2
	中低频边界频率 f_{fb}/Hz	0.2		虚拟电容 C_{vsc}/F	0.29
	中高频边界频率 f_{bs}/Hz	2		电压基准增量 ΔV_{sc}/V	4.44
LB 供电单元	额定电压 V_b/V	120		电压环比例系数 k_{vpsc}	0.25
	额定容量 Q_{bmax}/Ah	24		电压环积分系数 k_{visc}	70.94
	滤波电感 L_b/mH	1		电流环比例系数 k_{cpsc}	0.02
	滤波电容 C_b/μF	470		电流环积分系数 k_{cisc}	70.44
	开关频率 f_s/kHz	20		再生电流比率 α_{resc}	20%

由式（3.86）、式（3.91）和式（3.96）可得，LPF $T_b(s)$、$U_{fc}(s)$ 和 $W_{fc}(s)$ 的截止频率 ω_{tc}、ω_{uc} 和 ω_{wc} 分别满足

$$\omega_{tc} = \sqrt{2R_{vsc}^2 - (R_{vb} + R_{vsc})^2} \Big/ (R_{vb} R_{vsc} C_{vsc}) \tag{3.112}$$

$$(R_{vsc} L_{vfc} C_{vsc})^2 \omega_{uc}^4 + \left(L_{vfc}^2 - 2L_{vfc} C_{vsc} R_{vsc}^2\right) \omega_{uc}^2 - R_{vsc}^2 = 0 \tag{3.113}$$

$$\omega_{wc} = R_{vb} / L_{vfc} \tag{3.114}$$

结合式（3.112）～式（3.114），当 FC 供电单元因故障而失效时，LB 和 SC 供电单元间功率分配的边界频率由 1Hz 增大为 1.21Hz，LB 供电单元的动态响应速度将稍微变快；当 LB 供电单元因故障而失效时，FC 和 SC 供电单元间功率分配的边界频率由 0.2Hz 增大为 0.23Hz，FC 供电单元的动态响应速度也将略微变快；当 SC 供电单元因故障而失效时，FC 和 LB 供电单元间功率分配的边界频率由 0.2Hz 增大为 0.91Hz，FC 供电单元的动态响应速度也将变快，提供更多的低频负荷功率。但总体而言，当系统处于部分失效状态时，正常运行供电单元间的动态功率分配性能变化不大，因此无须调整正常运行供电单元的虚拟阻抗参数。

2. 动态功率分配特性设计

结合图 3.3 和图 3.21，FC、LB 和 SC 供电单元的内环控制参数可依据 3.1.2 小节所述的设计方法进行设计，最终选取的内环控制参数如表 3.6 所示。此外，由图 3.3 和图 3.21 可推导出，FC、LB 和 SC 供电单元实际的输出阻抗分别为

$$Z_{ofc}(s) = \frac{\left(G_{ivfc}(s) + G_{cfc}(s)G_{difc}(s)G_{ivfc}(s) - G_{cfc}(s)G_{dvfc}(s)G_{iifc}(s)\right)V_{fc}V_{ofc}Z_{ofc}^*(s)}{V_{fc}V_{ofc}Z_{ofc}^*(s) + G_{cfc}(s)\left(-V_{ofc}^2 G_{dvfc}(s) + I_{fc}V_{fc}G_{dvfc}(s)Z_{ofc}^*(s) + V_{fc}V_{ofc}G_{difc}(s)Z_{ofc}^*(s)\right)} \tag{3.115}$$

$$Z_{ob}(s) = \frac{G_{ivb}(s)\left(1 + G_{cb}(s)G_{dib}(s)\right) - G_{cb}(s)G_{dvb}(s)\left(G_{iib}(s) + Z_{ob}^*(s)G_{vb}(s)\right)}{1 + G_{cb}(s)\left(G_{dib}(s) - G_{vb}(s)G_{dvb}(s)\right)} \tag{3.116}$$

$$Z_{osc}(s) = \frac{G_{ivsc}(s)\big(1 + G_{csc}(s)G_{disc}(s)\big) - G_{csc}(s)G_{dvsc}(s)\big(G_{iisc}(s) + Z_{osc}^*(s)G_{vsc}(s)\big)}{1 + G_{csc}(s)\big(G_{disc}(s) - G_{vsc}(s)G_{dvsc}(s)\big)} \quad (3.117)$$

式中，$G_{dib}(s)$、$G_{iib}(s)$、$G_{dvb}(s)$ 和 $G_{ivb}(s)$ 可分别表示为式（3.26）、式（3.27）、式（3.29）和式（3.30），其中的参数需替换成相应的 LB 供电单元参数；$G_{vb}(s)$ 和 $G_{cb}(s)$ 分别为 LB 供电单元的电压环 PI 控制器和电流环 PI 控制器，可分别表示为式（3.31）和式（3.32）。

负荷电流分配至 FC、LB 和 SC 供电单元实际引入的滤波器分别为

$$S_{fc}'(s) = \frac{Z_{ob}(s)Z_{osc}(s)}{Z_{ofc}(s)Z_{ob}(s) + Z_{ofc}(s)Z_{osc}(s) + Z_{ob}(s)Z_{osc}(s)} \quad (3.118)$$

$$S_{b}'(s) = \frac{Z_{ofc}(s)Z_{osc}(s)}{Z_{ofc}(s)Z_{ob}(s) + Z_{ofc}(s)Z_{osc}(s) + Z_{ob}(s)Z_{osc}(s)} \quad (3.119)$$

$$S_{sc}'(s) = \frac{Z_{ofc}(s)Z_{ob}(s)}{Z_{ofc}(s)Z_{ob}(s) + Z_{ofc}(s)Z_{osc}(s) + Z_{ob}(s)Z_{osc}(s)} \quad (3.120)$$

式中，$S_{fc}'(s)$、$S_{b}'(s)$ 和 $S_{sc}'(s)$ 分别为负荷电流分配至 FC、LB 和 SC 供电单元实际引入的滤波器。

同理，为使 FC、LB 和 SC 供电单元间实际的动态功率分配性能与期望的动态功率分配性能尽可能保持一致，本节根据表 3.2 所述的动态功率分配特性设计方法，对滤波器 $S_{fc}'(s)$、$S_{b}'(s)$ 和 $S_{sc}'(s)$ 的频域特性进行优化塑形，最终选取的系统参数如表 3.6 所示，滤波器经过优化塑形后的频率特性如图 3.35 所示。图中，塑形前 FC、LB 和 SC 供电单元选取的滤波电容分别为 $C_{fc} = 470\mu F$、$C_b = 470\mu F$ 和 $C_{sc} = 470\mu F$。从图 3.35 可以看出，滤波器 $S_{fc}'(s)$、$S_{b}'(s)$ 和 $S_{sc}'(s)$ 经过优化塑形后的频域特性得到了明显改善，滤波器 $S_{fc}'(s)$ 呈低通特性，其截止频率与设定的功率分配边界频率相同；滤波器 $S_{b}'(s)$ 呈带通特性，其下限截止频率与设定的功率分配边界频率相同，其上限截止频率小于设定的功率分配边界频率；滤波器 $S_{sc}'(s)$ 呈高通特性，其截止频率也小于设定的功率分配边界频率。通过合理减小 SC 供电单元的虚拟电容 C_{vsc} 可以减小滤波器 $S_{b}'(s)$ 和 $S_{sc}'(s)$ 的截止频率与功率分配边界频率的偏差。然而，滤波器截止频率与功率分配边界频率的偏差越小，SC 供电单元的虚拟电容越小，SC 供电单元缓冲高频负荷功率的能力就越差。因此，SC 供电单元的

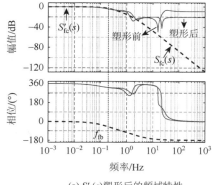

(a) $S_{fc}'(s)$ 塑形后的频域特性

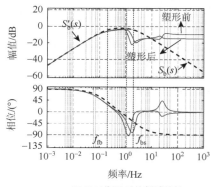

(b) $S_{b}'(s)$ 塑形后的频域特性

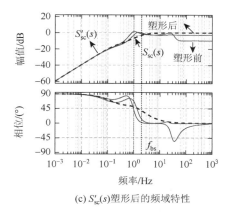

(c) $S'_{sc}(s)$ 塑形后的频域特性

图 3.35　$S'_{fc}(s)$、$S'_b(s)$ 和 $S'_{sc}(s)$ 塑形后的频域特性（见彩图）

虚拟电容并非越小越好，其大小应根据实际情况进行折中选取。最终，本节将 SC 供电单元的虚拟电容更改为 0.15F，使滤波器 $S'_b(s)$ 和 $S'_{sc}(s)$ 的截止频率达到可接受的范围，以确保 FC、LB 和 SC 供电单元间实际的动态功率分配性能与期望的动态功率分配性能基本保持一致。

3. 小信号稳定性分析

根据图 3.33 可推导出，FC/LB/SC HPSS 实际的输出阻抗为

$$Z_{osys}(s) = \frac{Z_{ofc}(s)Z_{ob}(s)Z_{osc}(s)}{Z_{ofc}(s)Z_{ob}(s) + Z_{ofc}(s)Z_{osc}(s) + Z_{ob}(s)Z_{osc}(s)} \qquad (3.121)$$

图 3.36 所示为 FC/LB/SC HPSS 的输出阻抗 $Z_{osys}(s)$ 和理想 CPL 输入阻抗 $Z_{inCPL}(s)$ 的频域特性。从图 3.36 可以看出，在额定功率范围内，$Z_{osys}(s)$ 与 $Z_{inCPL}(s)$ 没有相互交叠。因此，最终选取的系统参数能够保证系统的稳定性。

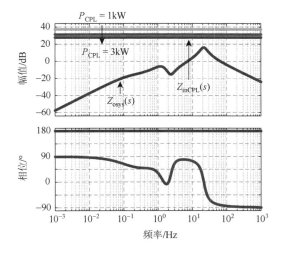

图 3.36　$Z_{osys}(s)$ 和 $Z_{inCPL}(s)$ 的频域特性（见彩图）

3.3.3　动态功率分配控制策略的可靠性分析

为定量说明所提分散式动态功率分配控制策略的高可靠性，本节在理想情况下，对 FC/LB/SC HPSS 采用传统集中式动态功率分配控制策略和所提分散式动态功率分配控制策略的可靠性进行了评估。

传统的集中式动态功率分配控制策略普遍存在单点失效问题，一旦供电单元发生故障，原有的控制策略将无法实现动态功率分配。因此，对于传统的集中式动态功率分配控制策略，只有当所有供电单元均正常运行时，控制策略才能实现动态功率分配，其可靠性框图如图 3.37（a）所示。根据 3.3.1 小节的分析结果可知，对于所提的分散式动态功率分配控制策略，只要系统中至少含有两个能正常运行的供电单元，所提策略就能实现负荷功率在正常运行供电单元间的自主优化分配，其可靠性框图如图 3.37（b）所示。

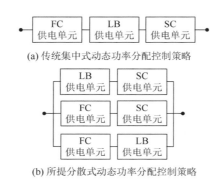

(a) 传统集中式动态功率分配控制策略

(b) 所提分散式动态功率分配控制策略

图 3.37　FC/LB/SC HPSS 的可靠性框图

假设系统中各元件均处于寿命曲线中的稳定运行期，即其寿命服从指数分布，则在 t 时刻，元件的可靠度为

$$R_i(t) = \mathrm{e}^{-\lambda_i t} \tag{3.122}$$

式中，$R_i(t)$ 为元件 i 的可靠度；λ_i 为元件 i 的故障率。

根据图 3.33 所示的 FC/LB/SC HPSS 结构图，基于可靠性理论[214, 215]，FC、LB 和 SC 供电单元在理想情况下的故障率可分别表示为

$$\begin{cases} \lambda_{\mathrm{fc}} = \lambda_{\mathrm{sfc}} + \lambda_{\mathrm{L}} + \lambda_{\mathrm{S}} + \lambda_{\mathrm{D}} + \lambda_{\mathrm{C}} + \lambda_{\mathrm{ctrl}} \\ \lambda_{\mathrm{b}} = \lambda_{\mathrm{sb}} + \lambda_{\mathrm{L}} + 2\lambda_{\mathrm{S}} + \lambda_{\mathrm{C}} + \lambda_{\mathrm{ctrl}} \\ \lambda_{\mathrm{sc}} = \lambda_{\mathrm{ssc}} + \lambda_{\mathrm{L}} + 2\lambda_{\mathrm{S}} + \lambda_{\mathrm{C}} + \lambda_{\mathrm{ctrl}} \end{cases} \tag{3.123}$$

式中，λ_{fc}、λ_{b} 和 λ_{sc} 分别为 FC、LB 和 SC 供电单元的故障率；λ_{sfc}、λ_{sb} 和 λ_{ssc} 分别为 FC、LB 和 SC 的故障率；λ_{L}、λ_{S}、λ_{D}、λ_{C}、λ_{ctrl} 分别为电感、MOSFET、二极管、电容、供电单元控制系统的故障率。

　　根据图 3.37 所示的系统可靠性框图，由可靠性理论可得[214, 215]，FC/LB/SC HPSS 采用传统集中式和所提分散式动态功率分配控制策略的可靠度分别为

$$R_c(t) = e^{-(\lambda_{fc} + \lambda_b + \lambda_{sc})t} \tag{3.124}$$

$$R_d(t) = e^{-(\lambda_{fc} + \lambda_b)t} + e^{-(\lambda_{fc} + \lambda_{sc})t} + e^{-(\lambda_b + \lambda_{sc})t} - 2e^{-(\lambda_{fc} + \lambda_b + \lambda_{sc})t} \tag{3.125}$$

式中，$R_c(t)$ 和 $R_d(t)$ 分别为 FC/LB/SC HPSS 采用传统集中式动态功率分配控制策略和所提分散式动态功率分配控制策略的可靠度。

　　FC/LB/SC HPSS 中各元件的故障率见表 3.7，其数据来源于文献[215]和工程经验。基于表 3.7 所示的元件故障率数据，FC/LB/SC HPSS 采用传统集中式动态功率分配控制策略和所提分散式动态功率分配控制策略的可靠度曲线如图 3.38 所示。从图 3.38 可明显看出，FC/LB/SC HPSS 采用所提分散式动态功率分配控制策略的可靠度比采用传统集中式动态功率分配控制策略的可靠度明显增强。

表 3.7　元件故障率

元件	故障率/(次/10⁶h)	元件	故障率/(次/10⁶h)
FC	416.67	BAT	57.08
SC	28.54	电感	0.0012
电容	0.037	MOSFET	6.57
二极管	0.063	供电单元控制系统	1.71

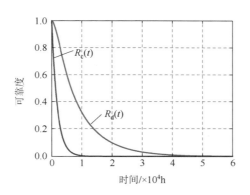

图 3.38　FC/LB/SC HPSS 的可靠度曲线

　　由式（3.123）～式（3.125）可得，FC/LB/SC HPSS 采用集中式和分散式动态功率分配控制策略的平均无故障时间（mean time to failure，MTTF）分别为

$$\mathrm{MTTF_c} = \int_0^\infty R_c(t)\mathrm{d}t = 1850.32\mathrm{h} \tag{3.126}$$

$$\mathrm{MTTF_d} = \int_0^\infty R_d(t)\mathrm{d}t = 9111.70\mathrm{h} \tag{3.127}$$

式中，$\mathrm{MTTF_c}$ 和 $\mathrm{MTTF_d}$ 分别为 FC/LB/SC HPSS 采用传统集中式动态功率分配控制策略和所提分散式动态功率分配控制策略的 MTTF。

　　由式（3.126）和式（3.127）可知，所提分散式动态功率分配控制策略能显著延长系

统的 MTTF，大大提升系统的可靠性。需要说明的是，当 FC 供电单元因故障失效时，尽管 LB 和 SC 供电单元仍能正常运行，保证关键负荷的供电，但是系统无法长时间运行。此时，应尽快更换或维修 FC 供电单元。

3.3.4 热插拔功能分析与设计

1. 扩展供电单元

图 3.39 所示为 FC/LB/SC HPSS 扩容后的简化电路。为实现低频负荷功率在 FC 供电单元之间的合理分配，第 i 个 FC 供电单元（$i = 1, 2, \cdots, m$）的虚拟电感 L_{vfci} 设计为

$$\frac{L_{vfci}}{L_{vfc1}} = \frac{P_{ofcmax1}}{P_{ofcmax i}} \tag{3.128}$$

式中，$P_{ofcmax i}$ 为第 i 个 FC 供电单元（$i = 1, 2, \cdots, m$）的额定输出功率。

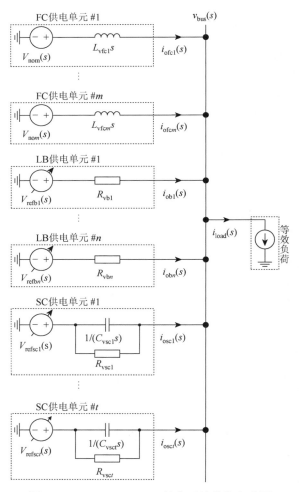

图 3.39 FC/LB/SC HPSS 扩容后的简化电路图

为实现中频负荷功率在 LB 供电单元之间的合理分配，第 j 个 LB 供电单元（$j = 1, 2, \cdots, n$）的虚拟电阻 R_{vbj} 设计为

$$\frac{R_{vbj}}{R_{vb1}} = \frac{Q_{bmax1}}{Q_{bmaxj}} \tag{3.129}$$

式中，Q_{bmaxj} 为第 j 个 LB 供电单元（$j = 1, 2, \cdots, n$）的额定容量。

同理，为实现高频负荷功率在 SC 供电单元之间的合理分配，第 k 个 SC 供电单元（$k = 1, 2, \cdots, t$）的虚拟电阻 R_{vsck} 和虚拟电容 C_{vsck} 分别设计为

$$\frac{R_{vsck}}{R_{vsc1}} = \frac{Q_{scmax1}}{Q_{scmaxk}} \tag{3.130}$$

$$\frac{C_{vsck}}{C_{vsc1}} = \frac{Q_{scmaxk}}{Q_{scmax1}} \tag{3.131}$$

式中，Q_{scmaxk} 为第 k 个 SC 供电单元（$j = 1, 2, \cdots, t$）的额定容量。

若将图 3.39 等效为图 3.34 所示的简化等效电路，则 FC 供电单元等效的虚拟电感 L_{vfc}、LB 供电单元等效的虚拟电阻 R_{vb} 以及 SC 供电单元等效的虚拟电阻 R_{vsc} 和虚拟电容 C_{vsc} 分别为

$$L_{vfc} = L_{vfc1} P_{ofcmax1} \left/ \sum_{i=1}^{m} P_{ofcmaxi} \right. \tag{3.132}$$

$$R_{vb} = R_{vb1} Q_{bmax1} \left/ \sum_{j=1}^{n} Q_{bmaxj} \right. \tag{3.133}$$

$$R_{vsc} = R_{vsc1} Q_{scmax1} \left/ \sum_{k=1}^{t} Q_{scmaxk} \right. \tag{3.134}$$

$$C_{vsc} = C_{vsc1} \sum_{k=1}^{t} Q_{scmaxk} \left/ Q_{scmax1} \right. \tag{3.135}$$

为保证系统扩容前后的动态功率分配性能保持不变，即保证滤波器 $S_{fc}(s)$ 和 $S_{sc}(s)$ 的截止频率保持不变，结合式（3.100）、式（3.101）和式（3.132）～式（3.135）可得，FC、LB 和 SC 供电单元的容量比应满足：

$$\frac{P_{ofcmax1}}{\displaystyle\sum_{i=1}^{m} P_{ofcmaxi}} = \frac{Q_{bmax1}}{\displaystyle\sum_{j=1}^{n} Q_{bmaxj}} = \frac{Q_{scmax1}}{\displaystyle\sum_{k=1}^{t} Q_{scmaxk}} \tag{3.136}$$

2. 拔出供电单元

从上述分析可知，若扩展的 FC、LB 和 SC 供电单元同时从系统中拔出，则系统的动态功率分配性能将保持不变；若扩展的 FC、LB 或 SC 供电单元单独退出系统，尽管系统的动态功率分配性能将发生改变，但功率分配的边界频率变化不大。其分析过程与 3.3.2 小节对系统处于部分失效状态时动态功率分配性能的分析类似，在此不再赘述。因此，本书所提的控制方法无须改动其余正常运行的供电单元，仍能实现脉动负荷功率在正常运行供电单元间的自主优化分配，确保关键负荷的供电。此外，供电单元同样也能实现热插拔。

3.3.5　半实物仿真验证及分析

为验证基于虚拟阻感容匹配的混合下垂控制策略的有效性和可行性，本节根据图 3.33，在图 3.11 所示的半实物实时仿真平台中搭建了 FC/LB/SC HPSS 的仿真模型，FC、LB、SC 及其端口变换器均使用模型库中提供的模型，而端口变换器的控制器均采用基于 TMS320F28335 的控制盒。半实物仿真中所用到的系统参数除了 SC 供电单元的虚拟电容 C_{vsc} 更改为 0.15F，其余系统参数如表 3.6 所示。

1. CPL 测试

图 3.40 所示为正常模式下 FC/LB/SC HPSS 带 CPL 的半实物仿真结果，图中 P_{ob} 为 LB 供电单元的输出功率。在此半实物仿真中，CPL 功率在 0kW 至 3kW（满载）间跳变。从图 3.40 可以看出，当 CPL 功率阶跃跳变时，FC 供电单元缓慢响应负荷功率变化，最终提供全部的负荷功率，而 LB 供电单元较快响应负荷功率跳变，SC 供电单元立即响应负荷功率突变，且 LB 和 SC 供电单元的稳态输出功率均为 0kW。此外，在整个运行过程中，直流母线电压始终处于设定范围内，其稳态值可维持在标称值 270V，并且系统始终保持稳定运行。因此，本书所提策略不仅实现了直流母线电压调节、动态功率分配等功能，还能保证系统的稳定性，从而验证了系统参数设计的正确性和所提策略的有效性。

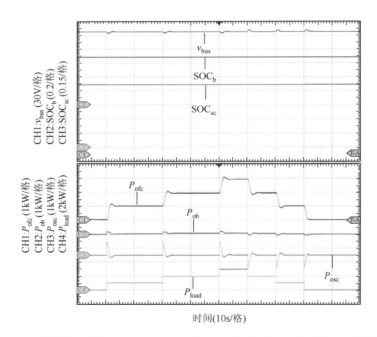

时间(10s/格)

图 3.40　正常模式下 FC/LB/SC HPSS 带 CPL 的半实物仿真结果（见彩图）

2. 脉动负荷测试

图 3.41 所示为正常模式下 FC/LB/SC HPSS 带随机负荷的半实物仿真结果。在此半实物仿真中，负荷功率在–0.6kW 到 3kW 间随机变化。从图 3.41 可以看出，当 LB 和 SC 供电单元均处于正常模式时，在负荷功率快速随机变化的过程中，FC 供电单元缓慢响应，始终只提供低频负荷功率；LB 供电单元的响应速度较为缓慢，仅提供少量的中频负荷功率，其稳态输出功率为 0kW；SC 供电单元快速响应，缓冲全部的高频负荷功率，其稳态输出功率为 0kW。在能量回馈过程，FC 供电单元的输出功率降为 0kW，LB 供电单元仅吸收低频再生功率，所有的高频再生功率均由 SC 供电单元来吸收。此外，在整个运行过程中，直流母线电压始终处于设定范围内，维持在标称值 270V 附近，且系统始终保持稳定。

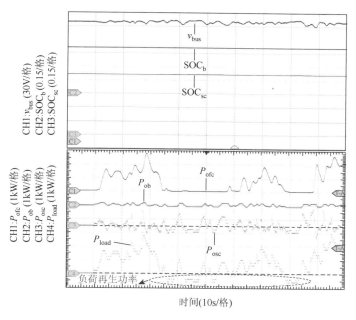

图 3.41　正常模式下 FC/LB/SC HPSS 带随机负荷的半实物仿真结果（见彩图）

图 3.42 所示为正常模式下 FC/LB/SC HPSS 带脉动负荷的半实物仿真结果，其局部放大图如图 3.43 所示。在此半实物仿真中，脉动负荷功率设为 10Hz 的正弦波，其幅值为 1kW；稳态负荷功率在–0.6kW 和 2kW 间阶跃跳变。从图 3.42 和图 3.43 可以看出，当 LB 和 SC 供电单元均处于正常模式时，稳态负荷功率由 2kW 阶跃跳变至–0.6kW，FC 供电单元缓慢响应，其输出功率缓慢降为 0kW；LB 供电单元的响应速度稍快于 FC 供电单元，仅吸收低频负荷再生功率；SC 供电单元快速响应，缓冲全部的高频负荷再生功率。当稳态负荷功率由–0.6kW 跳变至 2kW 时，FC 供电单元需经过大约 5s 的时间才能缓慢启动，最终提供所有的低频负荷功率（2kW）；在 FC 供电单元缓慢启动的过程中，LB 供电单元缓慢响应，提供大部分的低频负荷功率，而 SC 供电单元快速响应，除了缓冲所有的高频

负荷功率，还额外提供一定的低频负荷功率；在 FC 供电单元启动后，LB 供电单元仅提供少量的中频负荷功率，其稳态负荷功率为 0kW，SC 供电单元只缓冲全部的高频负荷功率，其稳态负荷功率为 0kW。此外，在整个运行过程中，直流母线电压始终处于设定范围内，且系统始终保持稳定。

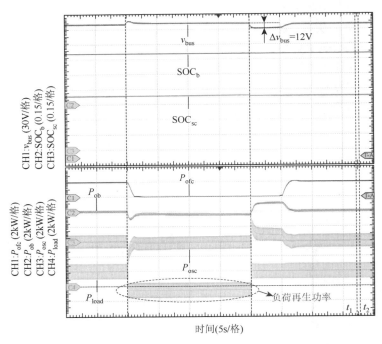

图 3.42　正常模式下 FC/LB/SC HPSS 带脉动负荷的半实物仿真结果（见彩图）

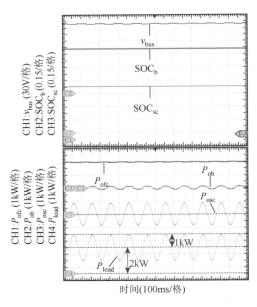

图 3.43　图 3.42 中半实物仿真结果的局部放大图（见彩图）

当 LB 供电单元处于充电模式时，FC/LB/SC HPSS 带脉动负荷的半实物仿真结果
如图 3.44 所示。在此半实物仿真中，稳态负荷功率为 1kW；脉动负荷功率设为 10Hz
的正弦波，其幅值为 1kW；LB 的初始 SOC 为 37.5%。从图 3.44 可以看出，当 LB 供
电单元处于充电模式时，SC 供电单元只缓冲高频负荷功率，FC 供电单元除了提供所
有的低频负荷功率（1kW），还提供 1kW 的功率为 LB 充电，以使其 SOC 恢复至预设
值 42%（其值可根据实际需求进行调整），从而保证 LB 供电单元长时间运行在正常
模式。此外，在整个运行过程中，直流母线电压始终维持在标称值 270V，且系统始
终是稳定的。

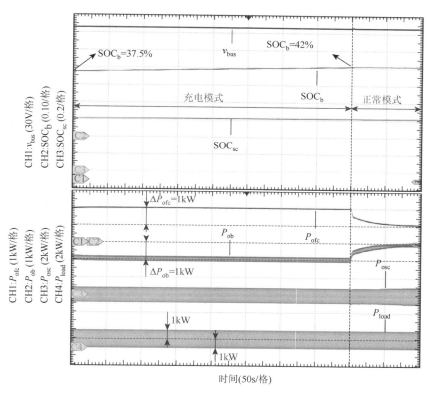

图 3.44 当 LB 供电单元处于充电模式时 FC/LB/SC HPSS 带脉动负荷的半实物仿真结果（见彩图）

当 SC 供电单元处于充电模式时，FC/LB/SC HPSS 带脉动负荷的半实物仿真结果如
图 3.45 所示。在此半实物仿真中，稳态负荷功率为 1kW；脉动负荷功率设为 10Hz 的正
弦波，其幅值为 1kW；SC 的初始 SOC 为 22.5%。从图 3.45 可以看出，当 SC 供电单元
处于充电模式时，LB 供电单元仅提供中频负荷功率，其稳态负荷功率为 0kW，SC 供电
单元始终缓冲全部的高频负荷功率，FC 供电单元除了提供所有的低频负荷功率（1kW），
还提供 1kW 的功率为 SC 充电，以使其 SOC 恢复至预设值 57.5%（其值可根据实际需求
进行调整），从而保证 SC 供电单元长期运行在正常模式。此外，母线电压始终维持在标
称值 270V，且系统始终保持稳定运行。

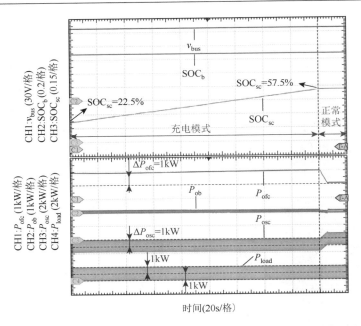

图 3.45　当 SC 供电单元处于充电模式时 FC/LB/SC HPSS 带脉动负荷的半实物仿真结果（见彩图）

综上，图 3.41～图 3.45 所示的半实物仿真结果很好地验证了本书所提策略在实现母线电压调节、动态功率分配、储能单元 SOC 调节和再生能量回收等方面的有效性和可行性。

3. 动态功率分配控制策略的可靠性测试

图 3.46 所示为正常模式下供电单元在线退出或接入 FC/LB/SC HPSS 的半实物仿真结果。在此半实物仿真中，稳态负荷功率为 2kW；脉动负荷功率设为 10Hz 的正弦波，其幅值为 1kW。如图 3.46（a）所示，当 FC 供电单元在线退出系统时，LB 供电单元缓慢响应由 FC 供电单元退出系统而引起的功率变化，最终提供绝大多数的低频负荷功率（1.6kW，即 80%的稳态负荷功率），而 SC 供电单元快速响应，除了缓冲全部的高频负荷功率，还提供少量的低频负荷功率（0.4kW，即 20%的稳态负荷功率），这与 3.3.1 小节的分析一致。如图 3.46（b）所示，当 LB 供电单元在线退出或接入系统时，LB 供电单元立即停止或开始运行，在运行时仅提供中频负荷功率，并且这一过程几乎不影响 FC 和 SC 供电单元的输出功率，FC 供电单元始终只提供低频负荷功率，SC 供电单元始终缓冲所有的高频负荷功率。如图 3.46（c）所示，当 SC 供电单元在线退出系统时，FC 供电单元仍只提供低频负荷功率，但其输出功率和母线电压的脉动将增大，LB 供电单元快速响应由 SC 供电单元退出系统而引起的功率变化，并缓冲全部的高频负荷功率；当 SC 供电单元在线接入系统时，SC 供电单元立即响应，缓冲所有的高频负荷功率，FC 供电单元仅提供低频负荷功率，LB 供电单元仅提供中频负荷功率。此外，在整个运行过程中，直流母线电压始终处于设定范围内，其稳态值维持在标称值 270V，且系统始终保持稳定运行。因此，若某一供电单元因故障而退出系统，则本书所提策略仍能实现负荷功率在其余供电单元间的动态优化分配，确保关键负荷的供电，且 LB 和 SC 供电单元具备即插即用特性，这极大地提升了系统的供电可靠性。

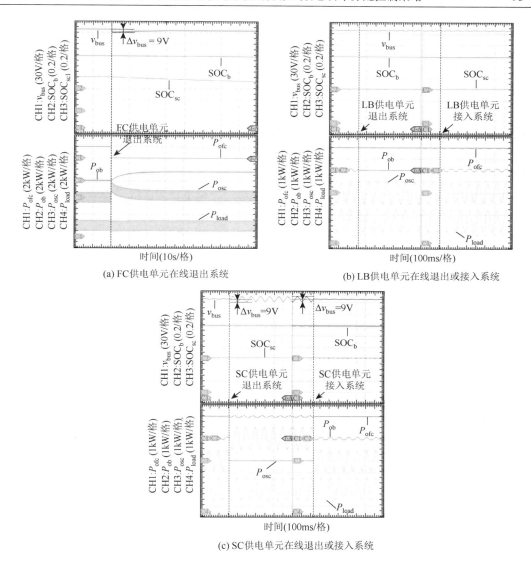

(a) FC供电单元在线退出系统　　　　　　(b) LB供电单元在线退出或接入系统

(c) SC供电单元在线退出或接入系统

图 3.46　正常模式下供电单元在线接入或退出 FC/LB/SC HPSS 的半实物仿真结果（见彩图）

4. 供电单元热插拔测试

根据 3.3.4 小节所述的扩容方法，本节在图 3.33 所示的 FC/LB/SC HPSS 基础上，同时扩展了 1 台 3kW 的 FC、LB 和 SC 供电单元，将系统的额定功率提升至 6kW，以验证所提扩容方法的有效性以及供电单元的热插拔特性。原有的 FC、LB 和 SC 供电单元分别记为 FC 供电单元#1、LB 供电单元#1 和 SC 供电单元#1，扩展的 FC、LB 和 SC 供电单元分别记为 FC 供电单元#2、LB 供电单元#2 和 SC 供电单元#2，扩展供电单元的参数与原有供电单元的参数相同。

图 3.47 所示为正常模式下扩展 FC/LB/SC HPSS 带脉动负荷的半实物仿真结果，图中 P_{ob1} 和 P_{ob2} 分别为 LB 供电单元#1 和 LB 供电单元#2 的输出功率。在此半实物仿真中，脉动负荷功率设为 20Hz 的正弦波，其幅值为 2kW；稳态负荷功率在 -1kW 和 4kW 间跳

变。从图 3.47 可以看出，当所有的 LB 和 SC 供电单元均处于正常模式时，所有的 FC 供电单元均只提供低频负荷功率，所有的 LB 供电单元均只提供中频负荷功率，所有的 SC 供电单元缓冲全部的高频负荷功率，且同类型的供电单元间均实现了负荷功率的精确均分。在能量回馈过程，FC 供电单元#1 和 FC 供电单元#2 的输出功率缓慢降为 0kW，LB 供电单元#1 和 LB 供电单元#2 仅吸收低频再生功率，所有的高频再生功率均由 SC 供电单元#1 和 SC 供电单元#2 来吸收。当稳态负荷功率由−1kW 跳变为 4kW 时，FC 供电单元#1 和 FC 供电单元#2 均需经过大约 6s 的延时时间才能缓慢启动，最终共同提供全部的低频负荷功率；LB 供电单元#1 和 LB 供电单元#2 缓慢响应负荷功率的变化，在所有的 FC 供电单元没有启动时先提供大部分的低频负荷功率，在所有的 FC 供电单元启动后仅提供中频负荷功率，其稳态负荷功率将降为 0kW；SC 供电单元#1 和 SC 供电单元#2 快速响应负荷功率的变化，在所有的 FC 供电单元没有启动时除了缓冲所有的高频负荷功率，还提供一定的低频负荷功率，在所有的 FC 供电单元启动后仅缓冲全部的高频负荷功率，其稳态负荷功率将变为 0kW。此外，在整个运行过程中，直流母线电压始终处于设定范围内，且系统始终保持稳定运行。因此，所提系统扩容方法的有效性和可行性得到了验证。

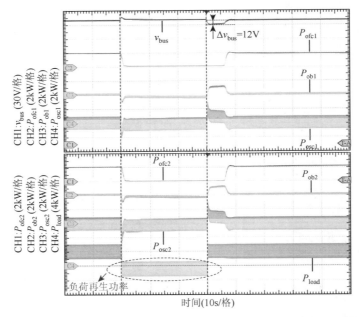

图 3.47　正常模式下扩展 FC/LB/SC HPSS 带脉动负荷的半实物仿真结果（见彩图）

图 3.48 所示为正常模式下供电单元在线接入或退出扩展 FC/LB/SC HPSS 的半实物仿真结果。在此半实物仿真中，脉动负荷功率设为 20Hz 的正弦波，其幅值为 2kW；稳态负荷功率为 2kW。从图 3.48（a）可以看出，当 FC 供电单元#2 在线退出系统，FC 供电单元#1 缓慢响应，最终提供全部的低频负荷功率；LB 供电单元#1 和 LB 供电单元#2 缓慢响应，仅提供中频负荷功率；SC 供电单元#1 和 SC 供电单元#2 快速响应，仅提供所有的高频负荷功率。从图 3.48（b）可以看出，LB 供电单元#2 在线退出或接入系统几乎不影

响所有 FC 和 SC 供电单元的输出功率，所有的 FC 供电单元始终只提供低频负荷功率，所有的 SC 供电单元始终缓冲全部的高频负荷功率，LB 供电单元#1 仍只提供中频负荷功率。从图 3.48（c）可以看出，当 SC 供电单元#2 在线退出系统时，SC 供电单元#1 立即快速响应，提供全部的高频负荷功率，所有的 FC 供电单元仍只提供低频负荷功率，所有的 LB 供电单元仍只提供中频负荷功率，但其输出功率的脉动将稍微变大；当 SC 供电单元#2 在线接入系统时，SC 供电单元#1 和 SC 供电单元#2 均立即快速响应，仅提供高频负荷功率，且高频负荷功率在它们之间能够实现精确均分，所有的 FC 和 LB 供电单元仍分别提供低频负荷功率和中频负荷功率。从图 3.48（d）可以看出，当 LB 供电单元#2 和 SC 供电单元#2 同时在线退出系统时，SC 供电单元#1 立即快速响应，提供全部的高频负荷功率，所有的 FC 供电单元仍只提供低频负荷功率，LB 供电单元#1 提供全部的中频负荷功率；当 LB 供电单元#2 和 SC 供电单元#2 同时在线接入系统时，所有的 LB 供电单元和 SC 供电单元均快速响应，分别提供中频负荷功率和高频负荷功率，且负荷功率在它们之间能够实现精确均分，FC 供电单元仍只提供低频负荷功率。从图 3.48（e）可以看出，当 FC 供电单元#2、LB 供电单元#2 和 SC 供电单元#2 同时在线退出系统时，SC 供电单元#1 快速响应，提供全部的高频负荷功率，FC 供电单元#1 缓慢响应，最终提供全部的低频负荷功率，LB 供电单元#1 的响应速度比 FC 供电单元#1 稍快，最终提供全部的中频负荷功率。此外，直流母线电压始终维持在标称值 270V 附近，并且系统在整个运行过程中始终保持稳定。综上，对于扩展 FC/LB/SC HPSS，当某一供电单元因故障而在线退出系统，所提策略仍能实现负荷功率在正常运行供电单元间的自主优化分配，从而确保关键负荷的供电；发生故障的储能供电单元经过维修后直接在线接入系统，无须进行任何其他操作，所提策略即可实现负荷功率在不同供电单元间的合理分配；发生故障的 FC 供电单元经过维修后直接在线接入系统，若不重新启动所有的 FC 供电单元，则不能实现低频负荷功率在 FC 供电单元间的合理分配。因此，LB 和 SC 供电单元均具备热插拔特性，但 FC 供电单元仅能实现"热拔出"，不能实现即插即用。

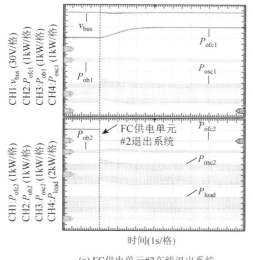

(a) FC供电单元#2在线退出系统

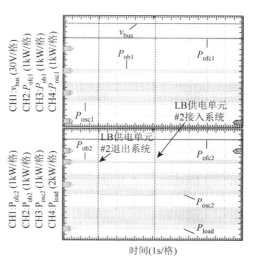

(b) LB供电单元#2在线退出或接入系统

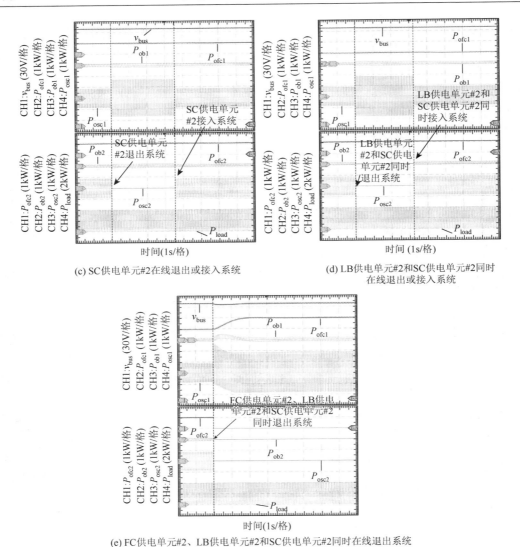

(c) SC供电单元#2在线退出或接入系统

(d) LB供电单元#2和SC供电单元#2同时
在线退出或接入系统

(e) FC供电单元#2、LB供电单元#2和SC供电单元#2同时在线退出系统

图 3.48　正常模式下供电单元在线接入或退出扩展 FC/LB/SC HPSS 的半实物仿真结果（见彩图）

3.4　本章小结

　　本章针对机载 HPSS 的分散式动态功率分配控制策略进行了深入研究，主要包含：
①针对机载 HPSS 的高可靠动态功率分配难题，本章根据不同的虚拟阻抗配置方式，提
出了无须互联通信的基于虚拟阻容匹配、基于虚拟阻感匹配和基于虚拟阻感容匹配的新
型混合下垂控制策略，不仅实现了多时间尺度的负荷功率在不同供电单元间的自主优化
分配，还兼顾了储能元件 SOC 调节、再生能量回收、供电单元"热插拔"及冗余拓展等
需求，提高了机载 HPSS 的可靠性、耐久性、灵活性和能量利用率；②为使不同供电单
元间实际的动态功率分配关系与期望的动态功率分配关系尽可能保持一致，本章基于小

信号分析和参数敏感度分析，提出了实际动态功率分配特性的优化塑形方法，详细分析了系统参数与动态功率分配性能的关联关系，通过优化选取系统参数，保证了系统实际的动态功率分配性能。

为验证所提策略的有效性和可行性，本章在基于 Typhoon HIL 602 的半实物实时仿真平台中搭建了系统仿真模型，半实物实时仿真结果为理论分析和参数设计提供了较好的支撑。

第4章　机载供电系统的大信号稳定性分析

传统的小信号稳定性理论无法保证系统在启动、故障应急以及大负载切换等大信号扰动条件下稳定运行，难以满足多电飞机高可靠性需求。为攻克机载 HPSS 的大信号稳定性分析与设计难题，本章将对级联供电系统的大信号稳定性进行深入研究，旨在提出一套具有普适性的大信号稳定性分析方法以优化设计系统参数，保证机载供电系统长期安全稳定服役，确保飞行安全。

4.1　吸引域概述

在实际应用中，鉴于吸引域与参数稳定域（参数稳定性区域/稳定性参数区域）易混淆，有必要对这二者的概念进行梳理，以厘清其关系。

考虑如下非线性自治系统：

$$\dot{x}(t) = f\big(x(t)\big) \tag{4.1}$$

式中，$\dot{x}(t) \triangleq \mathrm{d}x(t)/\mathrm{d}t$；$x(t) \in \mathbb{R}^n$ 为系统状态向量；$f:\mathbb{R}^n \to \mathbb{R}^n$ 满足局部利普希茨（Lipschitz）条件且 $f(0)=0$，即 $f=0$ 为系统平衡点。

定义 4.1（吸引域） [183, 187, 216]：对于系统（4.1），设 $x_s = 0$ 为系统的一个渐进稳定平衡点，$\phi(x,t)$ 为系统在 $t=0$ 时起于初始状态 x 的轨迹，则吸引域定义为

$$R_{\mathrm{A}} = \left\{ x \in \mathbb{R}^n \,\middle|\, \lim_{t \to \infty} \phi(x,t) = 0 \right\} \tag{4.2}$$

由吸引域定义可知，吸引域内的所有状态均可动态演化为平衡点，即吸引域内的任意初始状态经过一个暂态过程后均可收敛至平衡点。然而，参数稳定域通常是指使系统渐进稳定的参数区域，不具备吸引域的这一属性。一般而言，吸引域包含于参数稳定域。显然，吸引域不仅能直接反映系统的稳定性，还能判断系统的稳定程度，能更好地指导系统设计。然而，由于许多实际系统往往具有高阶、强非线性特性，直接通过解析法很难甚至不可能求解出系统的吸引域。因此，吸引域估计成为工程控制理论的研究热点，在实际工程领域有着广泛的应用。

4.2　基于平方和规划的吸引域估计

非线性系统的吸引域估计是一个极具挑战且极富现实意义的课题，其主要目标是分析大扰动（如启动、故障应急、大负载切换等）对系统稳定性的影响，以及预测系统的稳定运行区间以确保系统不发生故障。非线性系统的吸引域估计问题通常结合李雅普诺夫稳定性理论（定理 4.1）来进行求解。

定理 4.1[174-177, 183, 187, 216]：令 $\gamma > 0$，若存在一个连续可微的函数 $V:\mathbb{R}^n \to \mathbb{R}$ 满足如下条件：

①V 为正定；

②$\Omega_{V,\gamma} := \left\{ x \in \mathbb{R}^n \,|\, V(x) \leq \gamma \right\}$ 有界；

③$\Omega_{V,\gamma} \setminus \{0\} \subseteq \left\{ x \in \mathbb{R}^n \,|\, \dot{V}(x) \triangleq \mathrm{d}V(x)/\mathrm{d}t < 0 \right\}$；

则对于所有 $x \in \Omega_{V,\gamma}$，系统（4.1）的解 $\boldsymbol{\phi}(x,t)$ 存在且 $\lim_{t\to\infty} \boldsymbol{\phi}(x,t) = \mathbf{0}$。由吸引域定义可知，$\Omega_{V,\gamma}$ 为系统（4.1）在平衡点 $x = \mathbf{0}$ 处的吸引域子集。

由定理 4.1 可知，合理构造满足上述条件的李雅普诺夫函数，即可估算非线性系统的吸引域。然而，因非线性系统特性千差万别，构造满足上述条件的李雅普诺夫函数极其困难，且难以保证估算的吸引域最大。为解决这一难题，本章将结合 SOSP 理论来优化选取满足定理 4.1 的李雅普诺夫函数，从而获得非线性系统的 LEDA。

对于高阶复杂非线性系统，直接根据定理 4.1 所估算的吸引域结果与初选的李雅普诺夫函数 $V(x)$ 密切相关，具有较高的保守性[175-179, 187]。为获得更大的吸引域估计结果，通常引入可变域 $\Omega_{h,\beta} := \left\{ x \in \mathbb{R}^n \,|\, h(x) < \beta \right\}$，使得 $\Omega_{h,\beta} \subseteq \Omega_{V,\gamma}$。因此，非线性系统的吸引域估计问题可转化为如下优化问题：

$$
\begin{aligned}
&\max_{V \in \mathbb{R}[x]} \beta \\
&\text{s.t.} \begin{cases} \text{对于} x \in \mathbb{R}^n \setminus \{0\} \text{有} V(x) > 0 \text{且} V(\mathbf{0}) = 0 \\ \text{集合} \left\{ x \in \mathbb{R}^n \,|\, V(x) \leq \gamma \right\} \text{有界} \\ \left\{ x \in \mathbb{R}^n \,|\, h(x) \leq \beta \right\} \subseteq \left\{ x \in \mathbb{R}^n \,|\, V(x) \leq \gamma \right\} \\ \left\{ x \in \mathbb{R}^n \,|\, V(x) \leq \gamma \right\} \setminus \{0\} \subseteq \left\{ x \in \mathbb{R}^n \,|\, \dot{V}(x) < 0 \right\} \end{cases}
\end{aligned} \tag{4.3}
$$

式中，$h(x)$ 为正定的塑形函数，用以反映状态的相对重要性，需结合实际问题来选择，通常取 $h(x) = x^{\mathrm{T}} x$；$\beta > 0$。

若李雅普诺夫函数 $V(x)$ 选为平方和多项式，即 $V \in \sum[x]$（一般而言，具有 n 个变量 $x = \{x_1, x_2, \cdots, x_n\}$ 的平方和多项式集合记作 $\sum[x]$[174-177, 183, 187]），则对于 $\gamma > 0$，优化问题（4.3）约束条件中的集合 $\left\{ x \in \mathbb{R}^n \,|\, V(x) \leq \gamma \right\}$ 有界成立。因此，将其约束条件改写为空集的形式，可得

$$
\begin{aligned}
&\max_{V \in \sum[x], V(\mathbf{0})=0} \beta \\
&\text{s.t.} \begin{cases} \left\{ x \in \mathbb{R}^n \,|\, V(x) \leq 0, x \neq 0 \right\} = \varnothing \\ \left\{ x \in \mathbb{R}^n \,|\, h(x) \leq \beta, V(x) \geq \gamma, V(x) \neq \gamma \right\} = \varnothing \\ \left\{ x \in \mathbb{R}^n \,|\, V(x) \leq \gamma, \dot{V}(x) \geq 0, x \neq 0 \right\} = \varnothing \end{cases}
\end{aligned} \tag{4.4}
$$

设 $l_1(x)$ 和 $l_2(x)$ 为正定多项式，可将优化问题（4.4）约束条件中的 $x \neq 0$ 替换为 $l_1(x) \neq 0$ 和 $l_2(x) \neq 0$，则优化问题（4.4）可等效为

$$
\begin{aligned}
&\max_{V \in \sum[x], V(\mathbf{0})=0} \beta \\
&\text{s.t.} \begin{cases} \left\{ x \in \mathbb{R}^n \,|\, V(x) \leq 0, l_1(x) \neq 0 \right\} = \varnothing \\ \left\{ x \in \mathbb{R}^n \,|\, h(x) \leq \beta, V(x) \geq \gamma, V(x) \neq \gamma \right\} = \varnothing \\ \left\{ x \in \mathbb{R}^n \,|\, V(x) \leq \gamma, \dot{V}(x) \geq 0, l_2(x) \neq 0 \right\} = \varnothing \end{cases}
\end{aligned} \tag{4.5}
$$

式中，$l_1(\boldsymbol{x})$ 和 $l_2(\boldsymbol{x})$ 通常取 $l_k(\boldsymbol{x}) = \sum_{i=1}^{n} \varepsilon_{k,i} x_i^2$（$k = 1, 2$），其中附加决策变量 $\varepsilon_{k,i}$ 应结合实际问题来选取，需满足 $\varepsilon_{k,i} \geqslant 10^{-7}$。

根据 Positivstellensatz 定理[174-177, 183, 187]，优化问题式（4.5）等价于

$$\max_{V \in \Sigma[\boldsymbol{x}], V(\boldsymbol{0})=0} \beta$$
$$\text{s.t.} \begin{cases} S_1 - VS_2 + l_1^{2k_1} = 0 \\ S_3 + (\beta - h)S_4 + (V - \gamma)S_5 + (\beta - h)(V - \gamma)S_6 + (V - \gamma)^{2k_2} = 0 \\ S_7 + (\gamma - V)S_8 + \dot{V}S_9 + (\gamma - V)\dot{V}S_{10} + l_2^{2k_3} = 0 \end{cases} \quad (4.6)$$

式中，$S_1, S_2, \cdots, S_{10} \in \Sigma[\boldsymbol{x}]$；$k_1, k_2, k_3 \in \mathbb{Z}_+$。

为简化计算，以便利用 SOSP 算法来求解优化问题式（4.6），令 $k_1 = k_2 = k_3 = 1$，$S_1 = l_1 s_1$，$S_2 = l_1$，$S_3 = S_4 = 0$，$S_5 = s_5$，$S_6 = s_6$，$S_7 = l_2 s_7$，$S_8 = l_2 s_8$，$S_9 = l_2 s_9$，$S_{10} = 0$，代入式（4.6）可得

$$\max_{V \in \Sigma[\boldsymbol{x}], V(\boldsymbol{0})=0, \gamma > 0, \beta > 0} \beta$$
$$\text{s.t.} \begin{cases} V - l_1 \in \Sigma[\boldsymbol{x}] \\ -(\beta - h)s_6 - (V - \gamma) \in \Sigma[\boldsymbol{x}] \\ -(\gamma - V)s_8 - \dot{V}s_9 - l_2 \in \Sigma[\boldsymbol{x}] \\ s_6, s_8, s_9 \in \Sigma[\boldsymbol{x}] \end{cases} \quad (4.7)$$

许多工程应用均可描述为非线性自治系统，且非多项式系统经过一定的技术手段（如泰勒展开）处理后可转化为多项式系统。因此，本书基于 SOSP 理论研究非线性自治系统的吸引域估计问题具有广泛的现实意义。

4.3　平方和规划求解算法

因优化问题式（4.7）约束条件中未知优化变量 β 与未知决策变量 s_6、未知李雅普诺夫函数 V 和未知决策变量 s_8 相乘致使它们之间呈非线性关系，故优化问题式（4.7）是一个非线性的平方和优化问题。然而，当前常用的 MATLAB 求解工具箱 SOSTOOLS 仅能求解线性平方和优化问题。为解决这一问题，本书采用改进的 V-S 迭代算法来求解平方和优化问题式（4.7），具体算法如下。

初始化：首先，判断非线性系统的平衡点是否为状态空间原点 $\boldsymbol{x} = \boldsymbol{0}$。若非线性系统的平衡点 $\boldsymbol{x} \neq \boldsymbol{0}$，通过坐标变换将系统的平衡点转换为 $\boldsymbol{x} = \boldsymbol{0}$。

其次，在平衡点 $\boldsymbol{x} = \boldsymbol{0}$ 处，对非线性自治系统模型 $\dot{\boldsymbol{x}} = \boldsymbol{f}(\boldsymbol{x})$ 进行线性化处理，以获得系统的线性化模型 $\dot{\boldsymbol{x}} = \boldsymbol{A}\boldsymbol{x}$，其中系统矩阵 $\boldsymbol{A}$ 为

$$\boldsymbol{A} = \left. \frac{\partial \boldsymbol{f}(\boldsymbol{x})}{\partial \boldsymbol{x}^{\mathrm{T}}} \right|_{\boldsymbol{x}=\boldsymbol{0}} \quad (4.8)$$

若 $\boldsymbol{A}$ 为赫尔维茨（Hurwitz）矩阵，则系统在平衡点 $\boldsymbol{x} = \boldsymbol{0}$ 处是渐进稳定的。否则，系统在平衡点 $\boldsymbol{x} = \boldsymbol{0}$ 处不稳定，不存在含平衡点 $\boldsymbol{x} = \boldsymbol{0}$ 的吸引域，直接退出求解算法。

再次，选定初始函数。令 $l_1(\boldsymbol{x}) = l_2(\boldsymbol{x}) = 10^{-6}\boldsymbol{x}^{\mathrm{T}}\boldsymbol{x}$ ，$h_0(\boldsymbol{x}) = \boldsymbol{x}^{\mathrm{T}}\boldsymbol{x}$ ，$V_0(\boldsymbol{x}) = \boldsymbol{x}^{\mathrm{T}}\boldsymbol{P}\boldsymbol{x}$ ，其中 $\boldsymbol{P}$ 为对称矩阵且满足

$$
\begin{cases}
\boldsymbol{P} > 0 \\
\boldsymbol{A}^{\mathrm{T}}\boldsymbol{P} + \boldsymbol{P}\boldsymbol{A} < 0
\end{cases} \tag{4.9}
$$

最后，为变量赋初值。确定 γ 的上限 $\gamma_{\max}$ 和下限 $\gamma_{\min}$ 均为 0，β 的上限 $\beta_{\max}$ 和下限 $\beta_{\min}$ 均为 0。需要说明的是，$\gamma_{\max}$ 和 $\beta_{\max}$ 应选为足够大的正实数使得从其对应水平集出发的某些初始状态 $\boldsymbol{x}_0$ 满足 $\dot{V}(\boldsymbol{x}_0) > 0$，即不收敛到平衡点。设定平方和多项式变量 s_6、s_8、s_9 和李雅普诺夫函数 V 的阶数，即设定 $\deg(s_6)$、$\deg(s_8)$、$\deg(s_9)$ 和 $\deg(V)$。为缩短求解时间，本节将李雅普诺夫函数 V 的初始阶数设置为 $d_V = 2$。一般而言，设定的李雅普诺夫函数阶数不超过系统阶数，即可求得较为满意的吸引域估计结果。设定 γ 迭代环、β 迭代环和 h 迭代环的精度容忍度 δ_γ、δ_β 和 δ_h，对应的最大迭代步数分别为 N_γ、N_β 和 N_h，对应的初始迭代步数分别为 $i = 0$，$j = 0$，$k = 0$。

步骤 1： 令 $V = V_k$，$h = h_k$，$\beta = \beta_{\min}$。因优化问题式（4.7）的约束条件 $V - l_1 \in \Sigma[\boldsymbol{x}]$ 主要用于保证李雅普诺夫函数 V 的正定性，而初始选定和前一次迭代算得的李雅普诺夫函数均是正定的，故在此步骤中可忽略该约束条件以简化求解算法。以平方和多项式 s_6、s_8、s_9 为决策变量，通过在区间 $[\gamma_{\min}, \gamma_{\max}]$ 中线性搜索 γ，从而求解如下优化问题：

$$
\max_{V \in \Sigma[\boldsymbol{x}], V(\boldsymbol{0}) = 0, \gamma > 0} \gamma \\
\text{s.t.} \begin{cases}
-(\beta - h)s_6 - (V - \gamma) \in \Sigma[\boldsymbol{x}] \\
-(\gamma - V)s_8 - \dot{V}s_9 - l_2 \in \Sigma[\boldsymbol{x}]
\end{cases} \tag{4.10}
$$

具体而言，优化问题式（4.10）的求解算法如下。

步骤 1.1：令 $\gamma_{\text{lower}} = \gamma_{\min}$，$\gamma_{\text{upper}} = \gamma_{\max}$。

步骤 1.2：令 $\gamma = (\gamma_{\text{lower}} + \gamma_{\text{upper}})/2$，基于 SOSTOOLS 工具箱求解优化问题（4.10）约束条件对应的平方和可行性问题，即寻找平方和多项式 s_6、s_8、s_9 满足以下条件：

$$
\begin{aligned}
&-(\beta - h)s_6 - (V - \gamma) \in \Sigma[\boldsymbol{x}] \\
&-(\gamma - V)s_8 - \dot{V}s_9 - l_2 \in \Sigma[\boldsymbol{x}]
\end{aligned} \tag{4.11}
$$

判断平方和可行性问题式（4.11）是否可行。若该问题存在可行解，则 $\gamma_{\text{lower}} = \gamma$；否则，$\gamma_{\text{upper}} = \gamma$。

步骤 1.3：若 $|\gamma_{\text{upper}} - \gamma_{\text{lower}}| < \delta_\gamma$ 或 $i = N_\gamma$，则返回 γ 最大值的估计结果 $\hat{\gamma}^* = \gamma_{\text{lower}}$，并执行步骤 2；否则，$i = i + 1$，继续执行步骤 1.2。

步骤 2： 令 $V = V_k$，$h = h_k$，$\gamma = \hat{\gamma}^*$，以平方和多项式 s_6、s_8、s_9 为决策变量，通过在区间 $[\beta_{\min}, \beta_{\max}]$ 中线性搜索 β，从而求解如下优化问题：

$$
\max_{V \in \Sigma[\boldsymbol{x}], V(\boldsymbol{0}) = 0, \beta > 0} \beta \\
\text{s.t.} \begin{cases}
-(\beta - h)s_6 - (V - \gamma) \in \Sigma[\boldsymbol{x}] \\
-(\gamma - V)s_8 - \dot{V}s_9 - l_2 \in \Sigma[\boldsymbol{x}]
\end{cases} \tag{4.12}
$$

具体而言，优化问题式（4.12）的求解算法如下。

步骤 2.1：令 $\beta_{\text{lower}} = \beta_{\min}$，$\beta_{\text{upper}} = \beta_{\max}$。

步骤 2.2：令 $\beta = (\beta_{\text{lower}} + \beta_{\text{upper}})/2$，基于 SOSTOOLS 工具箱求解优化问题（4.12）约束条件对应的平方和可行性问题，并判断该问题是否可行。若该问题存在可行解 s_6、s_8、s_9，则 $\beta_{\text{lower}} = \beta$，$\hat{s}_6 = s_6$，$\hat{s}_8 = s_8$，$\hat{s}_9 = s_9$；否则，$\beta_{\text{upper}} = \beta$。

步骤 2.3：若 $|\beta_{\text{upper}} - \beta_{\text{lower}}| < \delta_\beta$ 或 $j = N_\beta$，则返回 β 最大值的估计结果 $\hat{\beta}_9 = \beta_{\text{lower}}$ 及其对应的解 $\hat{s}_6$、$\hat{s}_8$、$\hat{s}_9$，并执行步骤 3；否则，$j = j + 1$，继续执行步骤 2.2。

步骤 3：令 $h = h_k$，$\gamma = \hat{\gamma}^*$，$\beta = \hat{\beta}^*$，$s_6 = \hat{s}_6$，$s_8 = \hat{s}_8$，$s_9 = \hat{s}_9$，基于 SOSTOOLS 工具箱求解优化问题式（4.7）约束条件对应的平方和可行性问题，即寻找李雅普诺夫函数 V 满足如下条件：

$$V - l_1 \in \Sigma[\boldsymbol{x}]$$
$$-(\beta - h)s_6 - (V - \gamma) \in \Sigma[\boldsymbol{x}] \qquad (4.13)$$
$$-(\gamma - V)s_8 - \dot{V}s_9 - l_2 \in \Sigma[\boldsymbol{x}]$$

返回求解结果 $V_k = V$，并令 $h_{(k+1)} = V_k$。

步骤 4：若多项式 $h_{(k+1)} - h_k$ 系数绝对值的最大值小于 δ_h 或 $k = N_h$，则返回 V 的估计结果 $\hat{V} = V_k$，$k = 0$，并执行步骤 5。否则，$k = k + 1$，继续执行步骤 1。

步骤 5：若 $d_V < \deg(V)$，$d_V = d_V + 2$，$V_k = \hat{V}/\hat{\gamma}^*$，继续执行步骤 1。否则，算法结束，非线性系统的 LEDA 为 $\left\{ \boldsymbol{x} \in \mathbb{R}^n \mid \hat{V}(\boldsymbol{x}) \leq \hat{\gamma}^* \right\}$。若在初始化步骤中，非线性系统模型经过了坐标变换处理，还需对系统的 LEDA 进行坐标逆变换处理。

4.4 多电飞机供电系统的大信号稳定性分析

如图 1.2 所示，MEA HPSS 可视为小型微电网系统[2, 4, 41, 42, 134, 195]，系统中源、荷级联结构是其基本的连接单元。因此，为不失一般性，并使分析结果更为直观形象，本书在分析机载供电系统的大信号稳定性时采用集中等效方法将图 1.2 所示的 MEA HPSS 简化等效为单一供电单元连接 CPL 的级联结构[154]。对于完整的 MEA 电力系统，仅需更新系统模型，遵循相同的分析过程即可获得相应的大信号稳定性分析结果。

4.4.1 供电系统的简化模型

图 4.1 为图 1.2 所示 MEA HPSS 的简化等效图。为便于分析，基于戴维宁（Thevenin）等效定理对电源进行简化，即将其等效为电压源 V_s 串联一个输出阻抗 Z_s。此外，根据第 2 章的分析可知，供电单元的控制外环采用虚拟阻抗下垂控制，控制内环采用电压电流双闭环控制。一般地，因电流控制环的动态响应速度远快于电压控制环，按照行业通用设计准则，分析时可将电流内环等效为比例环节。假设通过合理设计系统参数，供电单元端口变换器（Buck/Boost 变换器）始终运行在连续导通模式（continuous conduction mode，CCM），且 PWM 的等效增益为 1。根据图 4.1，供电系统的状态空间平均模型可推导为

$$
\begin{cases}
L\dfrac{\mathrm{d}i_{\mathrm L}}{\mathrm{d}t}=V_{\mathrm s}-Z_{\mathrm s}i_{\mathrm L}-(1-d)v_{\mathrm o} \\[2mm]
C\dfrac{\mathrm{d}v_{\mathrm o}}{\mathrm{d}t}=(1-d)i_{\mathrm L}-i_{\mathrm o} \\[2mm]
d=k_{\mathrm{vp}}\left(V_{\mathrm{ref}}-Z_{\mathrm v}i_{\mathrm o}-v_{\mathrm o}\right)+k_{\mathrm{vi}}\displaystyle\int_{0}^{t}\left(V_{\mathrm{ref}}-Z_{\mathrm v}i_{\mathrm o}(\tau)-v_{\mathrm o}(\tau)\right)\mathrm{d}\tau \\[2mm]
i_{\mathrm o}=\dfrac{P_{\mathrm{CPL}}}{v_{\mathrm o}}
\end{cases}
\tag{4.14}
$$

式中，$V_{\mathrm s}$ 为电源的额定电压；$Z_{\mathrm s}$ 为电源的输出阻抗；d 为开关管 S_1 PWM 的占空比；$i_{\mathrm L}$ 为 Buck/Boost 变换器的输入电流；$v_{\mathrm o}$ 和 $i_{\mathrm o}$ 分别为 Buck/Boost 变换器的输出电压和输出电流；V_{ref} 为 Buck/Boost 变换器标称的输出电压；$Z_{\mathrm v}$ 为供电单元的虚拟阻抗；k_{vp} 和 k_{vi} 分别为 PI 控制器的比例系数和积分系数；P_{CPL} 为理想 CPL 的功率。

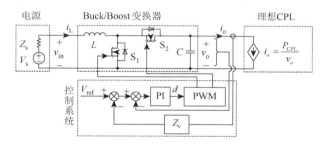

图 4.1　典型供电系统带理想 CPL 的控制框图

设状态变量 $x_1=i_{\mathrm L}$，$x_2=v_{\mathrm o}$，$x_3=k_{\mathrm{vi}}\displaystyle\int_{0}^{t}\left(V_{\mathrm{ref}}-Z_{\mathrm v}i_{\mathrm o}(\tau)-v_{\mathrm o}(\tau)\right)\mathrm{d}\tau$，则式（4.14）可整理为

$$
\begin{cases}
\dot x_1=V_{\mathrm s}/L-Z_{\mathrm s}x_1/L-\left(1-k_{\mathrm{vp}}(V_{\mathrm{ref}}-Z_{\mathrm v}P_{\mathrm{CPL}}/x_2-x_2)-x_3\right)x_2\big/L \\[2mm]
\dot x_2=\left(1-k_{\mathrm{vp}}(V_{\mathrm{ref}}-Z_{\mathrm v}P_{\mathrm{CPL}}/x_2-x_2)-x_3\right)x_1\big/C-P_{\mathrm{CPL}}/(Cx_2) \\[2mm]
\dot x_3=k_{\mathrm{vi}}(V_{\mathrm{ref}}-Z_{\mathrm v}P_{\mathrm{CPL}}/x_2-x_2)
\end{cases}
\tag{4.15}
$$

由式（4.15）可推导出，供电系统的稳定平衡点为

$$
\begin{cases}
\bar x_1=\left(V_{\mathrm s}-\sqrt{V_{\mathrm s}^2-4P_{\mathrm{CPL}}Z_{\mathrm s}}\right)\big/(2Z_{\mathrm s}) \\[2mm]
\bar x_2=\left(V_{\mathrm{ref}}+\sqrt{V_{\mathrm{ref}}^2-4P_{\mathrm{CPL}}Z_{\mathrm v}}\right)\big/2 \\[2mm]
\bar x_3=1-\left(V_{\mathrm s}+\sqrt{V_{\mathrm s}^2-4P_{\mathrm{CPL}}Z_{\mathrm s}}\right)\big/\left(V_{\mathrm{ref}}+\sqrt{V_{\mathrm{ref}}^2-4P_{\mathrm{CPL}}Z_{\mathrm v}}\right)
\end{cases}
\tag{4.16}
$$

式中，$\bar x_1$，$\bar x$，$\bar x_3$ 分别为状态变量 x_1, x_2, x_3 的稳态值。

设 $\tilde x_1=x_1-\bar x_1$，$\tilde x_2=x_2-\bar x_2$，$\tilde x_3=x_3-\bar x_3$，由式（4.15）和式（4.16）可得

$$\begin{cases} \dot{\tilde{x}}_1 = -\frac{Z_s}{L}\tilde{x}_1 + \frac{k_{vp}V_{ref} - 2k_{vp}\overline{x}_2 - 1 + \overline{x}_3}{L}\tilde{x}_2 + \frac{\overline{x}_2}{L}\tilde{x}_3 - \frac{k_{vp}}{L}\tilde{x}_2^2 + \frac{1}{L}\tilde{x}_2\tilde{x}_3 \\ \dot{\tilde{x}}_2 = \frac{1-\overline{x}_3}{C}\tilde{x}_1 + \frac{k_{vp}\overline{x}_1}{C}\tilde{x}_2 - \frac{\overline{x}_1}{C}\tilde{x}_3 + \frac{k_{vp}}{C}\tilde{x}_1\tilde{x}_2 - \frac{1}{C}\tilde{x}_1\tilde{x}_3 + \frac{P_{CPL}\tilde{x}_2 - k_{vp}Z_vP_{CPL}\tilde{x}_2(\overline{x}_1 + \tilde{x}_1)}{C\overline{x}_2(\overline{x}_2 + \tilde{x}_2)} \\ \dot{\tilde{x}}_3 = -k_{vi}\tilde{x}_2 + \frac{k_{vi}Z_vP_{CPL}\tilde{x}_2}{\overline{x}_2(\overline{x}_2 + \tilde{x}_2)} \end{cases} \quad (4.17)$$

4.4.2 供电系统的吸引域估计

令 $\tilde{\boldsymbol{x}} = [\tilde{x}_1, \tilde{x}_2, \tilde{x}_3]^T$，结合式（4.17），供电系统可描述为

$$\dot{\tilde{\boldsymbol{x}}} = \boldsymbol{f}(\tilde{\boldsymbol{x}}) \quad (4.18)$$

其中

$$\boldsymbol{f}(\tilde{\boldsymbol{x}}) = \begin{bmatrix} -\frac{Z_s}{L}\tilde{x}_1 + \frac{k_{vp}V_{ref} - 2k_{vp}\overline{x}_2 - 1 + \overline{x}_3}{L}\tilde{x}_2 + \frac{\overline{x}_2}{L}\tilde{x}_3 - \frac{k_{vp}}{L}\tilde{x}_2^2 + \frac{1}{L}\tilde{x}_2\tilde{x}_3 \\ \frac{1-\overline{x}_3}{C}\tilde{x}_1 + \frac{k_{vp}\overline{x}_1}{C}\tilde{x}_2 - \frac{\overline{x}_1}{C}\tilde{x}_3 + \frac{k_{vp}}{C}\tilde{x}_1\tilde{x}_2 - \frac{1}{C}\tilde{x}_1\tilde{x}_3 + \frac{P_{CPL}\tilde{x}_2 - k_{vp}Z_vP_{CPL}\tilde{x}_2(\overline{x}_1 + \tilde{x}_1)}{C\overline{x}_2(\overline{x}_2 + \tilde{x}_2)} \\ -k_{vi}\tilde{x}_2 + \frac{k_{vi}Z_vP_{CPL}\tilde{x}_2}{\overline{x}_2(\overline{x}_2 + \tilde{x}_2)} \end{bmatrix}$$

$$(4.19)$$

由式（4.18）和式（4.19）可知，供电系统不是标准的多项式系统。为此，参照 4.2 节分析，可将供电系统的吸引域估计问题转化为如下平方和优化问题：

$$\max_{V \in \mathbb{R}[\tilde{\boldsymbol{x}}], V(\boldsymbol{0})=0, \gamma > 0, \beta > 0} \beta$$

$$\text{s.t.} \begin{cases} V - l_1 \in \Sigma[\tilde{\boldsymbol{x}}] \\ -(\beta - h)s_6 - (V - \gamma) \in \Sigma[\tilde{\boldsymbol{x}}] \\ -\left(C(\overline{x}_2 + \tilde{x}_2)\right)^2 \left((\gamma - V)s_8 + \dot{V}s_9 + l_2\right) \in \Sigma[\tilde{\boldsymbol{x}}] \\ s_6, s_8, s_9 \in \Sigma[\tilde{\boldsymbol{x}}] \end{cases} \quad (4.20)$$

结合式（4.8）和式（4.19）可推导出供电系统线性模型的系统矩阵 $\boldsymbol{A}$ 为

$$\boldsymbol{A} = \frac{\partial \boldsymbol{f}(\tilde{\boldsymbol{x}})}{\partial \tilde{\boldsymbol{x}}^T}\bigg|_{\tilde{\boldsymbol{x}}=\boldsymbol{0}} = \begin{bmatrix} -\frac{Z_s}{L} & \frac{k_{vp}V_{ref} - 2k_{vp}\overline{x}_2 - 1 + \overline{x}_3}{L} & \frac{\overline{x}_2}{L} \\ \frac{1-\overline{x}_3}{C} & \frac{k_{vp}\overline{x}_1\overline{x}_2^2 + P_{CPL}(1 - k_{vp}Z_v\overline{x}_1)}{C\overline{x}_2^2} & -\frac{\overline{x}_1}{C} \\ 0 & \frac{k_{vi}\left(Z_vP_{CPL} - \overline{x}_2^2\right)}{\overline{x}_2^2} & 0 \end{bmatrix} \quad (4.21)$$

考虑到负荷从轻载切换到满载时，供电系统所承受的扰动最大，故本节仅分析了满载时供电系统的大信号稳定性，其他情况的分析可参照该过程，在此不再赘述。供电系统参数如表 4.1 所示。图 4.2 为不同负荷功率下供电系统线性模型的极点分布图（即系统矩阵 $\boldsymbol{A}$ 的特征值分布图）。从图 4.2 可以看出，随着理想 CPL 功率的增大，供电系统的所有极点均向靠近虚轴的方向移动，供电系统的稳定裕度逐渐减小，但是在额定功率范围

内，供电系统的所有极点均位于 s 域左半平面（即系统矩阵 A 的特征值均具有负实部）。因此，根据小信号稳定性分析理论可知，供电系统在额定功率范围内是稳定的。

表 4.1　供电系统参数

参数	数值
电源额定电压 V_s/V	124.2
电源输出阻抗 Z_s/Ω	0.2
滤波电感 L/mH	1
滤波电容 C/μF	470
虚拟阻抗 Z_v/Ω	1
电压环比例系数 k_vp	2×10^{-3}
电压环积分系数 k_vi	6×10^{-3}
标称输出电压 V_ref/V	270
理想 CPL 功率 P_CPL/kW	3

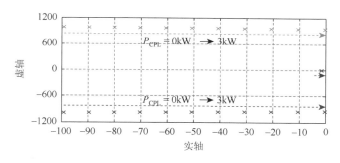

图 4.2　不同负荷功率下供电系统线性模型的极点分布（见彩图）

由小信号稳定性分析结果可知，系统矩阵 A 为赫尔维茨矩阵，故供电系统在平衡点 $\tilde{x}=0$ 处是渐进稳定的，存在含平衡点 $\tilde{x}=0$ 的吸引域。本节根据表 4.1 所示的供电系统参数，采用 4.3 节所述的 SOSP 求解算法来求解平方和优化问题式（4.20），SOSP 求解算法的初始化参数如表 4.2 所示，所获得的供电系统 LEDA 为

$$\varOmega_1=\left\{\tilde{\boldsymbol{x}}\in\mathbb{R}^3\left|\begin{array}{l}\hat{V}_1(\tilde{x})=0.07668\tilde{x}_1^2+0.009248\tilde{x}_1\tilde{x}_2-14.65\tilde{x}_1\tilde{x}_3+0.1811\tilde{x}_2^2\\-6.784\tilde{x}_2\tilde{x}_3+1709.0\tilde{x}_3^2\leqslant16.2133\end{array}\right.\right\}\quad(4.22)$$

表 4.2　SOSP 求解算法的初始化参数

参数	数值
正定多项式 l_1 和 l_2	$l_1(\tilde{x})=l_2(\tilde{x})=10^{-6}\tilde{\boldsymbol{x}}^\text{T}\tilde{\boldsymbol{x}}$
初始塑形函数 h_0	$h_0(\tilde{x})=\tilde{\boldsymbol{x}}^\text{T}\tilde{\boldsymbol{x}}$

参数	数值
初始李雅普诺夫函数 V_0	$V_0(\tilde{\boldsymbol{x}}) = \tilde{\boldsymbol{x}}^{\mathrm{T}} \boldsymbol{P} \tilde{\boldsymbol{x}}, \quad \boldsymbol{P} = \begin{bmatrix} 0.0179 & 0.0036 & -0.9780 \\ 0.0036 & 0.0174 & -4.7152 \\ -0.9780 & -4.7152 & 1590.9643 \end{bmatrix}$
γ 的上限和下限	$\gamma_{\max} = 20, \quad \gamma_{\min} = 0$
β 的上限和下限	$\beta_{\max} = 20, \quad \beta_{\min} = 0$
s_6、s_8、s_9、V 的阶数	$\deg(s_6) = 0, \quad \deg(s_8) = 2, \quad \deg(s_9) = 0, \quad \deg(V) = 2$
精度容忍度	$\delta_\gamma = 1 \times 10^{-4}, \quad \delta_\beta = 1 \times 10^{-9}, \quad \delta_h = 1 \times 10^{-2}$
最大迭代步数	$N_\gamma = 20, \quad N_\beta = 20, \quad N_h = 2$

结合式（4.16），将 $\tilde{x}_1 = x_1 - \bar{x}_1$、$\tilde{x}_2 = x_2 - \bar{x}_2$、$\tilde{x}_3 = x_3 - \bar{x}_3$ 代入式（4.22）可得，供电系统满载时的 LEDA 可表示为

$$\Omega_1 = \left\{ \boldsymbol{x} \in \mathbb{R}^3 \left| \begin{array}{l} \hat{V}_1(\boldsymbol{x}) = 0.07668(x_1 - 25.1752)^2 + 0.009248(x_1 - 25.1752) \\ \quad \cdot (x_2 - 258.3896) - 14.65(x_1 - 25.1752)(x_3 - 0.5388) \\ \quad + 0.1811(x_2 - 258.3896)^2 - 6.784(x_2 - 258.3896)(x_3 - 0.5388) \\ \quad + 1709.0(x_3 - 0.5388)^2 \leqslant 16.2133 \end{array} \right. \right\}$$

（4.23）

为量化评估供电系统的稳定程度，本书根据所获得的 LEDA，将供电系统的大信号稳定性评估指标定义为

$$\text{LSSE} = \frac{\hat{\gamma}^*}{\hat{V}(\boldsymbol{x}) \big|_{\boldsymbol{x} = \boldsymbol{x}_0}}$$

（4.24）

式中，LLSE 为供电系统的大信号稳定性评估指标；$\hat{V}(\boldsymbol{x})$ 和 $\hat{\gamma}^*$ 分别为 LEDA 中估计的李雅普诺夫函数和李雅普诺夫函数的上限；$\boldsymbol{x}_0$ 为系统的初始状态。需要说明的是，LLSE>1 表示初始状态 $\boldsymbol{x}_0$ 位于供电系统的 LEDA 之内，系统最终能够在平衡点保持稳定运行，且 LLSE 的数值越大，系统的稳定程度越高；LLSE≤1 表示初始状态 $\boldsymbol{x}_0$ 没有位于供电系统的 LEDA 之内，系统在平衡点难以保持稳定运行，且 LLSE 的数值越小，系统越不稳定。

由式（4.16）、式（4.23）和式（4.24）可知，当供电系统的初始状态为系统带 1.6kW CPL 对应的稳态工作点时，供电系统的大信号稳定性评估指标为 LLSE = 1.0064，当供电系统的初始状态为系统带 1.5kW CPL 对应的稳态工作点时，供电系统的大信号稳定性评估指标为 LLSE = 0.8793。因此，当理想 CPL 功率从 1.6kW 直接跳变到额定功率 3kW 时，供电系统确定可以稳定，但当 CPL 功率由 1.5kW 及其以下直接跳变为额定功率 3kW 时，供电系统的稳定性难以保证。该分析结果与小信号稳定性分析所得出供电系统在全功率范围内稳定的结论不同，进一步说明了小信号分析结果难以适用于大负载切换等大扰动条件下的稳定性分析，同时也证明了大信号稳定性分析的必要性。

为进一步剖析供电系统参数与大信号稳定性的关联关系，明确影响供电系统大信号

稳定性的主导参数，本书在不同的系统参数下，通过采用 4.3 节所述的求解算法来求解平方和优化问题式（4.20），获得了不同参数下供电系统的 LEDA，如表 4.3 所示。需要说明的是，示例 1 即为表 4.1 所示参数对应的供电系统，示例 2～示例 6 除了参数 L、C、Z_v、k_{vp} 或 k_{vi}，其余参数均与示例 1 相同。

表 4.3　不同参数下供电系统的 LEDA

	示例参数	估计的吸引域
示例 1	$L=1\text{mH}$，$C=470\mu\text{F}$，$Z_v=1\Omega$，$k_{vp}=2\times10^{-3}$，$k_{vi}=6\times10^{-3}$	$\Omega_1=\left\{\tilde{\boldsymbol{x}}\in\mathbb{R}^3\left\|\begin{array}{l}\hat{V}_1(\tilde{\boldsymbol{x}})=0.07668\tilde{x}_1^2+0.009248\tilde{x}_1\tilde{x}_2-14.65\tilde{x}_1\tilde{x}_3\\+0.1811\tilde{x}_2^2-6.784\tilde{x}_2\tilde{x}_3+1709.0\tilde{x}_3^2\leqslant16.2133\end{array}\right.\right\}$
示例 2	$L=0.98\text{mH}$，$C=470\mu\text{F}$，$Z_v=1\Omega$，$k_{vp}=2\times10^{-3}$，$k_{vi}=6\times10^{-3}$	$\Omega_2=\left\{\tilde{\boldsymbol{x}}\in\mathbb{R}^3\left\|\begin{array}{l}\hat{V}_2(\tilde{\boldsymbol{x}})=0.02942\tilde{x}_1^2-0.0002035\tilde{x}_1\tilde{x}_2-6.384\tilde{x}_1\tilde{x}_3\\+0.05874\tilde{x}_2^2-2.779\tilde{x}_2\tilde{x}_3+800.8\tilde{x}_3^2\leqslant39.1497\end{array}\right.\right\}$
示例 3	$L=1\text{mH}$，$C=479.4\mu\text{F}$，$Z_v=1\Omega$，$k_{vp}=2\times10^{-3}$，$k_{vi}=6\times10^{-3}$	$\Omega_3=\left\{\tilde{\boldsymbol{x}}\in\mathbb{R}^3\left\|\begin{array}{l}\hat{V}_3(\tilde{\boldsymbol{x}})=0.02943\tilde{x}_1^2-0.001739\tilde{x}_1\tilde{x}_2-7.022\tilde{x}_1\tilde{x}_3\\+0.05315\tilde{x}_2^2-3.609\tilde{x}_2\tilde{x}_3+1058.0\tilde{x}_3^2\leqslant39.6414\end{array}\right.\right\}$
示例 4	$L=1\text{mH}$，$C=470\mu\text{F}$，$Z_v=0.98\Omega$，$k_{vp}=2\times10^{-3}$，$k_{vi}=6\times10^{-3}$	$\Omega_4=\left\{\tilde{\boldsymbol{x}}\in\mathbb{R}^3\left\|\begin{array}{l}\hat{V}_4(\tilde{\boldsymbol{x}})=0.06753\tilde{x}_1^2-0.009323\tilde{x}_1\tilde{x}_2-13.38\tilde{x}_1\tilde{x}_3\\+0.1236\tilde{x}_2^2-4.638\tilde{x}_2\tilde{x}_3+1471.0\tilde{x}_3^2\leqslant14.5215\end{array}\right.\right\}$
示例 5	$L=1\text{mH}$，$C=470\mu\text{F}$，$Z_v=1\Omega$，$k_{vp}=1.96\times10^{-3}$，$k_{vi}=6\times10^{-3}$	$\Omega_5=\left\{\tilde{\boldsymbol{x}}\in\mathbb{R}^3\left\|\begin{array}{l}\hat{V}_5(\tilde{\boldsymbol{x}})=0.04825\tilde{x}_1^2-0.001131\tilde{x}_1\tilde{x}_2-8.484\tilde{x}_1\tilde{x}_3\\+0.1062\tilde{x}_2^2-1.999\tilde{x}_2\tilde{x}_3+849.0\tilde{x}_3^2\leqslant39.6474\end{array}\right.\right\}$
示例 6	$L=1\text{mH}$，$C=470\mu\text{F}$，$Z_v=1\Omega$，$k_{vp}=2\times10^{-3}$，$k_{vi}=5.88\times10^{-3}$	$\Omega_6=\left\{\tilde{\boldsymbol{x}}\in\mathbb{R}^3\left\|\begin{array}{l}\hat{V}_6(\tilde{\boldsymbol{x}})=0.04203\tilde{x}_1^2+0.001707\tilde{x}_1\tilde{x}_2-8.677\tilde{x}_1\tilde{x}_3\\+0.07864\tilde{x}_2^2-4.904\tilde{x}_2\tilde{x}_3+1330.0\tilde{x}_3^2\leqslant9.1859\end{array}\right.\right\}$

结合式（4.16）、式（4.24）和表 4.3 可知，对于示例 2，若供电系统的初始状态为系统带–0.6kW 和–0.7kW CPL 对应的稳态工作点（即系统中 CPL 恒定输出 0.6kW 或 0.7kW 的再生功率），供电系统的大信号稳定性评估指标分别为 LLSE = 1.0321 和 LLSE = 0.9797。因此，示例 2 中供电系统的最大稳定边界为–0.6kW。同理可得，示例 3、示例 4、示例 5 和示例 6 中供电系统的最大稳定边界分别为–0.7kW、1.6kW、0.3kW 和 1.6kW。通过对比示例 1～示例 6 中供电系统参数的变化可知，滤波电感 L、滤波电容 C 和电压环比例系数 k_{vp} 的变化对供电系统最大稳定边界的影响较大，是影响供电系统大信号稳定性的主导参数。

图 4.3 所示为不同参数下供电系统的 LEDA。从图 4.3 可以看出，随着滤波电感 L、虚拟阻抗 Z_v、电压环比例系数 k_{vp} 和电压环积分系数 k_{vi} 的减小或滤波电容 C 的增大，供电系统的 LEDA 将变大，其大信号稳定性将得到不同程度的提升。此外，L、C 和 k_{vp} 的变化对 LEDA 的影响较大，Z_v 和 k_{vi} 的变化对 LEDA 的影响较小。因此，L、C 和 k_{vp} 为影响供电系统大信号稳定性的主导参数，这与供电系统的大信号稳定性量化评估结论一致。

值得注意的是，上述分析结果表明内环控制参数也有可能是影响系统大信号稳定性的主导参数。然而，在传统的大信号稳定性分析过程中，为简化系统，通常仅考虑源、荷的外环控制（如下垂控制环），忽略源、荷的内环控制（如电压/电流控制环）。显然，这种系统简化方式没有充分考虑影响系统大信号稳定性的主导参数，所得结果的准确性有待进一步检验，无法全面、有效地指导系统设计。因此，在构建系统的大信号模型时，不能简单地忽略内环控制对系统大信号稳定性的影响。此外，为保证供电系统在额定功率范围内的大信号稳定性，可适当增大滤波电容 C 或减小滤波电感 L 和电压环比例系数 k_{vp}。

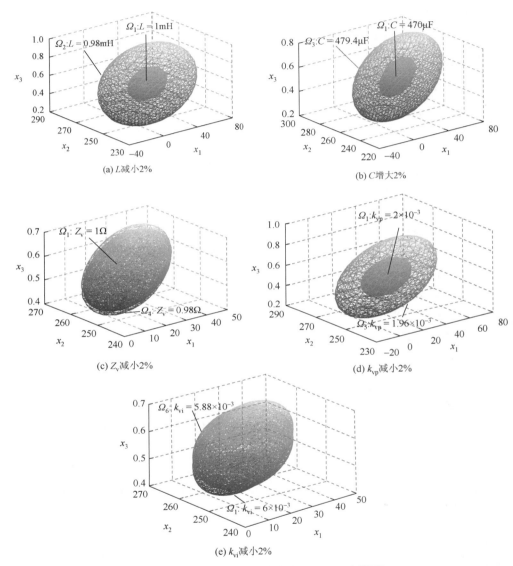

图 4.3　不同参数下供电系统的 LEDA（见彩图）

4.5　仿真验证及分析

为验证供电系统大信号稳定性分析结果的有效性和保守性，本节根据图 4.1，在 MATLAB/Simulink 软件中搭建了供电系统的仿真模型，对不同参数下供电系统的大信号稳定性进行了验证。在仿真示例中，除了 L、C、Z_v、k_{vp} 和 k_{vi} 不同，其余参数如表 4.1 所示。

4.5.1　示例 1 验证及分析

1. 有效性验证

图 4.4 所示为 CPL 功率从 1.6kW 直接跳变到额定功率 3kW 时供电系统的仿真结果。从图 4.4 可以看出，当 CPL 功率切换结束时，端口变换器的输出电压 v_o（即状态变量 x_2）和输入电流 i_L（即状态变量 x_1）经过一定的暂态振荡后，最终稳定在稳态值，并且供电系统在整个运行过程中始终保持稳定，这验证了 4.4.2 节供电系统大信号稳定性分析结果的正确性。图 4.5 所示为这一运行过程中供电系统对应的状态轨迹及供电系统的 LEDA Ω_1。从图 4.5 可以观察到，尽管供电系统在整个运行过程中的状态轨迹是收敛的，但在暂态运行过程中供电系统有部分状态轨迹位于 LEDA Ω_1 之外，这说明吸引域估计结果与实际仿真结果存在一定的误差，其误差大小可通过仿真分析进一步确认。

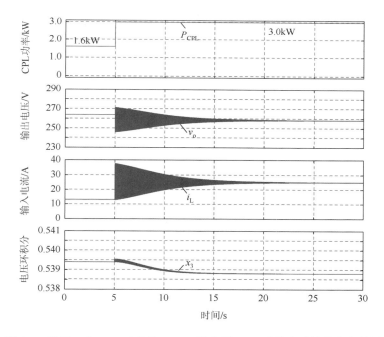

图 4.4　示例 1 中 CPL 功率从 1.6kW 跳变到 3kW 时供电系统的仿真结果

2. 保守性验证

图 4.6 所示为 CPL 功率从 1.3kW 和 1.4kW 跳变到额定功率 3kW 时供电系统的仿真结果。从图 4.6 可以看出，在 CPL 功率从 1.4kW 直接跳变到 3kW 的过程中，虽然供电系统仍能保持稳定运行，但暂态过程中端口变换器的输出电压和输入电流的振荡幅值较大且调至稳态值的时间较长；当 CPL 功率从 1.3kW 直接跳变到 3kW 时，端口变换器的输出

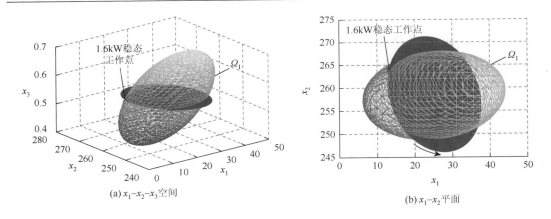

(a) x_1-x_2-x_3空间　　　　　　　　　　(b) x_1-x_2平面

图 4.5　示例 1 中当 CPL 功率从 1.6kW 跳变到 3kW 时供电系统的状态轨迹及其 LEDA（见彩图）

电压和输入电流振荡发散，供电系统无法稳定运行。该仿真结果表明，示例 1 中供电系统实际的最大稳定边界约为 1.4kW，与理论分析结果存在 200W 左右的误差，这可能是由实际系统中的寄生损耗（如开关管内阻、电感内阻、电容内阻、线路阻抗等）以及 SOSP 求解算法的初始参数选取不当（如设定的李雅普诺夫函数阶数较小）等因素造成的。

图 4.7 所示为 CPL 功率从 1.3kW 切换至 3kW 时供电系统对应的状态轨迹及供电系统的 LEDA Ω_1。从图 4.7 可以看出，该过程中供电系统的状态轨迹全都位于 LEDA Ω_1 之外，并且状态轨迹是发散的，供电系统不能稳定运行，这说明供电系统的 LEDA Ω_1 内没有包含不稳定的状态，符合吸引域的特有属性。

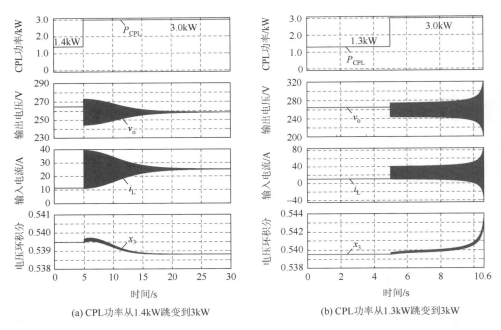

(a) CPL功率从1.4kW跳变到3kW　　　　　　(b) CPL功率从1.3kW跳变到3kW

图 4.6　示例 1 中 CPL 功率从 1.3kW 和 1.4kW 跳变到 3kW 时供电系统的仿真结果

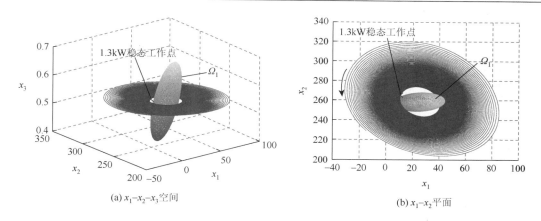

(a) x_1–x_2–x_3 空间　　　　　　　　　　　　(b) x_1–x_2 平面

图 4.7　示例 1 中当 CPL 功率从 1.3kW 跳变到 3kW 时供电系统的状态轨迹及其 LEDA（见彩图）

4.5.2　示例 2 验证及分析

1. 有效性验证

图 4.8 所示为 CPL 功率从 –0.6kW 直接跳变到额定功率 3kW 时供电系统的仿真结果。从图 4.8 可以看出，供电系统在切换 CPL 功率后始终保持稳定运行，验证了供电系统 LEDA 的有效性。图 4.9 所示为 CPL 功率从 –0.6kW 切换到 3kW 时供电系统对应的状态轨迹及其 LEDA Ω_2。从图 4.9 可以看出，尽管供电系统在整个运行过程中的状态轨迹是收敛的，但在暂态运行过程中供电系统有部分状态轨迹位于 LEDA Ω_2 之外，这说明所获得的供电系统 LEDA 具有一定的保守性。

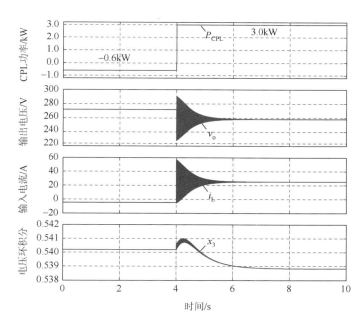

图 4.8　示例 2 中 CPL 功率从 –0.6kW 跳变到 3kW 时供电系统的仿真结果

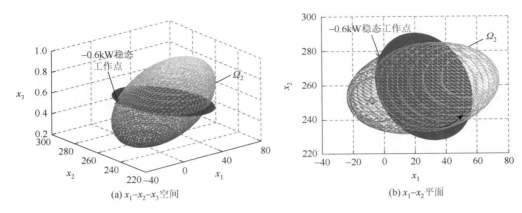

图 4.9　示例 2 中当 CPL 功率从−0.6kW 跳变到 3kW 时供电系统的状态轨迹及其 LEDA（见彩图）

2. 保守性验证

图 4.10 所示为 CPL 功率从−1.6kW 和−1.7kW 直接跳变到 3kW 时供电系统的仿真结果。从图 4.10 可以看出，供电系统在 CPL 功率从−1.6kW 切换到 3kW 后仍能保持稳定，但供电系统在 CPL 功率从−1.7kW 切换到 3kW 后无法稳定运行。这说明示例 2 中供电系统实际的最大稳定边界为−1.6kW，与理论分析结果存在 1kW 左右误差。分析结果存在较大误差的原因可能为双向变换器功率流向切换过程中的建模误差、寄生损耗以及 SOSP 求解算法的初始参数选取不当（如选取的李雅普诺夫函数阶数较小）等。图 4.11 所示为 CPL 功率从−1.7kW 跳变到 3kW 时供电系统的状态轨迹及其 LEDA Ω_2。从图 4.11 可以看出，在该过程中，供电系统的状态轨迹呈发散状且均位于 Ω_2 之外，这符合吸引域的特有属性。

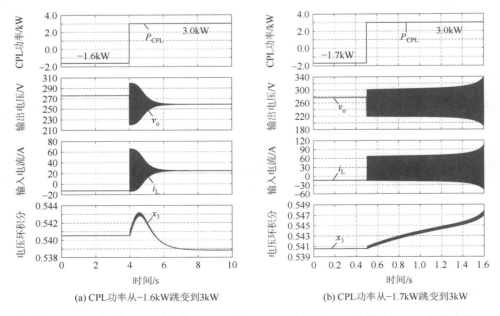

图 4.10　示例 2 中 CPL 功率从−1.6kW 和−1.7kW 跳变到 3kW 时供电系统的仿真结果

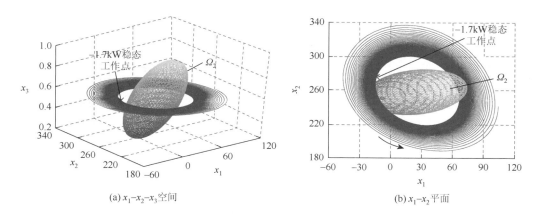

(a) x_1-x_2-x_3空间　　　　　　　　　　(b) x_1-x_2平面

图 4.11　示例 2 中当 CPL 功率从–1.7kW 跳变到 3kW 时供电系统的状态轨迹及其 LEDA（见彩图）

4.5.3　示例 3 验证及分析

1. 有效性验证

图 4.12 所示为 CPL 功率从–0.7kW 直接跳变到 3kW 时供电系统的仿真结果，这一过程供电系统对应的状态轨迹及其 LEDA Ω_3 如图 4.13 所示。从图 4.12 和图 4.13 可以看出，在 CPL 功率切换后，供电系统对应的状态轨迹是收敛的，系统能够稳定运行，但在暂态运行过程中供电系统有部分状态轨迹位于 LEDA Ω_3 之外，这说明供电系统的大信号稳定性分析结果是有效的，但其具有一定的保守性。

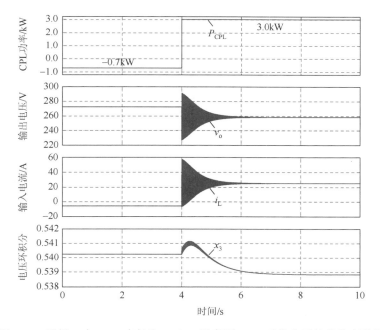

图 4.12　示例 3 中 CPL 功率从–0.7kW 跳变到 3kW 时供电系统的仿真结果

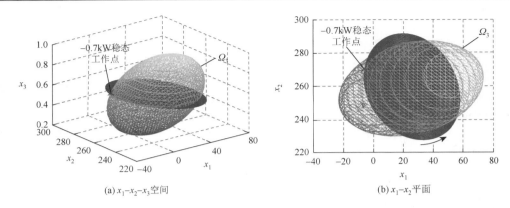

(a) x_1-x_2-x_3空间　　　　　　　　　　(b) x_1-x_2平面

图 4.13　示例 3 中当 CPL 功率从–0.7kW 跳变到 3kW 时供电系统的状态轨迹及其 LEDA（见彩图）

2. 保守性验证

图 4.14 所示为 CPL 功率从–1.6kW 和–1.7kW 跳变到 3kW 时供电系统的仿真结果。该仿真结果表明，示例 3 中供电系统实际的最大稳定边界为–1.6kW，与理论分析结果存在 900W 左右的误差。图 4.15 所示为 CPL 功率从–1.7kW 跳变到 3kW 时供电系统的状态轨迹及其 LEDA Ω_3。从图 4.15 可以看出，供电系统在这一过程中的状态轨迹是发散的且全位于 LEDA Ω_3 之外，符合吸引域的特有属性。

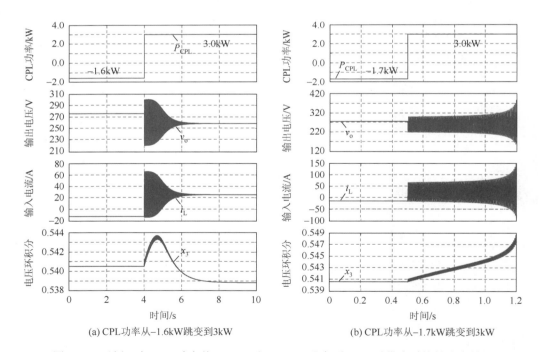

(a) CPL功率从–1.6kW跳变到3kW　　　　　　　　(b) CPL功率从–1.7kW跳变到3kW

图 4.14　示例 3 中 CPL 功率从–1.6kW 和–1.7kW 跳变到 3kW 时供电系统的仿真结果

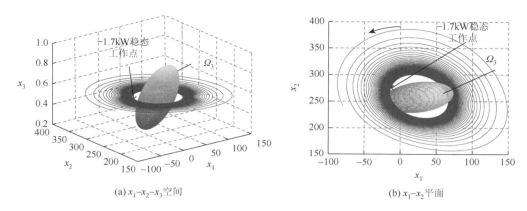

(a) x_1–x_2–x_3空间　　　　　　　　(b) x_1–x_2平面

图 4.15　示例 3 中当 CPL 功率从–1.7kW 跳变到 3kW 时供电系统的状态轨迹及其 LEDA（见彩图）

4.5.4　示例 4 验证及分析

1. 有效性验证

图 4.16 所示为 CPL 功率从 1.6kW 跳变到 3kW 时供电系统的仿真结果，该过程中系统的状态轨迹及 LEDA Ω_4 如图 4.17 所示。该仿真结果表明，供电系统在这一过程中能够稳定运行，其状态轨迹是收敛的，验证了大信号稳定性分析结果的有效性，但暂态过程有部分状态轨迹在 Ω_4 之外，说明 LEDA 具有一定的保守性。

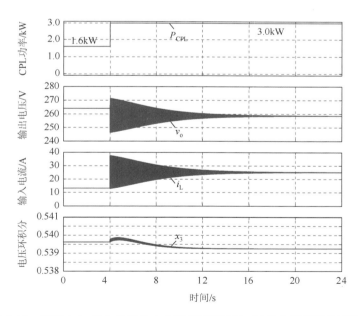

图 4.16　示例 4 中 CPL 功率从 1.6kW 跳变到 3kW 时供电系统的仿真结果

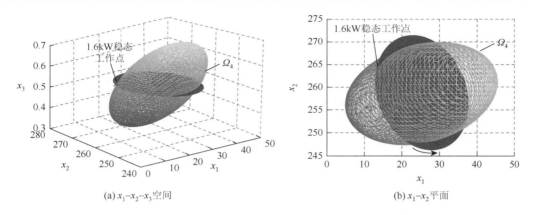

(a) x_1-x_2-x_3空间

(b) x_1-x_2平面

图 4.17 示例 4 中当 CPL 功率从 1.6kW 跳变到 3kW 时供电系统的状态轨迹及其 LEDA（见彩图）

2. 保守性验证

图 4.18 所示为 CPL 功率从 1.3kW 和 1.2kW 跳变到 3kW 时供电系统的仿真结果。该仿真结果表明，示例 4 中供电系统实际的最大稳定边界为 1.3kW，与理论分析结果存在 300W 左右的误差。图 4.19 所示为 CPL 功率从 1.2kW 跳变到 3kW 时系统的状态轨迹及其 LEDA Ω_4。由图 4.19 可知，供电系统在这一过程中的状态轨迹呈发散状且全都位于 Ω_4 之外，说明 Ω_4 没有包含不稳定的运行状态。

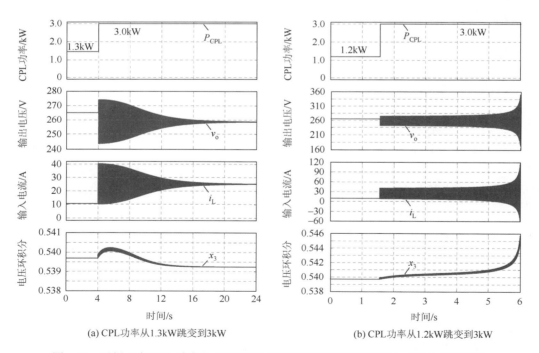

(a) CPL功率从1.3kW跳变到3kW

(b) CPL功率从1.2kW跳变到3kW

图 4.18 示例 4 中 CPL 功率从 1.3kW 和 1.2kW 跳变到 3kW 时供电系统的仿真结果

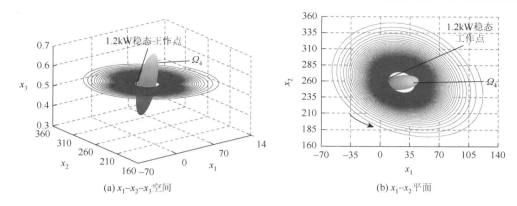

(a) x_1–x_2–x_3 空间　　　　　　　　　(b) x_1–x_2 平面

图 4.19　示例 4 中当 CPL 功率从 1.2kW 跳变到 3kW 时供电系统的状态轨迹及其 LEDA（见彩图）

4.5.5　示例 5 验证及分析

1. 有效性验证

图 4.20 所示为 CPL 功率从 0.3kW 跳变到 3kW 时供电系统的仿真结果，该过程中系统的状态轨迹及 LEDA Ω_5 如图 4.21 所示。由图 4.20 和图 4.21 可知，该过程中供电系统始终是稳定的，其状态轨迹收敛，验证了大信号稳定性分析结果的正确性，但暂态过程中有部分状态轨迹位于 Ω_5 外，这说明 Ω_5 具有一定的保守性。

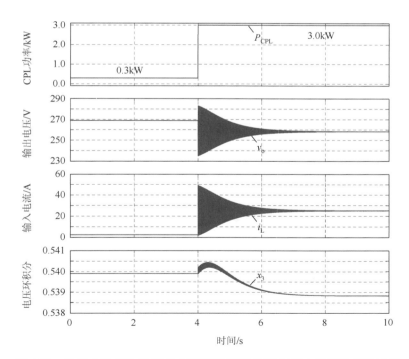

图 4.20　示例 5 中 CPL 功率从 0.3kW 跳变到 3kW 时供电系统的仿真结果

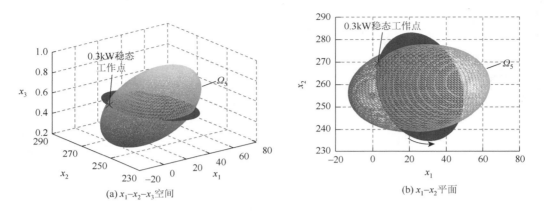

图 4.21　示例 5 中当 CPL 功率从 0.3kW 跳变到 3kW 时供电系统的状态轨迹及其 LEDA（见彩图）

2. 保守性验证

图 4.22 所示为 CPL 功率从–0.5kW 和–0.6kW 跳变到 3kW 时供电系统的仿真结果。该仿真结果表明，示例 5 中供电系统实际的最大稳定边界为–0.5kW，与理论分析结果存在 800W 左右的误差。图 4.23 所示为 CPL 功率从–0.6kW 跳变到 3kW 时系统的状态轨迹及其 LEDA Ω_5。由图 4.23 可知，该过程中供电系统的状态轨迹呈发散状且全位于 Ω_5 外，说明 LEDA Ω_5 中没有包含不稳定的运行状态。

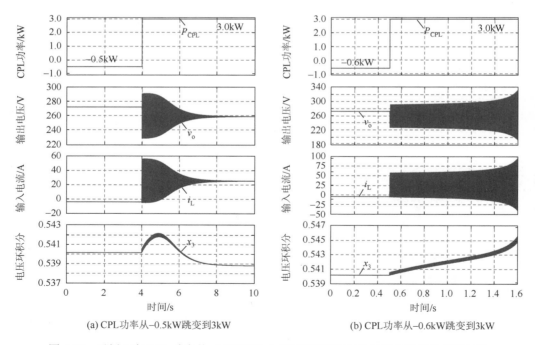

图 4.22　示例 5 中 CPL 功率从–0.5kW 和–0.6kW 跳变到 3kW 时供电系统的仿真结果

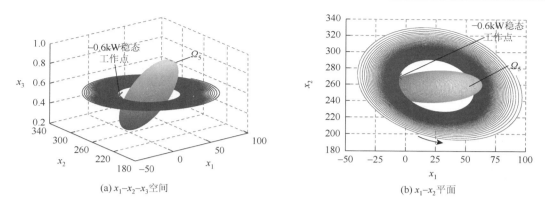

(a) x_1-x_2-x_3空间　　　　　　　(b) x_1-x_2平面

图 4.23　示例 5 中当 CPL 功率从–0.6kW 跳变到 3kW 时供电系统的状态轨迹及其 LEDA（见彩图）

4.5.6　示例 6 验证及分析

1. 有效性验证

图 4.24 所示为 CPL 功率从 1.6kW 跳变到 3kW 时供电系统的仿真结果，该过程中系统的状态轨迹及其 LEDA Ω_6 如图 4.25 所示。仿真结果表明，供电系统在这一过程中的状态轨迹是收敛的，系统始终稳定运行，验证了大信号稳定性分析结果的有效性，但暂态过程中部分状态轨迹位于 Ω_6 外，说明 Ω_6 具有一定的保守性。

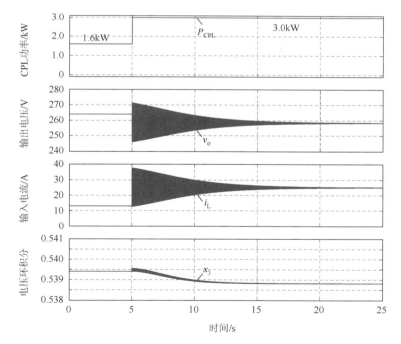

图 4.24　示例 6 中 CPL 功率从 1.6kW 跳变到 3kW 时供电系统的仿真结果

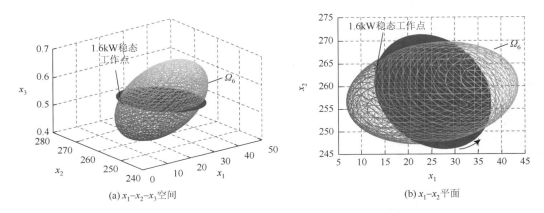

(a) x_1-x_2-x_3空间　　　　　　　　　　(b) x_1-x_2平面

图 4.25　示例 6 中当 CPL 功率从 1.6kW 跳变到 3kW 时供电系统的状态轨迹及其 LEDA（见彩图）

2. 保守性验证

图 4.26 所示为 CPL 功率从 1.3kW 和 1.2kW 跳变到 3kW 时供电系统的仿真结果。由图 4.26 可知，示例 6 中供电系统实际的最大稳定边界为 1.3kW，与理论分析结果存在 300W 左右的误差。图 4.27 所示为 CPL 功率从 1.2kW 跳变到 3kW 时系统的状态轨迹及 LEDA Ω_6。由图 4.27 可知，该过程中供电系统的状态轨迹是发散的且全位于 Ω_6 外，说明 LEDA Ω_6 同样没有包含不稳定的运行状态。

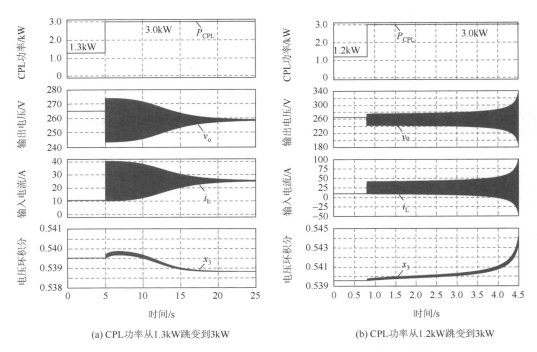

(a) CPL功率从1.3kW跳变到3kW　　　　　(b) CPL功率从1.2kW跳变到3kW

图 4.26　示例 6 中 CPL 功率从 1.3kW 和 1.2kW 跳变到 3kW 时供电系统的仿真结果

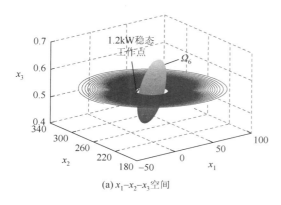

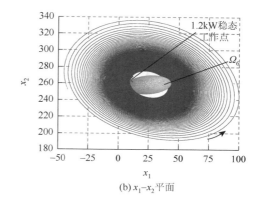

(a) x_1-x_2-x_3 空间　　　　　　　　　　　　(b) x_1-x_2 平面

图 4.27　示例 6 中当 CPL 功率从 1.2kW 跳变到 3kW 时供电系统的状态轨迹及其 LEDA（见彩图）

综上，示例 1～示例 6 的仿真结果很好地验证了供电系统大信号稳定性分析结果的有效性，但所获得的供电系统 LEDA 仍具有不同程度的保守性。对于供电系统不涉及功率流向切换的情况，LEDA 的保守性较低；但对于供电系统存在功率流向切换的情况，LEDA 的保守性较高。引起 LEDA 存在误差的原因可能为功率流向切换过程中的建模误差、寄生损耗以及 SOSP 求解算法的初始参数选取不当（如选取的李雅普诺夫函数阶数较小）等。需要说明的是，通过增大李雅普诺夫函数的阶数、求解算法的迭代次数或减小迭代环的精度容忍度，可以减小 LEDA 的误差，但会延长 LEDA 的求解时间。因此，在实际应用中，SOSP 求解算法的初始参数应兼顾 LEDA 的准确性和时效性进行折中选取。此外，示例 1～示例 6 的仿真结果进一步验证了滤波电感 L、滤波电容 C 和电压环比例系数 k_{vp} 的变化对供电系统大信号稳定性的影响较大，是影响供电系统大信号稳定性的主导参数；而虚拟阻抗 Z_v 和电压环积分系数 k_{vi} 的变化对供电系统大信号稳定性的影响较小，这与供电系统的大信号稳定性分析结果相一致。

4.6　本章小结

本章采用集中等效方法将机载供电系统简化等效为供电单元与 CPL 相互级联的供电系统，同时充分考虑供电单元的控制系统，建立了计及控制系统动态特性的供电系统模型。结合基于 SOSP 的吸引域估计理论，提出了一套机载供电系统的大信号稳定性分析理论与量化评估方法，揭示了供电系统的大信号失稳机理，剖析了供电系统参数与大信号稳定性的关联关系，明确了影响供电系统大信号稳定性的主导参数，即滤波电感 L、滤波电容 C 和电压环比例系数 k_{vp}，为供电系统参数优化设计提供了切实可行的指导依据，从而确保供电系统在大扰动条件下安全稳定运行。值得注意的是，供电系统的大信号稳定性分析结果表明：传统大信号稳定性分析方法关注较多的虚拟阻抗 Z_v 对供电系统大信号稳定性的影响较小，关注较少的电压环比例系数 k_{vp} 对供电系统大信号稳定性的影响反而较大。因此，在构建系统的大信号模型时，不能简单地忽略内环控制对系统大信号稳定性的影响。此外，通过示例 1～示例 6 的仿真结果很好地验证了供电系统大信号稳定性分析结果的有效性和保守性。

第 5 章　机载混合供电系统的致稳控制

在实际应用中，由于 MEA 运行工况复杂多变，机载 HPSS 的参数具有不确定性，通常是时变或未知的。机载 HPSS 存在由大扰动引发的大信号稳定性问题，导致广泛采用的经典控制器（如 PI 控制器）通常难以应对复杂运行环境下的性能需求。本章基于 PBC 理论和扰动观测理论，充分考虑参数不确定、外部扰动及建模误差等多因素的影响，提出分散式致稳控制策略，从而确保机载 HPSS 的全局稳定性和强鲁棒性。

5.1　混合供电系统的控制架构

本章以图 5.1 所示的 FC/LB HPSS 为例，采用基于虚拟阻感匹配的混合下垂控制方法来实现母线电压调节、动态功率分配、储能元件 SOC 管理和再生能量回收等功能。为便于先进控制器的设计，结合 3.2 节所述方法，本节将 FC 和 LB 供电单元的下垂特性分别改进为

$$\frac{\mathrm{d}P_1^*}{\mathrm{d}t} = \begin{cases} (V_{\mathrm{nom}} - v_{\mathrm{o}1})/m, \ P_1^* > 0 \\ \mathrm{lls}\big[(V_{\mathrm{nom}} - v_{\mathrm{o}1})/m\big], \ P_1^* \leqslant 0 \end{cases} \tag{5.1}$$

$$P_2^* = (V_{\mathrm{ref}2} - v_{\mathrm{o}2})/n \tag{5.2}$$

其中

$$\mathrm{lls}(x) = \begin{cases} x, \ x > 0 \\ 0, \ x \leqslant 0 \end{cases} \tag{5.3}$$

$$V_{\mathrm{ref}2} = \begin{cases} V_{\mathrm{nom}} - \Delta V_{\mathrm{b}}, \ \text{充电模式}(\mathrm{SOC_b} \leqslant 40\%) \\ V_{\mathrm{nom}}, \ \text{正常模式}(40\% < \mathrm{SOC_b} < 80\%) \\ V_{\mathrm{nom}} + \Delta V_{\mathrm{b}}, \ \text{放电模式}(\mathrm{SOC_b} \geqslant 80\%) \end{cases} \tag{5.4}$$

式中，P_1^* 和 P_2^* 分别为 FC 和 LB 端口变换器的输入功率基准；$\mathrm{lls}(x)$ 为下限饱和函数；V_{nom} 为直流母线电压的标称值；$V_{\mathrm{ref}2}$ 为 LB 端口变换器输出电压的标称值；$v_{\mathrm{o}1}$ 和 $v_{\mathrm{o}2}$ 分别为 FC 和 LB 端口变换器的输出电压；m 和 n 分别为基于输出电压偏差的积分下垂系数和比例下垂系数，且 $m > 0$，$n > 0$；ΔV_{b} 为 LB 供电单元的输出电压增量，用于调节 LB 的 SOC；$\mathrm{SOC_b}$ 为 LB 的 SOC。

根据式（5.1）和式（5.2）可推导出，FC 和 LB 端口变换器的输入电流基准分别为

$$i_1^* = \int_0^t \dot{P}_1^*(\tau)\mathrm{d}\tau \Big/ v_1 \tag{5.5}$$

$$i_2^* = P_2^*/v_2 \tag{5.6}$$

式中，i_1^* 和 i_2^* 分别为 FC 和 LB 端口变换器的输入电流基准。

由式（5.5）和式（5.6）可知，FC 和 LB 端口变换器内部控制环的控制目标可归结为：保证输入电流 i_1 和 i_2 能够快速准确地跟踪上相应的电流基准 i_1^* 和 i_2^*。

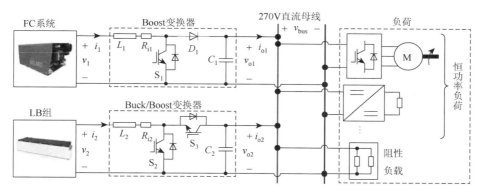

图 5.1　典型 FC/LB HPSS 的简化结构图

5.2　无源控制器设计

5.2.1　考虑参数不确定性的系统模型

根据图 5.1，FC 和 LB 端口变换器的数学模型可表示为

$$\begin{cases} L_x \dot{i}_x = v_x - R_{ix} i_x - (1-u_x)v_{ox} + \varepsilon_{cx} \\ C_x \dot{v}_{ox} = (1-u_x)i_x - i_{ox} + \varepsilon_{vx} \end{cases} \tag{5.7}$$

式中，L_x 和 C_x 分别为端口变换器的滤波电感和滤波电容（其中，下角标 $x = 1$ 表示 FC 端口变换器，$x = 2$ 表示 LB 端口变换器）；v_x 和 i_x 分别为端口变换器的输入电压和输入电流；R_{ix} 为端口变换器滤波电感的内阻；u_x 为开关管 S_1 或 S_2 PWM 的占空比；v_{ox} 和 i_{ox} 分别为端口变换器的输出电压和输出电流；ε_{cx} 和 ε_{vx} 为由忽略的物理量（如滤波电容的内阻、二极管/开关管的导通内阻等）引起的不确定建模误差。

综合考虑系统参数的不确定性及测量噪声，FC 和 LB 端口变换器的数学模型式（5.7）可改写为

$$\begin{cases} L_{nx} \dot{i}_{mx} = v_{mx} - (1-u_x)v_{omx} + d_{cx} \\ C_{nx} \dot{v}_{omx} = (1-u_x)i_{mx} - i_{omx} + d_{vx} \end{cases} \tag{5.8}$$

其中

$$\begin{cases} d_{cx} = \Delta v_x - (1-u_x)\Delta v_{ox} - R_{ix}i_x + \varepsilon_{cx} - \Delta L_x \dot{i}_x - L_{nx}\Delta \dot{i}_x \\ d_{vx} = (1-u_x)\Delta i_x - \Delta i_{ox} + \varepsilon_{vx} - \Delta C_x \dot{v}_{ox} - C_{nx}\Delta \dot{v}_{ox} \end{cases} \tag{5.9}$$

式中，L_{nx} 和 C_{nx} 分别为 L_x 和 C_x 的标称值；v_{mx}、i_{mx}、v_{omx} 和 i_{omx} 分别为 v_x、i_x、v_{ox} 和 i_{ox} 的测量值；Δv_x、Δi_x、Δv_{ox} 和 Δi_{ox} 分别为 v_x、i_x、v_{ox} 和 i_{ox} 的不确定测量噪声；ΔL_x 和 ΔC_x 分别为 L_x 和 C_x 的不确定变化量；d_{cx} 和 d_{vx} 为由不确定的系统参数、建模误差和测量噪声等引起的不确定扰动。

令 $\boldsymbol{x} = [i_{m1}, v_{om1}, i_{m2}, v_{om2}]^{\mathrm{T}}$，则式（5.8）可整理为欧拉-拉格朗日（Euler-Lagrange）方程形式，即

$$\boldsymbol{M}\dot{\boldsymbol{x}} + \boldsymbol{J}\boldsymbol{x} = \boldsymbol{\varepsilon} \tag{5.10}$$

其中

$$\boldsymbol{M} = \begin{bmatrix} L_{n1} & 0 & 0 & 0 \\ 0 & C_{n1} & 0 & 0 \\ 0 & 0 & L_{n2} & 0 \\ 0 & 0 & 0 & C_{n2} \end{bmatrix} \tag{5.11}$$

$$\boldsymbol{J} = \begin{bmatrix} 0 & 1-u_1 & 0 & 0 \\ -(1-u_1) & 0 & 0 & 0 \\ 0 & 0 & 0 & 1-u_2 \\ 0 & 0 & -(1-u_2) & 0 \end{bmatrix} \tag{5.12}$$

$$\boldsymbol{\varepsilon} = \begin{bmatrix} v_{m1} + d_{c1} \\ -i_{om1} + d_{v1} \\ v_{m2} + d_{c2} \\ -i_{om2} + d_{v2} \end{bmatrix} \tag{5.13}$$

式中，$\boldsymbol{M}$ 为正定矩阵；$\boldsymbol{J}$ 为反对称矩阵，即满足 $\boldsymbol{J}^{\mathrm{T}} = -\boldsymbol{J}$；$\boldsymbol{\varepsilon}$ 为外部输入矩阵。

5.2.2 无源控制器设计

为实现 5.1 节所述的内环控制目标，同时保证系统的全局稳定性，本节基于 PBC 理论分别为 FC 和 LB 端口变换器设计了相应的 PBC 控制器，详细的设计过程如下。

设基准状态向量 $\boldsymbol{x}_d = \begin{bmatrix} i_{m1}^*, v_{om1}^*, i_{m2}^*, v_{om2}^* \end{bmatrix}^{\mathrm{T}}$，则系统的跟踪误差向量 $\boldsymbol{e} = \boldsymbol{x} - \boldsymbol{x}_d$。为提升系统的动态跟踪性能，PBC 控制器通常通过反馈控制引入耗散阻尼矩阵 $\boldsymbol{R}_d$ 以加快跟踪误差能量的耗散。因此，系统的动态跟踪误差可表示为

$$\boldsymbol{M\dot{e}} + \boldsymbol{Je} + \boldsymbol{R}_d \boldsymbol{e} = \boldsymbol{\psi} = \boldsymbol{\varepsilon} - \boldsymbol{M\dot{x}}_d - \boldsymbol{Jx}_d + \boldsymbol{R}_d \boldsymbol{e} \tag{5.14}$$

式中，耗散阻尼矩阵 $\boldsymbol{R}_d = \mathrm{diag}(R_{d1}, G_{d1}, R_{d2}, G_{d2})$ 为正定矩阵。

根据 PBC 控制器的设计方法[209]，令 $\boldsymbol{\Psi} = \boldsymbol{0}$，FC 和 LB 端口变换器的 PBC 控制器可设计为

$$\boldsymbol{\varepsilon} - \boldsymbol{M\dot{x}}_d - \boldsymbol{Jx}_d + \boldsymbol{R}_d \boldsymbol{e} = \boldsymbol{0} \tag{5.15}$$

即

$$\begin{cases} v_{m1} + d_{c1} - L_{n1}\dot{x}_{d1} - (1-u_1)x_{d2} + R_{d1}e_1 = 0 \\ -i_{om1} + d_{v1} - C_{n1}\dot{x}_{d2} + (1-u_1)x_{d1} + G_{d1}e_2 = 0 \\ v_{m2} + d_{c2} - L_{n2}\dot{x}_{d3} - (1-u_2)x_{d4} + R_{d2}e_3 = 0 \\ -i_{om2} + d_{v2} - C_{n2}\dot{x}_{d4} + (1-u_2)x_{d3} + G_{d2}e_4 = 0 \end{cases} \tag{5.16}$$

由式（5.16）可推导出，FC 和 LB 端口变换器的 PBC 控制器分别为

$$\dot{u}_1 = \frac{1-u_1}{C_{n1}a_1}\left((1-u_1)^2 x_{d1} + (1-u_1)b_1 - G_{d1}a_1 - C_{n1}\dot{a}_1 \right) \tag{5.17}$$

$$\dot{u}_2 = \frac{1-u_2}{C_{n2}a_2}\left((1-u_2)^2 x_{d3} + (1-u_2)b_2 - G_{d2}a_2 - C_{n2}\dot{a}_2 \right) \tag{5.18}$$

其中

$$a_1 = v_{m1} - L_{n1}\dot{x}_{d1} + R_{d1}e_1 + d_{c1} \tag{5.19}$$

$$b_1 = G_{d1}x_2 - i_{om1} + d_{v1} \tag{5.20}$$

$$a_2 = v_{m2} - L_{n2}\dot{x}_{d3} + R_{d2}e_3 + d_{c2} \tag{5.21}$$

$$b_2 = G_{d2}x_4 - i_{om2} + d_{v2} \tag{5.22}$$

结论 5.1　若 FC 和 LB 端口变换器分别采用式（5.17）和式（5.18）所示的 PBC 控制器，则系统式（5.10）是全局渐进稳定的。

证明： 对于系统式（5.10），候选李雅普诺夫函数为

$$V(e) = \frac{1}{2}e^{\mathrm{T}}Me \tag{5.23}$$

由式（5.14）、式（5.15）和式（5.23）可得，候选李雅普诺夫函数的导数为

$$\dot{V}(e) = e^{\mathrm{T}}M\dot{e} = e^{\mathrm{T}}\left(\psi - Je - R_d e\right) = -e^{\mathrm{T}}R_d e < 0 \tag{5.24}$$

由于耗散阻尼矩阵 R_d 为正定矩阵，故根据李雅普诺夫稳定性理论可知，该系统是渐进稳定的。此外，当 $\|e\| \to \infty$ 时，$V \to \infty$，故系统式（5.10）是全局渐进稳定的。证明完毕。

在实际应用时，考虑到 PWM 占空比 u_1 和 u_2 的实际工程意义，为限制其运行范围，FC 和 LB 端口变换器的 PBC 控制器分别更正为

$$\dot{u}_1 = \begin{cases} \mathrm{uls}\left(\dfrac{1-u_1}{C_{n1}a_1}\left((1-u_1)^2 x_{d1} + (1-u_1)b_1 - G_{d1}a_1 - C_{n1}\dot{a}_1\right)\right), u_1 \geqslant 1 \\[3mm] \dfrac{1-u_1}{C_{n1}a_1}\left((1-u_1)^2 x_{d1} + (1-u_1)b_1 - G_{d1}a_1 - C_{n1}\dot{a}_1\right), 0 < u_1 < 1 \\[3mm] \mathrm{lls}\left(\dfrac{1-u_1}{C_{n1}a_1}\left((1-u_1)^2 x_{d1} + (1-u_1)b_1 - G_{d1}a_1 - C_{n1}\dot{a}_1\right)\right), u_1 \leqslant 0 \end{cases} \tag{5.25}$$

$$\dot{u}_2 = \begin{cases} \mathrm{uls}\left(\dfrac{1-u_2}{C_{n2}a_2}\left((1-u_2)^2 x_{d3} + (1-u_2)b_2 - G_{d2}a_2 - C_{n2}\dot{a}_2\right)\right), u_2 \geqslant 1 \\[3mm] \dfrac{1-u_2}{C_{n2}a_2}\left((1-u_2)^2 x_{d3} + (1-u_2)b_2 - G_{d2}a_2 - C_{n2}\dot{a}_2\right), 0 < u_2 < 1 \\[3mm] \mathrm{lls}\left(\dfrac{1-u_2}{C_{n2}a_2}\left((1-u_2)^2 x_{d3} + (1-u_2)b_2 - G_{d2}a_2 - C_{n2}\dot{a}_2\right)\right), u_2 \leqslant 0 \end{cases} \tag{5.26}$$

式中，$\mathrm{ulx}(x)$ 为上限饱和函数，其定义如下：

$$\mathrm{uls}(x) = \begin{cases} 0, & x \geqslant 0 \\ x, & x < 0 \end{cases} \tag{5.27}$$

从式（5.25）和式（5.26）可以看出，设计的 PBC 控制器无须互联通信，仅需采集端口变换器自身的电压/电流信号，且与负荷模型无关，即负荷类型不会影响系统的全局稳定性。

5.3　扩张高增益状态观测器设计

由式（5.25）和式（5.26）可知，FC 和 LB 端口变换器的 PBC 控制器依赖于扰动 d_{c1}、d_{c2}、d_{v1} 和 d_{v2} 的精确值。然而，在实际工程中，它们通常是不可测量的未知扰动，在其作用下，系统性能变差甚至失稳。为此，本节采用扩张高增益状态观测器（extended high-gain state observer，EHGSO）技术[217-219]，通过观测扰动 d_{c1}、d_{v1}、d_{c2} 和 d_{v2}，以补偿其对系统性能的影响，从而提高系统的控制性能和鲁棒性。具体而言，本节为扰动 d_{c1}、d_{v1}、d_{c2} 和 d_{v2} 设计的 EHGSO 分别为

$$\begin{cases} \dot{\hat{x}}_1 = v_{m1}/L_{n1} - (1-u_1)x_2/L_{n1} + \hat{d}_{c1}/L_{n1} + \alpha_{11}K_1(x_1 - \hat{x}_1) \\ \dot{\hat{d}}_{c1} = \hat{\dot{d}}_{c1} + L_{n1}\alpha_{12}K_1^2(x_1 - \hat{x}_1) \\ \dot{\hat{\dot{d}}}_{c1} = L_{n1}\alpha_{13}K_1^3(x_1 - \hat{x}_1) \end{cases} \tag{5.28}$$

$$\begin{cases} \dot{\hat{x}}_2 = (1-u_1)x_1/C_{n1} - i_{om1}/C_{n1} + \hat{d}_{v1}/C_{n1} + \alpha_{21}K_2(x_2 - \hat{x}_2) \\ \dot{\hat{d}}_{v1} = \hat{\dot{d}}_{v1} + C_{n1}\alpha_{22}K_2^2(x_2 - \hat{x}_2) \\ \dot{\hat{\dot{d}}}_{v1} = C_{n1}\alpha_{23}K_2^3(x_2 - \hat{x}_2) \end{cases} \tag{5.29}$$

$$\begin{cases} \dot{\hat{x}}_3 = v_{m2}/L_{n2} - (1-u_2)x_4/L_{n2} + \hat{d}_{c2}/L_{n2} + \alpha_{31}K_3(x_3 - \hat{x}_3) \\ \dot{\hat{d}}_{c2} = \hat{\dot{d}}_{c2} + L_{n2}\alpha_{32}K_3^2(x_3 - \hat{x}_3) \\ \dot{\hat{\dot{d}}}_{c2} = L_{n2}\alpha_{33}K_3^3(x_3 - \hat{x}_3) \end{cases} \tag{5.30}$$

$$\begin{cases} \dot{\hat{x}}_4 = (1-u_2)x_3/C_{n2} - i_{om2}/C_{n2} + \hat{d}_{v2}/C_{n2} + \alpha_{41}K_4(x_4 - \hat{x}_4) \\ \dot{\hat{d}}_{v2} = \hat{\dot{d}}_{v2} + C_{n2}\alpha_{42}K_4^2(x_4 - \hat{x}_4) \\ \dot{\hat{\dot{d}}}_{v2} = C_{n2}\alpha_{43}K_4^3(x_4 - \hat{x}_4) \end{cases} \tag{5.31}$$

式中，$\hat{d}_{c1}$、$\hat{d}_{v1}$、$\hat{d}_{c2}$ 和 $\hat{d}_{v1}$ 分别为扰动 d_{c1}、d_{v1}、d_{c2} 和 d_{v2} 的观测值；$\hat{x}_1 \sim \hat{x}_4$ 分别为状态 $x_1 \sim x_4$ 的观测值；$K_1 \sim K_4$ 均为大于 1 的正比例增益；$\alpha_{11} \sim \alpha_{13}$、$\alpha_{21} \sim \alpha_{23}$、$\alpha_{31} \sim \alpha_{33}$ 和 $\alpha_{41} \sim \alpha_{43}$ 为观测器增益，其分别对应赫尔维茨多项式 $h_1(s) = s^3 + \alpha_{11}s^2 + \alpha_{12}s + \alpha_{13}$、$h_2(s) = s^3 + \alpha_{21}s^2 + \alpha_{22}s + \alpha_{23}$、$h_3(s) = s^3 + \alpha_{31}s^2 + \alpha_{32}s + \alpha_{33}$ 和 $h_4(s) = s^3 + \alpha_{41}s^2 + \alpha_{42}s + \alpha_{43}$ 的系数。

假设 5.1　设扰动 d_{c1}、d_{v1}、d_{c2} 和 d_{v2} 二阶连续可微且导数有界，即满足

$$\begin{cases} \max\left\{\sup\left|\dot{d}_{c1}\right|, \sup\left|\ddot{d}_{c1}\right|\right\} \leqslant D_{c1} \\ \max\left\{\sup\left|\dot{d}_{v1}\right|, \sup\left|\ddot{d}_{v1}\right|\right\} \leqslant D_{v1} \\ \max\left\{\sup\left|\dot{d}_{c2}\right|, \sup\left|\ddot{d}_{c2}\right|\right\} \leqslant D_{c2} \\ \max\left\{\sup\left|\dot{d}_{v2}\right|, \sup\left|\ddot{d}_{v2}\right|\right\} \leqslant D_{v1} \end{cases} \tag{5.32}$$

式中，D_{c1}、D_{v1}、D_{c2} 和 D_{v2} 为正常数。需要说明的是，实际系统中的扰动大都满足该假设。

结论 5.2　对于系统式（5.10），若假设 5.1 成立，则 EHGSO 式（5.28）～式（5.31）能够跟踪上随机扰动 d_{c1}、d_{v1}、d_{c2} 和 d_{v2}，且观测误差近似为零。

证明：由于 EHGSO 式（5.28）～式（5.31）的证明过程类似，为简单起见，本节仅给出了扰动 EHGSO 式（5.28）的证明过程，其余 EHGSO 的证明过程在此不再赘述。

设观测误差 $\eta_1 = x_1 - \hat{x}_1$，$\eta_2 = \left(d_{c1} - \hat{d}_{c1}\right)/\left(L_{n1}K_1\right)$，$\eta_3 = \left(\dot{d}_{c1} - \hat{\dot{d}}_{c1}\right)/\left(L_{n1}K_1^2\right)$，则观测误差向量 $\boldsymbol{\eta} = [\eta_1, \eta_2, \eta_3]^T$，由式（5.10）和式（5.28）可得

$$\dot{\boldsymbol{\eta}} = K_1\boldsymbol{A}\boldsymbol{\eta} + \boldsymbol{B}\ddot{d}_{c1} \tag{5.33}$$

其中

$$A = \begin{bmatrix} -\alpha_{11} & 1 & 0 \\ -\alpha_{12} & 0 & 1 \\ -\alpha_{13} & 0 & 0 \end{bmatrix} \tag{5.34}$$

$$B = \begin{bmatrix} 0 \\ 0 \\ 1/(L_{n1}K_1^2) \end{bmatrix} \tag{5.35}$$

由于 $\alpha_{11} \sim \alpha_{13}$ 为赫尔维茨多项式 $h_1(s)$ 对应的系数，故系统矩阵 A 为赫尔维茨矩阵。根据李雅普诺夫稳定性理论可知，一定存在正定对称矩阵 P 满足 $A^T P + PA = -I$。对于系统式（5.33），候选李雅普诺夫函数为

$$W(\boldsymbol{\eta}) = \boldsymbol{\eta}^T P \boldsymbol{\eta} \tag{5.36}$$

由式（5.32）、式（5.33）和式（5.36）可得，候选李雅普诺夫函数的导数为

$$\begin{aligned} \dot{W}(\boldsymbol{\eta}) &= \boldsymbol{\eta}^T P \dot{\boldsymbol{\eta}} + \dot{\boldsymbol{\eta}}^T P \boldsymbol{\eta} \\ &= K_1 \boldsymbol{\eta}^T (PA + A^T P) \boldsymbol{\eta} + (\boldsymbol{\eta}^T PB + B^T P \boldsymbol{\eta}) \ddot{d}_{c1} \\ &= -K_1 \|\boldsymbol{\eta}\|^2 + 2\boldsymbol{\eta}^T PB \ddot{d}_{c1} \\ &\leqslant -K_1 \|\boldsymbol{\eta}\|^2 + 2\varphi_1 \|\boldsymbol{\eta}\| \\ &\leqslant -(K_1 - 1)\|\boldsymbol{\eta}\|^2 + \varphi_1^2 \end{aligned} \tag{5.37}$$

式中，$\varphi_1 = D_{c1}\sqrt{\lambda_1}/(L_{n1}K_1^2)$，其中 λ_1 为矩阵 $P^T P$ 的最大特征值。

由式（5.36）可得

$$\|\boldsymbol{\eta}\|^2 \geqslant W/\sqrt{\lambda_1} > 0 \tag{5.38}$$

将式（5.38）代入式（5.37）可得

$$\begin{aligned} \dot{W}(\boldsymbol{\eta}) &\leqslant -(K_1 - 1)\|\boldsymbol{\eta}\|^2 + \varphi_1^2 \\ &\leqslant -(K_1 - 1)W/\sqrt{\lambda_1} + \varphi_1^2 \end{aligned} \tag{5.39}$$

设 $\Omega := \{\boldsymbol{\eta} \in \mathbb{R}^3 \mid W(\boldsymbol{\eta}) \leqslant \delta_1\}$，其中 δ_1 为任意小的正常数。因此，对于任意 $\boldsymbol{\eta} \notin \Omega$，$W > \delta_1$ 恒成立。对于任意给定的常数 δ_1，通过选取足够大 K_1 可使其满足

$$\frac{2D_{c1}^2 \lambda_1 \sqrt{\lambda_1}}{L_{n1}^2 K_1^4 (K_1 - 1)} \leqslant \delta_1 \tag{5.40}$$

即

$$\varphi_1^2 = \frac{D_{c1}^2 \lambda_1}{L_{n1}^2 K_1^4} \leqslant \frac{(K_1 - 1)\delta_1}{2\sqrt{\lambda_1}} \tag{5.41}$$

因此，当 $W > \delta_1$ 时，由式（5.39）和式（5.41）可得

$$\begin{aligned} \dot{W}(\boldsymbol{\eta}) &\leqslant -(K_1 - 1)\delta_1 / \sqrt{\lambda_1} + \varphi_1^2 \\ &\leqslant -(K_1 - 1)\delta_1 / \sqrt{\lambda_1} + 0.5(K_1 - 1)\delta_1 / \sqrt{\lambda_1} \\ &= -0.5(K_1 - 1)\delta_1 / \sqrt{\lambda_1} \\ &< 0 \end{aligned} \tag{5.42}$$

由式（5.42）可知，当 $W > \delta_1$ 时，通过选取足够大的 K_1，候选李雅普诺夫函数的导

数可恒小于零,故观测误差向量 $\boldsymbol{\eta}$ 可收敛至 Ω 内。此外,从式(5.40)可以看出,当 D_{c1}、λ_1 和 L_{n1} 保持不变时,δ_1 随着 K_1 的增大而减小。因此,通过充分放大 K_1,可使 δ_1 近似为零。这意味着 Ω 可无穷小,即 EHGSO 式(5.28)的观测误差能够调得尽可能小,从而忽略不计。证明完毕。

综合本章所提的下垂控制器、PBC 控制器和 EHGSO,FC/LB HPSS 具体的控制框图如图 5.2 所示。图中,FC 和 LB 端口变换器均采用由下垂控制器、EHGSO 和 PBC 控制器组成的复合控制器。需要说明的是,在实际应用时,式(5.1)、式(5.2)、式(5.5)和式(5.6)中的 v_1、v_2、v_{o1} 和 v_{o2} 需用相应的测量值 v_{m1}、v_{m2}、v_{om1} 和 v_{om2} 来替代,式(5.25)和式(5.26)中的不确定扰动 d_{c1}、d_{v1}、d_{c2} 和 d_{v2} 需用 EHGSO 所对应的观测值 $\hat{d}_{c1}$、$\hat{d}_{v1}$、$\hat{d}_{c2}$ 和 $\hat{d}_{v2}$ 来替代。

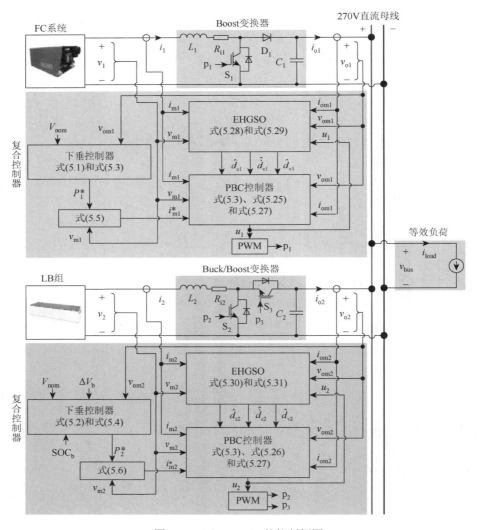

图 5.2　FC/LB HPSS 的控制框图

5.4　复合控制器参数设计

根据 5.1 节～5.3 节的分析可知，本书所提出的复合控制器从全局层次出发，不仅同时实现了母线电压调节、动态功率分配、再生能量回收、LB SOC 管理等功能，还保障了系统的全局稳定性，提升了系统的鲁棒性。然而，在实际应用时，系统的稳定性通常与其他性能指标相互制约。为此，本节将基于经典控制理论，从小信号层次来优化设计系统参数，以保证系统的动态性能。本书所提出的复合控制器与负荷类型无关，即负荷类型不会影响系统的全局稳定性。因此，本节仅以 FC 端口变换器带阻性负荷为例，深入研究其复合控制器参数设计方法。

5.4.1　供电单元的小信号模型

1. FC 端口变换器带阻性负荷的小信号模型

结合式（5.8）可得，FC 端口变换器带阻性负荷的小信号模型可推导为

$$\begin{cases} \tilde{i}_{m1}(s) = G_{dci1}(s)\tilde{d}_{c1}(s) - G_{dvi1}(s)\tilde{d}_{v1}(s) + G_{dci1}(s)\tilde{v}_{m1}(s) + G_{ui1}(s)\tilde{u}_1(s) \\ \tilde{i}_{om1}(s) = G_{dcio1}(s)\tilde{d}_{c1}(s) + G_{dvio1}(s)\tilde{d}_{v1}(s) + G_{dcio1}(s)\tilde{v}_{m1}(s) - G_{uio1}(s)\tilde{u}_1(s) \\ \tilde{v}_{om1}(s) = R_{load}\tilde{i}_{om1}(s) \end{cases} \quad (5.43)$$

其中

$$G_{dci1}(s) = \frac{R_{load}C_{n1}s + 1}{R_{load}L_{n1}C_{n1}s^2 + L_{n1}s + R_{load}(1-U_1)^2} \quad (5.44)$$

$$G_{dvi1}(s) = \frac{R_{load}(1-U_1)}{R_{load}L_{n1}C_{n1}s^2 + L_{n1}s + R_{load}(1-U_1)^2} \quad (5.45)$$

$$G_{ui1}(s) = \frac{R_{load}C_{n1}V_{om1}s + V_{om1} + R_{load}I_{m1}(1-U_1)}{R_{load}L_{n1}C_{n1}s^2 + L_{n1}s + R_{load}(1-U_1)^2} \quad (5.46)$$

$$G_{dcio1}(s) = \frac{1-U_1}{R_{load}L_{n1}C_{n1}s^2 + L_{n1}s + R_{load}(1-U_1)^2} \quad (5.47)$$

$$G_{dvio1}(s) = \frac{L_{n1}s}{R_{load}L_{n1}C_{n1}s^2 + L_{n1}s + R_{load}(1-U_1)^2} \quad (5.48)$$

$$G_{uio1}(s) = \frac{L_{n1}I_{m1}s - (1-U_1)V_{om1}}{R_{load}L_{n1}C_{n1}s^2 + L_{n1}s + R_{load}(1-U_1)^2} \quad (5.49)$$

式中，$\tilde{v}_{om1}(s)$、$\tilde{i}_{m1}(s)$、$\tilde{v}_{om1}(s)$、$\tilde{i}_{om1}(s)$ 和 $\tilde{u}_1(s)$ 分别为 v_{m1}、i_{m1}、v_{om1}、i_{om1} 和 u_1 小信号值对应的频域函数；I_{m1}、V_{om1} 和 U_1 分别为 i_{m1}、v_{om1} 和 u_1 对应的稳态值；R_{load} 为阻性负荷的电阻值。

2. PBC 控制器的小信号模型

为简化分析，本节在构建 PBC 控制器的小信号模型时，忽略限幅环节的影响。根据式（5.16），FC 端口变换器 PBC 控制器的小信号模型可推导为

$$\tilde{u}_1(s) = -G_{dcu1}(s)\tilde{\hat{d}}_{c1} + G_{dvu1}(s)\tilde{\hat{d}}_{v1} + G_{riu1}(s)\tilde{i}_{m1}^*(s) - G_{dcu1}(s)\tilde{v}_{m1}(s) \\ - G_{iu1}(s)\tilde{i}_{m1}(s) + G_{vou1}(s)\tilde{v}_{om1}(s) - G_{dvu1}(s)\tilde{i}_{om1}(s) \tag{5.50}$$

其中

$$G_{dcu1}(s) = \frac{C_{n1}s + G_{d1}}{C_{n1}V_{om1}^*s + (1-U_1)I_{m1}^* + G_{d1}V_{om1}^*} \tag{5.51}$$

$$G_{dvu1}(s) = \frac{(1-U_1)}{C_{n1}V_{om1}^*s + (1-U_1)I_{m1}^* + G_{d1}V_{om1}^*} \tag{5.52}$$

$$G_{riu1}(s) = \frac{L_{n1}C_{n1}s^2 + (L_{n1}G_{d1} + R_{d1}C_{n1})s + R_{d1}G_{d1} + (1-U_1)^2}{C_{n1}V_{om1}^*s + (1-U_1)I_{m1}^* + G_{d1}V_{om1}^*} \tag{5.53}$$

$$G_{iu1}(s) = \frac{R_{d1}(C_{n1}s + G_{d1})}{C_{n1}V_{om1}^*s + (1-U_1)I_{m1}^* + G_{d1}V_{om1}^*} \tag{5.54}$$

$$G_{vou1}(s) = \frac{G_{d1}(1-U_1)}{C_{n1}V_{om1}^*s + (1-U_1)I_{m1}^* + G_{d1}V_{om1}^*} \tag{5.55}$$

式中，I_{m1}^* 和 V_{om1}^* 分别为 FC 端口变换器的输入电流基准和输出电压基准。结合式（5.8）和式（5.16）可知，FC 端口变换器的稳态输入电流 I_{m1} 和稳态输出电压 V_{om1} 分别为 $I_{m1} = I_{m1}^*$ 和 $V_{om1} = V_{om1}^*$。

3. EHGSO 的小信号模型

根据式（5.28）和式（5.29），EHGSO 的小信号模型可推导为

$$\begin{cases} \tilde{\hat{d}}_{c1}(s) = -G_{vdc1}(s)\tilde{v}_{m1}(s) + G_{idc1}(s)\tilde{i}_{m1}(s) + G_{vodc1}(s)\tilde{v}_{om1}(s) - G_{udc1}(s)\tilde{u}_1(s) \\ \tilde{\hat{d}}_{v1}(s) = -G_{idv1}(s)\tilde{i}_{m1}(s) + G_{vodv1}(s)\tilde{v}_{om1}(s) + G_{iodv1}(s)\tilde{i}_{om1}(s) + G_{udv1}(s)\tilde{u}_1(s) \end{cases} \tag{5.56}$$

其中

$$G_{vdc1}(s) = \frac{K_1^2(\alpha_{12}s + \alpha_{13}K_1)}{s^3 + \alpha_{11}K_1s^2 + \alpha_{12}K_1^2s + \alpha_{13}K_1^3} \tag{5.57}$$

$$G_{idc1}(s) = \frac{K_1^2(\alpha_{12}s + \alpha_{13}K_1)L_{n1}s}{s^3 + \alpha_{11}K_1s^2 + \alpha_{12}K_1^2s + \alpha_{13}K_1^3} \tag{5.58}$$

$$G_{vodc1}(s) = \frac{K_1^2(1-U_1)(\alpha_{12}s + \alpha_{13}K_1)}{s^3 + \alpha_{11}K_1s^2 + \alpha_{12}K_1^2s + \alpha_{13}K_1^3} \tag{5.59}$$

$$G_{udc1}(s) = \frac{K_1^2(\alpha_{12}s + \alpha_{13}K_1)V_{om1}}{s^3 + \alpha_{11}K_1s^2 + \alpha_{12}K_1^2s + \alpha_{13}K_1^3} \tag{5.60}$$

$$G_{idv1}(s) = \frac{K_2^2(1-U_1)(\alpha_{22}s + \alpha_{23}K_2)}{s^3 + \alpha_{21}K_2s^2 + \alpha_{22}K_2^2s + \alpha_{23}K_2^3} \tag{5.61}$$

$$G_{\text{vodv1}}(s) = \frac{K_2^2(\alpha_{22}s + \alpha_{23}K_2)C_{\text{n1}}s}{s^3 + \alpha_{21}K_2 s^2 + \alpha_{22}K_2^2 s + \alpha_{23}K_2^3} \tag{5.62}$$

$$G_{\text{iodv1}}(s) = \frac{K_2^2(\alpha_{22}s + \alpha_{23}K_2)}{s^3 + \alpha_{21}K_2 s^2 + \alpha_{22}K_2^2 s + \alpha_{23}K_2^3} \tag{5.63}$$

$$G_{\text{udv1}}(s) = \frac{K_2^2(\alpha_{22}s + \alpha_{23}K_2)I_{\text{m1}}}{s^3 + \alpha_{21}K_2 s^2 + \alpha_{22}K_2^2 s + \alpha_{23}K_2^3} \tag{5.64}$$

综上，FC 供电单元带阻性负荷的小信号模型如图 5.3 所示，图中 PBC 控制器和 EHGSO 所使用的电压和电流信号均经过了滤波环节 $G_{\text{s}}(s)$，即

$$G_{\text{s}}(s) = 1/(T_{\text{s}}s + 1) \tag{5.65}$$

式中，T_{s} 为采样滤波器 $G_{\text{s}}(s)$ 的时间常数。

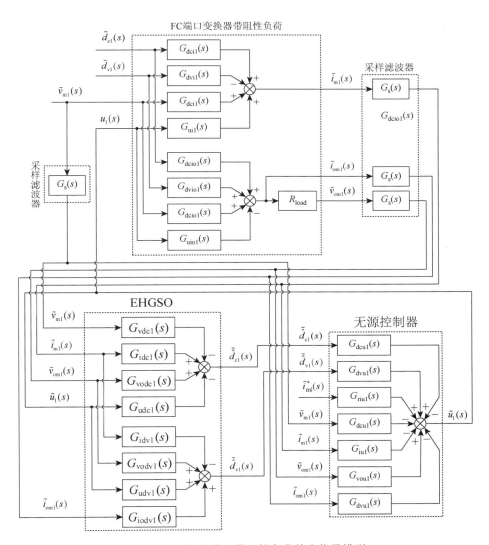

图 5.3　FC 供电单元带阻性负荷的小信号模型

5.4.2　下垂控制器参数设计

结合式（5.1）、式（5.2）和图 5.1 可推导出，当 FC 供电单元正常出力时（即 $P_1^* > 0$），负荷功率分配至 FC 供电单元期望引入的 LPF $G_1(s)$ 为

$$G_1(s) = n / (ms + n) \tag{5.66}$$

由式（5.66）可得，一阶 LPF $G_1(s)$ 的截止频率 ω_c 为

$$\omega_c = n/m \tag{5.67}$$

综合考虑 FC 和 LB 供电单元的动态特性以及系统的体积、质量设计需求，结合相关工程案例[54, 55, 99]，本书将高频和低频负荷功率的边界频率 f_{fb} 设定为 $f_{fb} = 0.2\text{Hz}$。为确保负荷功率按期望方式分配给 FC 和 LB 供电单元，滤波器 $G_1(s)$ 的截止频率 ω_c 应设计为

$$\omega_c = 2\pi f_{fb} \tag{5.68}$$

为保证直流母线电压始终处于设定范围，满足相应的电气标准，FC 和 LB 供电单元的下垂系数 m 和 n 应满足

$$0 < m \leqslant \min\left\{(V_{nom} - V_{busmin})/\beta_{pcr}, (V_{busmax} - V_{nom})/\beta_{pcr}\right\} \tag{5.69}$$

$$0 < n \leqslant \min\left\{(V_{ref2} - V_{busmin})/P_{2max}, (V_{busmax} - V_{ref2})/P_{remax}\right\} \tag{5.70}$$

式中，β_{pcr} 为 FC 输出功率允许的最大变化率；P_{2max} 为 LB 组的额定功率；P_{remax} 为系统的最大再生功率。

当 LB 供电单元处于充电或放电模式时，为使其恢复至正常模式，本节将 LB 供电单元的充电或放电功率设置为 1kW，即

$$\Delta V_b / n = 1000 \tag{5.71}$$

此外，为保证 LB 供电单元的电压基准不超过母线电压的设定范围，其基准电压增量 ΔV_b 应满足

$$0 < \Delta V_b \leqslant \min\left\{V_{nom} - V_{busmin}, V_{busmax} - V_{nom}\right\} \tag{5.72}$$

根据式（5.70）～式（5.72），合理选取 LB 供电单元的下垂系数 n 和输出电压增量 ΔV_b，再结合条件式（5.67）～式（5.69），最终确定 FC 供电单元下垂系数 m 的取值。针对本章所采用的 FC/LB HPSS 实验平台，选取的下垂系数如表 5.1 所示。

5.4.3　无源控制器参数设计

为简化设计过程，本节在设计 PBC 控制器参数时，忽略外部扰动和 EHGSO 的影响，即令 $\tilde{d}_{c1}(s) = 0$，$\tilde{d}_{v1}(s) = 0$，$\tilde{\tilde{d}}_{c1}(s) = 0$，$\tilde{\tilde{d}}_{v1}(s) = 0$，系统仅在 PBC 控制器的控制下运行。结合图 5.3，系统的闭环传递函数可推导为

$$G_{PBC}(s) = \frac{\tilde{i}_{m1}(s)}{\tilde{i}_{m1}^*(s)} = \frac{G_{riu1}G_{ui1}}{1 + G_s(G_{iu1}G_{ui1} - G_{dvu1}G_{uio1} + G_{uio1}G_{vou1}R_{load})} \tag{5.73}$$

式中，$G_{PBC}(s)$ 为系统仅在 PBC 控制器控制下的闭环传递函数。

若不考虑采样滤波器 $G_s(s)$，即采样滤波器的时间常数 $T_s = 0$ 时，结合稳态关系

$I_{m1}=I_{m1}^{*}$ 和 $V_{om1}=V_{om1}^{*}$，由式（5.73）可推导出，系统仅在 PBC 控制器控制下的闭环传递函数恒为

$$G_{PBC}(s)=1 \qquad (5.74)$$

由式（5.74）可知，在理想情况下，即不考虑采样滤波器 $G_s(s)$ 时，PBC 控制器的闭环控制带宽无穷大。因此，FC 端口变换器的输入电流可完全复现其对应的输入电流基准，但 PBC 控制器无法抑制系统中的高频干扰。在实际工程应用中，为消除电压/电流信号中高频干扰（如开关噪声）对系统性能的影响，PBC 控制器需先对采集信号进行滤波处理再代入控制算法进行运算，从而获得相应的控制信号。需要说明的是，$G_s(s)$ 的截止频率通常设为端口变换器开关频率的 1/10[54, 95-97]。

对于稳定的高阶系统，其动态性能主要由闭环主导极点决定[220]。因此，通过分析系统参数对系统闭环传递函数主导极点的影响，即可定性说明系统参数与动态性能的关联关系。基于表 5.1 初选的系统参数，根据式（5.73）可得，在考虑采样滤波器 $G_s(s)$ 后，系统闭环传递函数 $G_{PBC}(s)$ 的零极点如表 5.2 所示。由表 5.2 可知，零点 z_3、z_4 和极点 s_3、s_4 可近似相消，且远大于零点 z_1、z_2 和极点 s_1、s_2。因此，系统动态性能主要由闭环主导极点 s_1、s_2 和闭环主导零点 z_1、z_2 决定。

表 5.1　FC/LB HPSS 的参数

单元	参数	数值	单元	参数	数值
FC 供电单元	额定电压 V_1/V	105.6	LB 供电单元	滤波电感 L_{n2}/mH	1
	额定功率 P_{1max}/kW	3		滤波电容 C_{n2}/μF	1880
	最大功率变化率 β_{pcr}/(kW/s)	0.3		开关频率 f_s/kHz	20
	滤波电感 L_{n1}/mH	1		下垂系数 n	4×10^{-3}
	滤波电容 C_{n1}/μF	220		基准电压增量 ΔV_b/V	4
	开关频率 f_s/kHz	20		虚拟阻尼电阻 R_{d2}/Ω	0.4
	下垂系数 m	3.18×10^{-3}		虚拟阻尼电导 G_{d2}/Ω^{-1}	4
	虚拟阻尼电阻 R_{d1}/Ω	0.1		EHGSO 增益 α_{31}，α_{41}	158.79
	虚拟阻尼电导 G_{d1}/Ω^{-1}	8		EHGSO 增益 α_{32}，α_{42}	1126.66
	EHGSO 增益 α_{11}，α_{21}	55.80		EHGSO 增益 α_{33}，α_{43}	436.76
	EHGSO 增益 α_{12}，α_{22}	112.96		EHGSO 正比例增益 K_3，K_4	6000
	EHGSO 增益 α_{13}，α_{23}	12.36	其他	母线标称电压 V_{nom}/V	270
	EHGSO 正比例增益 K_1，K_2	1000		母线电压上限 V_{busmax}/V	280
LB 供电单元	额定电压 V_2/V	120		母线电压下限 V_{busmin}/V	250
	额定功率 P_{2max}/kW	3		功率分配边界频率 f_{fb}/Hz	0.2
	额定容量 Q_{2max}/Ah	24		最大再生功率 P_{remax}/kW	0.6

表 5.2　$G_{PBC}(s)$的零极点

零点	数值	极点	数值
z_1	−206.50	s_1	−275.39
z_2	−521.47	s_2	−374.11
z_3	−11946.29	s_3	−12562.81
z_4	−45717.21	s_4	−45439.16

　　图 5.4 所示为系统闭环传递函数 $G_{PBC}(s)$的零极点分布图，图中除调节的参数外，其余参数如表 5.1 所示。从图 5.4（a）可以看出，主导极点 s_2实部的模比主导极点 s_1实部的模大一倍左右，故主导极点 s_1对系统动态性能的影响更大。随着时间常数 T_s的增大，主导极点 s_1往靠近虚轴的方向移动，系统的动态响应速度变慢。从图 5.4（b）可以看出，随着虚拟耗散电阻 R_{d1}的增大，主导极点 s_1和 s_2均往远离虚轴的方向移动，系统的动态响应速度变快。从图 5.4（c）、图 5.4（d）和图 5.4（e）可以看出，随着虚拟耗散电导 G_{d1}、滤波电感 L_{n1}和滤波电容 C_{n1}的增大，主导极点 s_1和 s_2均往靠近虚轴的方向移动，系统的动态响应速度变慢。综上，系统参数的整定方法可归纳为：若需加快系统的动态响应速度，则可适当减小采样滤波器时间常数 T_s、虚拟耗散电导 G_{d1}、滤波电感 L_{n1}、滤波电容 C_{n1}或增大虚拟耗散电阻 R_{d1}；若需降低系统的动态响应速度，则可适当增大采样滤波器时间常数 T_s、虚拟耗散电导 G_{d1}、滤波电感 L_{n1}、滤波电容 C_{n1}或减小虚拟耗散电阻 R_{d1}。

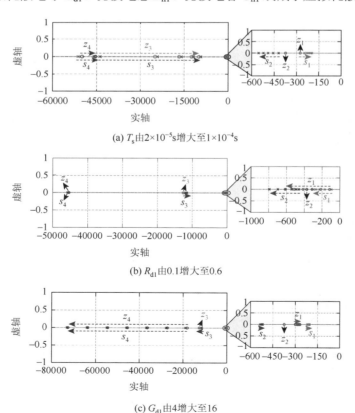

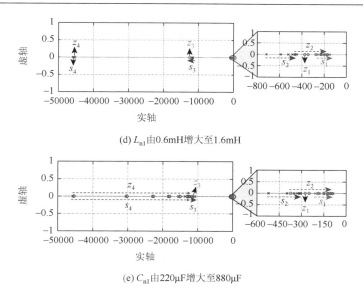

(d) L_{n1}由0.6mH增大至1.6mH

(e) C_{n1}由220μF增大至880μF

图 5.4　$G_{PBC}(s)$的零极点分布图（见彩图）

　　为保证 FC 供电单元仅提供低频负荷功率而 LB 供电单元缓冲所有的高频脉动功率，LB 端口变换器的动态响应速度应远快于 FC 端口变换器。根据这一准则，本章将 FC 和 LB 端口变换器在10%载和满载之间阶跃跳变的调节时间（误差带取2%）分别设置为20ms 和 1ms，超调量均不超过 3%。表 5.3 所示为 FC 端口变换器在不同控制参数下对应的动态性能。对比不同控制参数对应的动态性能，从表 5.3 可以看出，随着虚拟耗散电阻 R_{d1} 的增大，FC 端口变换器的调节时间缩短，动态响应速度变快，但超调量增大；随着虚拟耗散电导 G_{d1} 的增大，FC 端口变换器的调节时间变长，动态响应速度变慢，超调量略微增大。这说明 FC 端口变换器控制参数与动态响应速度的关联关系符合上述分析结果。由于 LB 端口变换器控制参数的设计过程与 FC 端口变换器类似，在此不再赘述。根据设定的动态性能指标，FC 和 LB 端口变换器的 PBC 控制器参数 R_{d1}、G_{d1} 和 R_{d2}、G_{d2} 最终选取为 0.1Ω、8Ω^{-1} 和0.4Ω、4Ω^{-1}，如表 5.1 所示。在此控制参数下，FC 和 LB 端口变换器对应的调节时间（误差带取 2%）分别为 20.66ms 和 1.04ms，超调量分别为 1.46% 和 2.97%，均基本满足设计要求。

表 5.3　FC 端口变换器的动态性能

控制参数取值	超调量 σ/%	调节时间 t_s/ms（误差带为 2%）
$R_{d1} = 0.1\ \Omega$，$G_{d1} = 8\ \Omega^{-1}$	1.46	20.66
$R_{d1} = 0.2\ \Omega$，$G_{d1} = 8\ \Omega^{-1}$	2.15	12.59
$R_{d1} = 0.1\ \Omega$，$G_{d1} = 16\ \Omega^{-1}$	1.47	22.17

5.4.4　扩张高增益状态观测器参数设计

　　本书所提的 EHGSO 参数设计方法如表 5.4 所示。由于 EHGSO 式（5.28）～式（5.31）

的参数设计过程相似，因此本节仅以 EHGSO 式（5.28）为例，具体参数设计过程如下。

表 5.4 EHGSO 参数设计方法

步骤	设计方法
步骤 1	推导 EHGSO 的扰动观测值对扰动的闭环传递函数
步骤 2	配置闭环传递函数的极点，使闭环传递函数可近似等效为二阶系统
步骤 3	根据实际工程需求，设定 EHGSO 的动态性能指标，并基于经典控制理论设计 EHGSO 的参数
步骤 4	基于 MATLAB 软件，分析原传递函数单位阶跃响应的动态性能。若原传递函数的动态性能与设定的动态性能指标相差太大，则需合理调整 EHGSO 的观测增益，并保证 EHGSO 观测增益对应的多项式满足赫尔维茨条件

步骤 1：结合图 5.3 及式（5.43）～式（5.65），EHGSO 式（5.28）的扰动观测值 $\tilde{\tilde{d}}_{c1}(s)$ 对扰动 $\tilde{d}_{c1}(s)$ 的闭环传递函数可推导为

$$G_{c1}(s) = \frac{\tilde{\tilde{d}}_{c1}(s)}{\tilde{d}_{c1}(s)} = \frac{K_1^2(\alpha_{12}s + \alpha_{13}K_1)}{(T_s s + 1)\left(s^3 + \alpha_{11}K_1 s^2 + \alpha_{12}K_1^2 s + \alpha_{13}K_1^3\right)} \tag{5.75}$$

式中，$G_{c1}(s)$ 为扰动观测值 $\tilde{\tilde{d}}_{c1}(s)$ 对扰动 $\tilde{d}_{c1}(s)$ 的闭环传递函数。

由于采样滤波器 $G_s(s)$ 的时间常数 T_s 通常很小，则 $G_{c1}(s)$ 的极点 $-1/T_s$ 远离虚轴，其所对应的响应分量衰减很快，可忽略不计。因此，可将闭环传递函数 $G_{c1}(s)$ 近似为

$$G_{c1}(s) \approx \frac{K_1^2(\alpha_{12}s + \alpha_{13}K_1)}{s^3 + \alpha_{11}K_1 s^2 + \alpha_{12}K_1^2 s + \alpha_{13}K_1^3} \tag{5.76}$$

步骤 2：在工程实践中，通常要求控制系统既要具有较快的响应速度，又要具有一定的阻尼程度。为此，高阶系统参数常常调整到使系统具有一对闭环共轭主导极点。此时，高阶系统的动态性能可用二阶系统的动态性能指标来估算。因此，闭环传递函数 $G_{c1}(s)$ 可设计为

$$G_{c1}(s) = \frac{\left(\omega_{nc1}^2 + 2p_{c1}\zeta_{c1}\omega_{nc1}\right)s + p_{c1}\omega_{nc1}^2}{(s + p_{c1})\left(s^2 + 2\zeta_{c1}\omega_{nc1}s + \omega_{nc1}^2\right)} \tag{5.77}$$

式中，p_{c1} 为 $G_{c1}(s)$ 非主导极点实部的模；ζ_{c1} 为 $G_{c1}(s)$ 近似二阶系统的阻尼比（或相对阻尼系数）；ω_{nc1} 为 $G_{c1}(s)$ 近似二阶系统的自然频率（或无阻尼振荡频率）。

若保证 $G_{c1}(s)$ 具有一对共轭复数主导极点 $-\zeta_{c1}\omega_{nc1} \pm j\omega_{nc1}\sqrt{1-\zeta_{c1}^2}$（$0<\zeta_{c1}<1$），且闭环零点 $-p_{c1}\omega_{nc1}^2 / \left(\omega_{nc1}^2 + 2p_{c1}\zeta_{c1}\omega_{nc1}\right)$ 不在主导极点附近，非主导极点 $-p_{c1}$ 实部的模比主导极点实部的模大 3 倍以上（$p_{c1} \geqslant 3\zeta_{c1}\omega_{nc1}$），则可将 $G_{c1}(s)$ 进一步近似为

$$G'_{c1}(s) = \frac{\omega_{nc1}^2}{s^2 + 2\zeta_{c1}\omega_{nc1}s + \omega_{nc1}^2} \tag{5.78}$$

式中，$G'_{c1}(s)$ 为 $G_{c1}(s)$ 近似二阶系统的传递函数。

步骤 3：根据经典控制理论可知，二阶系统式（5.78）单位阶跃响应的超调量 $\sigma_{c1}\%$ 和调节时间 t_{sc1} 分别为

$$\sigma_{c1}\% = \mathrm{e}^{-\pi\zeta_{c1}/\sqrt{1-\zeta_{c1}^2}} \times 100\% \tag{5.79}$$

$$t_{sc1} = -\ln\left(\Delta\sqrt{1-\zeta_{c1}^2}\right)\Big/\left(\zeta_{c1}\omega_{nc1}\right) \tag{5.80}$$

式中，Δ 为系统实际响应与稳态输出之间的误差带，本书取 $\Delta = 2\%$。

为保证 EHGSO 及时补偿不确定扰动对系统性能的影响，EHGSO 的动态响应速度应远快于 PBC 控制器。根据这一准则，本章将 FC 和 LB 端口变换器所采用的 EHGSO 的调节时间分别设置为 10ms 和 0.5ms，超调量不超过 5%。因此，二阶系统式（5.78）单位阶跃响应的调节时间设置为 $t_{sc1} = 10\mathrm{ms} = 0.01\mathrm{s}$，超调量满足 $\sigma_{c1}\% \leqslant 5\%$。

一般而言，为确保二阶系统单位阶跃响应的振荡特性适度且调节时间较短，系统的阻尼比通常设定为 0.4~0.8[220]。首先，考虑到系统的超调量设计要求，本章将二阶系统式（5.78）的阻尼比设置为 $\zeta_{c1} = 0.707$，则其对应的超调量为 4.33%，满足设计要求。其次，将 $\zeta_{c1} = 0.707$ 和 $t_{sc1} = 0.01\mathrm{s}$ 代入式（5.80），即可求解出二阶系统式（5.78）的自然频率为 $\omega_{nc1} = 602.33\mathrm{rad/s}$。再次，根据条件 $p_{c1} \geqslant 3\zeta_{c1}\omega_{nc1}$ 选取合适的 p_{c1}，确保 $G_{c1}(s)$ 的零点不在主导极点附近（若选取的 p_{c1} 无法保证 $G_{c1}(s)$ 的零点不在主导极点附近，则需根据条件 $p_{c1} \geqslant 3\zeta_{c1}\omega_{nc1}$ 重新选取 p_{c1}）。本章取 $p_{c1} = 100\zeta_{c1}\omega_{nc1} = 42584.46$，则 $G_{c1}(s)$ 的零点 $-p_{c1}\omega_{nc1}^2\big/\left(\omega_{nc1}^2 + 2p_{c1}\zeta_{c1}\omega_{nc1}\right) = -421.75$ 不在主导极点 $-\zeta_{c1}\omega_{nc1} \pm \mathrm{j}\omega_{nc1}\sqrt{1-\zeta_{c1}^2} = -421.75 \pm \mathrm{j}425.97$ 附近，满足 $G_{c1}(s)$ 的简化条件。最后，通过合理选择 EHGSO 式（5.28）的正比例增益 K_1，结合式（5.76）和式（5.77），求解出 EHGSO 式（5.28）的观测增益 α_{11}、α_{12} 和 α_{13}，并验证其能否保证 $h_1(s) = s^3 + \alpha_{11}s^2 + \alpha_{12}s + \alpha_{13}$ 为赫尔维茨多项式，即能否保证条件式（5.81）成立。同理，若 $h_1(s)$ 不是赫尔维茨多项式，则需重新上述步骤直至 $h_1(s)$ 为赫尔维茨多项式。

若 $h_1(s) = s^3 + \alpha_{11}s^2 + \alpha_{12}s + \alpha_{13}$ 为赫尔维茨多项式，则根据劳斯判据可得，观测增益 α_{11}、α_{12} 和 α_{13} 满足

$$\begin{cases} \alpha_{11} > 0 \\ \alpha_{11}\alpha_{12} - \alpha_{13} > 0 \\ \alpha_{13} > 0 \end{cases} \tag{5.81}$$

由式（5.76）和式（5.77）可得，EHGSO 式（5.28）参数满足

$$\begin{cases} \alpha_{11}K_1 = 2\zeta_{c1}\omega_{nc1} + p_{c1} \\ \alpha_{12}K_1^2 = \omega_{nc1}^2 + 2p_{c1}\zeta_{c1}\omega_{nc1} \\ \alpha_{13}K_1^3 = p_{c1}\omega_{nc1}^2 \end{cases} \tag{5.82}$$

本章取 $K_1 = 1000$，则根据式（5.82）求解出 EHGSO 式（5.28）的观测增益 α_{11}、α_{12} 和 α_{13} 分别为 $\alpha_{11} = 43.44$、$\alpha_{12} = 36.63$ 和 $\alpha_{13} = 15.45$，满足条件式（5.81）。

步骤 4： 表 5.5 所示为 $G_{c1}(s)$ 在不同观测增益下对应的动态性能。从表 5.5 可以看出，原传递函数 $G_{c1}(s)$ 的超调量与设定的超调量指标相差太大，不满足设计要求。为此，本章将在设计参数的基础上适当调节 EHGSO 式（5.28）的观测增益 α_{11}、α_{12} 和 α_{13}，以保证原传递函数 $G_{c1}(s)$ 的动态性能满足设定指标。通过对比 $G_{c1}(s)$ 在不同观测增益下对应的动态性能可以发现，当观测增益 α_{12} 和 α_{13} 保持不变时，增大观测增益 α_{11}，$G_{c1}(s)$ 的超调量将

稍微增大,调节时间将变长;当观测增益 α_{11} 和 α_{13} 保持不变时,增大观测增益 α_{12},$G_{c1}(s)$ 的超调量将显著减小,调节时间将变长;当观测增益 α_{11} 和 α_{12} 保持不变时,增大观测增益 α_{13},$G_{c1}(s)$ 的超调量将增大,调节时间明显变长。因此,根据上述规律,本章在设计参数的基础上适当增大 α_{11}、α_{12} 以及适当减小 α_{13},使原传递函数 $G_{c1}(s)$ 的超调量显著减小,调节时间适当变长,从而满足预设指标。EHGSO 式(5.28)的观测增益 α_{11}、α_{12} 和 α_{13} 最终设定为 $\alpha_{11} = 55.80$、$\alpha_{12} = 112.96$ 和 $\alpha_{13} = 12.36$,满足条件式(5.81)。在此参数下,EHGSO 式(5.28)单位阶跃响应的调节时间(误差带取 2%)为 9.98ms,超调量为 4.25%,满足设计要求。参照 EHGSO 式(5.28)的参数设计过程,EHGSO 式(5.29)最终选取的参数与 EHGSO 式(5.28)参数完全相同,而 EHGSO 式(5.30)和式(5.31)的正比例增益最终设定为 $K_3 = K_4 = 6000$,观测增益最终设定为 $\alpha_{31} = \alpha_{41} = 158.79$、$\alpha_{32} = \alpha_{42} = 1126.66$ 和 $\alpha_{33} = \alpha_{43} = 436.76$。在此参数下,EHGSO 式(5.30)和式(5.31)单位阶跃响应的调节时间(误差带取 2%)为 0.48ms,超调量为 4.32%,满足设计要求。

表 5.5　$G_{c1}(s)$ 的动态性能

观测增益取值	超调量 σ/%	调节时间 t_s/ms(误差带为 2%)
$\alpha_{11} = 43.44$,$\alpha_{12} = 36.63$,$\alpha_{13} = 15.45$	21.21	8.01
$\alpha_{11} = 53.44$,$\alpha_{12} = 36.63$,$\alpha_{13} = 15.45$	23.66	8.82
$\alpha_{11} = 43.44$,$\alpha_{12} = 46.63$,$\alpha_{13} = 15.45$	15.82	8.59
$\alpha_{11} = 43.44$,$\alpha_{12} = 36.63$,$\alpha_{13} = 25.45$	27.88	9.35
$\alpha_{11} = 55.80$,$\alpha_{12} = 112.96$,$\alpha_{13} = 12.36$	4.25	9.98

5.5　半实物仿真验证及分析

为验证本书所提致稳控制策略的有效性和可行性,本节根据图 5.2,在图 3.11 所示的半实物实时仿真平台中搭建了 FC/LB HPSS 的仿真模型,FC、LB 及其端口变换器均使用模型库中提供的模型,端口变换器的控制器采用基于 TMS320F28335 的控制盒。半实物仿真中所用到的系统参数如表 5.1 所示。

1. PBC 控制器的动态特性测试

图 5.5 所示为 FC 端口变换器仅在 PBC 控制器控制下带阻性负荷的仿真结果。在此仿真中,不确定扰动 d_{c1} 和 d_{v1} 设为 0,输入电流基准 i_{ml}^* 在 10%载(2.84A)和满载(28.41A)之间阶跃跳变。从图 5.5(a)可以看出,当虚拟耗散电阻 $G_{d1} = 8\Omega^{-1}$ 保持不变时,FC 端口变换器输入电流的动态响应速度随着虚拟耗散电阻 R_{d1} 的增大而变快。从图 5.5(b)可以看出,当虚拟耗散电阻 $R_{d1} = 0.1\Omega$ 保持不变时,虚拟耗散电导 G_{d1} 越大,FC 端口变换器输入电流的动态响应速度越慢。这与 5.4.3 小节 PBC 控制器的参数分析结果相一致,验证了 PBC 控制器参数设计的正确性。

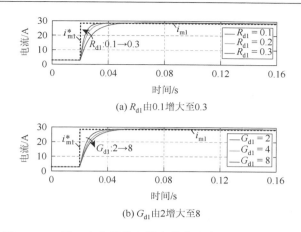

(a) R_{d1} 由0.1增大至0.3

(b) G_{d1} 由2增大至8

图 5.5　FC 端口变换器带阻性负荷的仿真结果（见彩图）

图 5.6 所示为 FC 和 LB 端口变换器仅在 PBC 控制器控制下的动态特性，图中 t_{s1} 和 t_{s2} 分别为 FC 和 LB 端口变换器的调节时间，$\sigma_1\%$ 和 $\sigma_2\%$ 分别为 FC 和 LB 端口变换器的超调量。在此半实物仿真中，不确定扰动 d_{c1}、d_{v1}、d_{c2} 和 d_{v2} 均设为 0，输入电流基准 i_{m1}^* 和 i_{m2}^* 在 10%载（2.84A）和满载（28.41A）之间阶跃跳变。从图 5.6 可以看出，FC 和 LB 端口变换器实际的调节时间分别为 24.6ms 和 6.5ms（误差带取 2%），超调量分别为 1.96% 和 0.6%。尽管 FC 和 LB 端口变换器实际的动态性能指标与设计值存在一定的差异，但 LB 端口变换器的动态响应速度远快于 FC 端口变换器，满足 PBC 控制器参数设计要求。

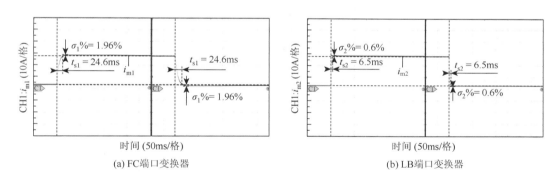

(a) FC端口变换器

(b) LB端口变换器

图 5.6　FC 和 LB 端口变换器仅在 PBC 控制器控制下的动态特性（见彩图）

2. EHGSO 的动态特性测试

图 5.7 所示为 FC 和 LB 端口变换器 EHGSO 的动态特性，其中 $t_{os1}\sim t_{os4}$ 和 $\sigma_{o1}\%\sim\sigma_{o4}\%$ 分别为 EHGSO 式（5.28）～式（5.31）的调节时间和超调量。在此半实物仿真中，FC 和 LB 端口变换器带阻性满载负荷，扰动 d_{c1}、d_{v1}、d_{c2} 和 d_{v2} 由 0 阶跃突变为 1。需要说明的是，由式（5.8）可知，可将不确定扰动 d_{c1} 和 d_{c2} 等效为端口变换器输入侧电压不确定的电压源，将不确定扰动 d_{v1} 和 d_{v2} 等效为端口变换器输出侧电流不定的电流源。为简单起见，本章通过在端口变换器的输入侧或输出侧外加电压源或电流源以实现不确定扰

动的等效注入。从图 5.7 可以看出，FC 端口变换器 EHGSO 式（5.28）和式（5.29）实际的调节时间为 10.1ms，超调量为 4.27%；LB 端口变换器 EHGSO 式（5.30）和式（5.31）实际的调节时间为 0.47ms，超调量为 4.32%。因此，FC 和 LB 端口变换器 EHGSO 实际的动态性能指标与设计值基本一致，满足设计要求。

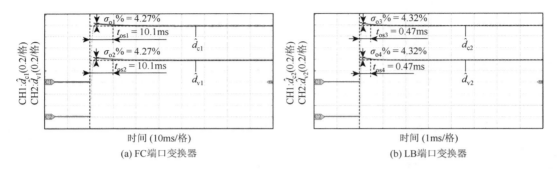

(a) FC端口变换器   (b) LB端口变换器

图 5.7   FC 和 LB 端口变换器 EHGSO 的动态特性（见彩图）

图 5.8 所示为 FC 端口变换器不采用或采用 EHGSO 的半实物仿真结果。在此半实物仿真中，FC 端口变换器带阻性满载负荷，不确定扰动 d_{v1} 设为 0，不确定扰动 d_{c1} 设为随机扰动。从图 5.8 可以看出，若 FC 端口变换器不采用 EHGSO，当不确定扰动 d_{c1} 和 d_{v1} 均为 0 时，FC 端口变换器的输出电压稳定在设定值 270V，然而随着不确定扰动 d_{c1} 随机变化，FC 端口变换器的输出电压也将随机波动。当 FC 端口变换器采用 EHGSO 时，无论不确定扰动 d_{c1} 和 d_{v1} 如何变化，所设计的 EHGSO 均能跟踪上不确定扰动 d_{c1} 和 d_{v1}，FC 端口变换器的输出电压始终稳定在设定值 270V。因此，本书所设计的 EHGSO 能够较好地提升端口变换器的抗干扰能力。

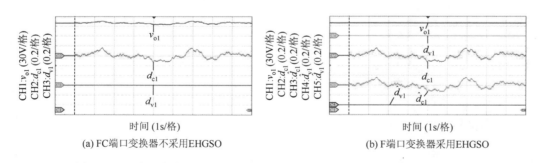

(a) FC端口变换器不采用EHGSO   (b) F端口变换器采用EHGSO

图 5.8   FC 端口变换器不采用或采用 EHGSO 的半实物仿真结果（见彩图）

3. 带 CPL 的 FC/LB HPSS 动态功率分配特性测试

图 5.9 所示为正常模式下 FC/LB HPSS 带 CPL 的半实物仿真结果。在此半实物仿真中，CPL 功率在 0.3kW（10%载）和 3kW（满载）间阶跃跳变，不确定扰动 d_{v1} 和 d_{v2} 设为 0，不确定扰动 d_{c1} 和 d_{c2} 设为随机扰动。从图 5.9 可以看出，无论 FC 和 LB 端口变换器是否采用 EHGSO，当 CPL 功率阶跃跳变时，FC 供电单元缓慢响应负荷功率变化，最

终提供所有的负荷功率，LB 供电单元快速响应负荷功率突变，其稳态输出功率为 0kW。此外，直流母线电压始终处于设定范围内，并且系统在整个过程中始终是稳定的。然而，通过对比图 5.9（a）和图 5.9（b）可以发现，若 FC 和 LB 端口变换器均不采用 EHGSO，

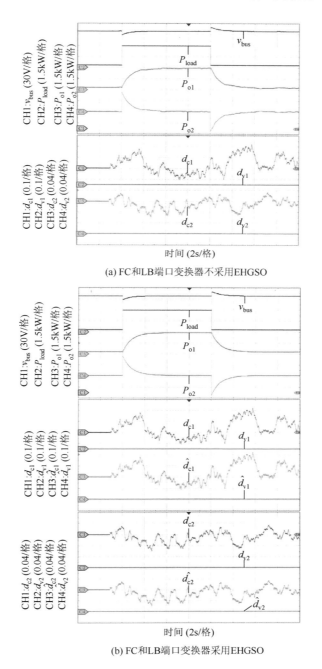

(a) FC和LB端口变换器不采用EHGSO

(b) FC和LB端口变换器采用EHGSO

图 5.9　正常模式下 FC/LB HPSS 带 CPL 的半实物仿真结果（见彩图）

随着不确定扰动 d_{c1} 和 d_{c2} 随机变化，直流母线电压随机波动，FC 和 LB 供电单元的稳态输出功率也随机波动；FC 和 LB 端口变换器采用 EHGSO 后，无论扰动 d_{c1}、d_{v1}、d_{c2} 和 d_{v2} 如何变化，本书所设计的 EHGSO 均能跟踪上相应的扰动，并且直流母线电压始终稳定在设定值 270V，FC 和 LB 供电单元的稳态输出功率也将稳定在稳态值。因此，本书所提策略不仅实现了直流母线电压调节、动态功率分配等控制目标，还能保证系统稳定运行，并且本书所设计的 EHGSO 极大地提升了系统的鲁棒性，验证了本书所提策略的有效性。

4. 带脉动负荷的 FC/LB HPSS 动态功率分配特性测试

图 5.10 所示为正常模式下 FC/LB HPSS 带脉冲负荷的半实物仿真结果。在此半实物仿真中，脉冲功率负荷功率在 −2～3kW 随机变化，不确定扰动 d_{v1} 和 d_{v2} 设为 0，而不确定扰动 d_{c1} 和 d_{c2} 设为随机扰动。从图 5.10 可以看出，无论 FC 和 LB 端口变换器是否采用 EHGSO，在负荷功率快速随机变化的过程中，FC 供电单元缓慢响应，始终只提供低频负荷功率；而 LB 供电单元快速响应，缓冲全部的高频负荷功率。在能量回馈过程，FC 供电单元的输出功率降为 0kW，所有的再生功率均由 LB 供电单元来吸收。此外，直流母线电压始终处于设定范围内，并且系统始终保持稳定。然而，通过对比图 5.10（a）和图 5.10（b）可以发现，若 FC 和 LB 端口变换器采用 EHGSO 后，FC 供电单元的输出功率更平滑，并且无论扰动 d_{c1}、d_{v1}、d_{c2} 和 d_{v2} 如何随机变化，所设计的 EHGSO 均能跟踪上相应的扰动。

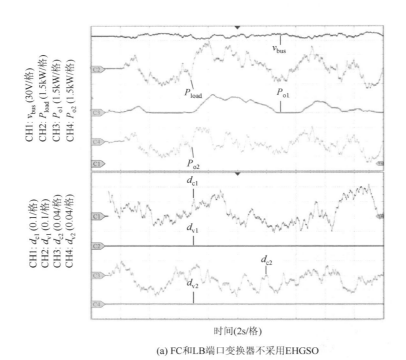

时间(2s/格)

(a) FC和LB端口变换器不采用EHGSO

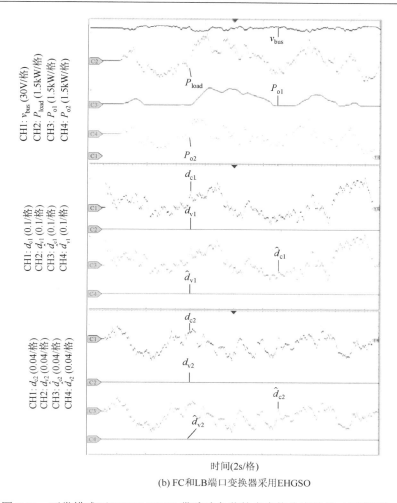

时间(2s/格)

(b) FC和LB端口变换器采用EHGSO

图 5.10　正常模式下 FC/LB HPSS 带脉冲负荷的半实物仿真结果（见彩图）

　　图 5.11 所示为充电模式下 FC/LB HPSS 带脉冲负荷的半实物仿真结果。在此半实物仿真中，脉冲功率负荷功率在 $-1.5\sim1.8$kW 随机变化，扰动 d_{v1} 和 d_{v2} 设为 0，扰动 d_{c1} 和 d_{c2} 设为随机扰动。从图 5.11 可以看出，当 LB 供电单元处于充电模式时，FC 供电单元除提供所有的低频负荷功率外，还额外提供 1kW 的功率为 LB 充电；而 LB 供电单元除缓冲全部的高频负荷功率外，还额外承受 1kW 的充电功率，直至其恢复至预设值 40.2%，从而保证其长期运行在正常模式。此外，在整个运行过程中，本书所设计的 EHGSO 均能完全跟踪上注入的扰动，直流母线电压始终维持在标称值 270V 附近，并且系统始终能够稳定运行。

　　综上，本书所提策略不仅实现了直流母线电压调节、动态功率分配、再生能量回收、LB SOC 管理等功能，还提升了系统的鲁棒性，并保证系统稳定运行，从而验证了本书所提策略的有效性和可行性。

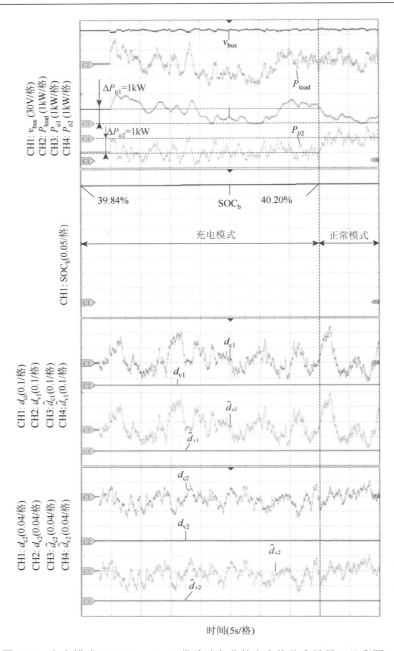

时间(5s/格)

图 5.11　充电模式下 FC/LB HPSS 带脉冲负荷的半实物仿真结果（见彩图）

5.6　本章小结

　　为确保机载 HPSS 在复杂运行工况下的全局稳定性，本章基于 PBC 理论和扰动观测理论，提出了考虑参数不确定、外部扰动、建模误差等多因素影响的机载 HPSS 分散式致稳控制策略，不仅能同时实现直流母线电压调节、动态功率分配、再生能量回收、LB

SOC 管理等功能，还能保证系统的全局稳定性和强鲁棒性。本章所提的复合控制器与负荷模型无关，即负荷类型不会影响系统的全局稳定性。此外，基于经典控制理论，本章提出了兼顾系统动态性能的复合控制器参数整定方法，深入剖析了系统参数与动态性能指标的关联关系，为系统参数的优化设计奠定了理论基础。为验证本书所提策略的有效性和可行性，在半实物仿真平台中搭建了系统仿真模型，半实物仿真结果为理论分析和参数设计提供了较好的支撑。

参 考 文 献

[1]   LEE D S, FAHEY D W, SKOWRON A, et al. The contribution of global aviation to anthropogenic climate forcing for 2000 to 2018[J]. Atmospheric Environment, 2021, 244: 117834.

[2]   WHEELER P, SIRIMANNA T S, BOZHKO S, et al. Electric/hybrid-electric aircraft propulsion systems[J]. Proceedings of the IEEE, 2021, 109(6): 1115-1127.

[3]   GRAHAM W R, HALL C A, VERA MORALES M. The potential of future aircraft technology for noise and pollutant emissions reduction[J]. Transport Policy, 2014, 34: 36-51.

[4]   ROSERO J A, ORTEGA J A, ALDABAS E, et al. Moving towards a more electric aircraft[J]. IEEE Aerospace and Electronic Systems Magazine, 2007, 22(3): 3-9.

[5]   WHEELER P, BOZHKO S. The more electric aircraft: Technology and challenges[J]. IEEE Electrification Magazine, 2014, 2(4): 6-12.

[6]   孔祥浩, 张卓然, 陆嘉伟, 等. 分布式电推进飞机电力系统研究综述[J]. 航空学报, 2018, 39(1): 51-67.

[7]   黄俊. 分布式电推进飞机设计技术综述[J]. 航空学报, 2021, 42(3): 13-29.

[8]   朱炳杰, 杨希祥, 宗建安, 等. 分布式混合电推进飞行器技术[J]. 航空学报, 2022, 43(7): 41-57.

[9]   CAO W P, MECROW B C, ATKINSON G J, et al. Overview of electric motor technologies used for more electric aircraft(MEA) [J]. IEEE Transactions on Industrial Electronics, 2012, 59(9): 3523-3531.

[10]   TODESCHI M. Airbus-EMAs for flight controls actuation system-an important step achieved in 2011[R]. SAE International, 2011-01-2732.

[11]   SERESINHE R, LAWSON C, SABATINI R. Environmental impact assessment, on the operation of conventional and more electric large commercial aircraft[R]. SAE International, 2013-01-2086.

[12]   朱新宇, 彭卫东. 多电飞机及其应用技术[J]. 中国名航飞行学报, 2007, 18(6): 8-11.

[13]   TERÖRDE M, LÜCKEN A, SCHULZ D. Weight saving in the electrical distribution systems of aircraft using innovative concepts[J]. International Journal of Energy Research, 2014, 38(8): 1075-1082.

[14]   刘进军, 王润新, 王浩, 等. 多模块互联电力电子系统特性研究进展[J]. 电源技术学报, 2009, 7(3): 177-188.

[15]   EMADI A, FAHIMI B, EHSANI M. On the concept of negative impedance instability in the more electric aircraft power systems with constant power loads[C]//SAE Technical Paper Series. 400 Common wealth Drive, Warrendale, PA: SAE International, 1999.

[16]   JON C. Examples of more electric aircraft research in the aerospace research center[R]. Report of World Changing Research Team, 2012.

[17]   MORIOKA N, KAKIUCHI D, OZAWA K, et al. Practical development of control technology for the more electric engine[J]. IHIEngineering Review, 2012, 45(1): 21-30.

[18]   YANG T, BOZHKO S, ASHER G. Active front-end rectifier modelling using dynamic phasors for more-electric aircraft applications[J]. IET Electrical Systems in Transportation, 2015, 5(2): 77-87.

[19]   ZHAO X, GUERRERO J M, WU X H. Review of aircraft electric power systems and architectures[C]. 2014 IEEE International Energy Conference(ENERGYCON) , 2014: 949-953.

[20]   CHEN J W, ZHANG X Q, WEN C Y. Harmonics attenuation and power factor correction of a more electric aircraft power grid using active power filter[J]. IEEE Transactions on Industrial Electronics,

2016, 63(12): 7310-7319.

[21] NYA B H, BROMBACH J, SCHULZ D. Benefits of higher voltage levels in aircraft electrical power systems[C]. 2012 Electrical Systems for Aircraft, Railway and Ship Propulsion, 2012: 1-5.

[22] SCHROETER T, NYA B H, SCHULZ D. Potential analysis for the optimization of the electrical network of large modern civil and future single aisle aircraft and examples of the network capacity utilization[C]. Electrical Systems for Aircraft, Railway and Ship Propulsion, 2010: 1-7.

[23] KASTELL D, SCHRÖTER T, BROMBACH J, et al. Kabinentechnologie and multifunktionale Brennstoffzelle[C]. Deutscher Luft-und Raumfahrtkongress, 2012: 1-8.

[24] LEE J C. Aircraft transformer-rectifier units[J]. Students' Quarterly Journal, 1972, 42(169): 69.

[25] BOZHKO S V, WU T, TAO Y, et al. More-electric aircraft electrical power system accelerated functional modeling[C]. Proceedings of 14th International Power Electronics and Motion Control Conference, 2014: T9-7-T9-14.

[26] BRUNI G, CORDINER S, MULONE V, et al. A study on the energy management in domestic micro-grids based on model predictive control strategies[J]. Energy Conversion and Management, 2015, 102: 50-58.

[27] MAHDI M M, AHMAD A Z. Load frequency control in microgrid using fuzzy logic table control[C]. 2017 11th IEEE International Conference on Compatibility, Power Electronics and Power Engineering, 2017: 318-323.

[28] ZIAEINEJAD S, SANGSEFIDI Y, MEHRIZI-SANI A. Fuel cell-based auxiliary power unit: EMS, sizing, and current estimator-based controller[J]. IEEE Transactions on Vehicular Technology, 2016, 65(6): 4826-4835.

[29] YABSLEY A, IBRAHIM Y. Study on maintenance contribution to life cycle costs: Aircraft Auxiliary Power Unit example[C]//2008 IEEE International Conference on Industrial Technology, 2008: 245-250.

[30] BCHENNATI D. The more electric aircraft concept of the relevant ground systems[D]. Hamburg, Germany: Helmut-Schmidt-University.

[31] LACRESSONNIERE F, BRU E, FONTES G, et al. Experimental validation of a hybrid emergency network with low and medium voltage Li-Ion batteries for more electrical aircraft[C]. 2013 15th European Conference on Power Electronics and Applications(EPE) , 2013: 1-9.

[32] RAFAL K, MORIN B, ROBOAM X, et al. Hybridization of an aircraft emergency electrical network: Experimentation and benefits validation[C]. IEEE Vehicle Power and Propulsion Conference(VPPC) , 2010: 1-6.

[33] WHEELER P, CLARE J, BOZHKO S, et al. Regeneration in aircraft electrical power systems？ [C]. SAE Technical Paper Series. 400 Common Wealth Drive, Warrendate, PA: SAE International, 2008.

[34] OLIVER J A, ZUMEL P, SANZ M, et al. High level decision methodology for the selection of a fuel cell based power distribution architecture for an aircraft application[C]. 2009 IEEE Energy Conversion Congress and Exposition, 2009: 459-464.

[35] SHIN D S, LEE S T, SONG S G, et al. Regenerative energy control of electric vehicles applied to a dual power system[C]. 2012 IEEE Vehicle Power and Propulsion Conference, 2012: 441-447.

[36] GRIFFO A, WANG J B. Large signal stability analysis of 'more electric' aircraft power systems with constant power loads[J]. IEEE Transactions on Aerospace and Electronic Systems, 2012, 48(1): 477-489.

[37] HAN L Q, WANG J B, HOWE D. State-space average modelling of 6-and 12-pulse diode rectifiers[C]. European Conference on Power Electronics and Applications(EPE) , 2007: 1-10.

[38] BRAYTON R K, MOSER J K. A theory of nonlinear networks-I[J]. Quarterly of Applied Mathematics, 1964, 22(1): 1-33.

[39] JELTSEMA D, SCHERPEN J M A. On Brayton and Moser's missing stability theorem[J]. IEEE Transactions on Circuits and Systems II: Express Briefs, 2005, 52(9): 550-552.

[40] BOZHKO S V, WU T, HILL C I, et al. Accelerated simulation of complex aircraft electrical power system under normal and faulty operational scenarios[C]. IECON 2010-36th Annual Conference on IEEE Industrial Electronics Society, 2010: 333-338.

[41] ROBOAM X, SARENI B, ANDRADE A. More electricity in the air: Toward optimized electrical networks embedded in more-electrical aircraft[J]. IEEE Industrial Electronics Magazine, 2012, 6(4): 6-17.

[42] BENZAQUEN J, HE J B, MIRAFZAL B. Toward more electric powertrains in aircraft: Technical challenges and advancements[J]. CES Transactions on Electrical Machines and Systems, 2021, 5(3): 177-193.

[43] WHYATT G A, CHICK L A. Electrical generation for more-electric aircraft using solid oxide fuel cells[R]. U.S. Department of Energy, 2012.

[44] SHARAF O Z, ORHAN M F. An overview of fuel cell technology: Fundamentals and applications[J]. Renewable and Sustainable Energy Reviews, 2014, 32: 810-853.

[45] SARLIOGLU B, MORRIS C T. More electric aircraft: Review, challenges, and opportunities for commercial transport aircraft[J]. IEEE Transactions on Transportation Electrification, 2015, 1(1): 54-64.

[46] TURPIN C, MORIN B, BRU E, et al. Power for aircraft emergencies: A hybrid proton-exchange membrane H_2/O_2 fuel cell and ultracapacitor system[J]. IEEE Electrification Magazine, 2017, 5(4): 72-85.

[47] ZAHEDI B, NORUM L E. Modeling and simulation of all-electric ships with low-voltage DC hybrid power systems[J]. IEEE Transactions on Power Electronics, 2013, 28(10): 4525-4537.

[48] SHAKERI N, ZADEH M, BREMNES NIELSEN J. Hydrogen fuel cells for ship electric propulsion: Moving toward greener ships[J]. IEEE Electrification Magazine, 2020, 8(2): 27-43.

[49] 陈维荣, 钱清泉, 李奇. 燃料电池混合动力列车的研究现状与发展趋势[J]. 西南交通大学学报, 2009, 44(1): 1-6.

[50] 陈维荣, 朱亚男, 李奇, 等. 轨道交通用多堆燃料电池发电系统拓扑及系统控制与检测方法综述及展望[J]. 中国电机工程学报, 2018, 38(23): 6967-6980, 7130.

[51] CHAN C C. The state of the art of electric, hybrid, and fuel cell vehicles[J]. Proceedings of the IEEE, 2007, 95(4): 704-718.

[52] KIM J, KIM S. Obstacles to the success of fuel-cell electric vehicles: Are they truly impossible to overcome？[J]. IEEE Electrification Magazine, 2018, 6(1): 48-54.

[53] MOTAPON S, DESSAINT L, AL-HADDAD K. A comparative study of energy management schemes for a fuel-cell hybrid emergency power system of more-electric aircraft[J]. IEEE Transactions on Industrial Electronics, 2014, 61(3): 1320-1334.

[54] CHEN J W, SONG Q C. A decentralized dynamic load power allocation strategy for fuel cell/supercapacitor-based APU of large more electric vehicles[J]. IEEE Transactions on Industrial Electronics, 2019, 66(2): 865-875.

[55] CHEN J W, SONG Q C. A decentralized energy management strategy for a fuel cell/supercapacitor-based auxiliary power unit of a more electric aircraft[J]. IEEE Transactions on Industrial Electronics, 2019, 66(7): 5736-5747.

[56] 宋清超, 陈家伟, 蔡坤城, 等. 多电飞机用燃料电池-蓄电池-超级电容混合供电系统的高可靠动态功率分配技术[J]. 电工技术学报, 2022, 37(2): 445-458.

[57] 金科, 阮新波, 杨孟雄, 等. 复合式燃料电池供电系统[J]. 电工技术学报, 2008, 23(3): 92-98.

[58] NAGEL N. Actuation challenges in the more electric aircraft: Overcoming hurdles in the electrification of actuation systems[J]. IEEE Electrification Magazine, 2017, 5(4): 38-45.

[59] CHARRIER J, KULSHRESHTHA A. Electric actuation for flight & engine control system: Evolution, current trends & future challengs[C]. 45th AIAA Aerospace Sciences Meeting and Exhibit, 2007: 1-20.

[60] AREERAK K. Modelling and stability analysis of aircraft power systems[D]. Nottingham, East Midlands, UK: University of Nottingham, 2009.

[61] FEI G. Decentralised control and stability analysis of a multi-generator based electrical power system for more electric aircraft[D]. Nottingham, East Midlands, UK: University of Nottingham, 2016.

[62] CHANG F Y, CUI X F, WANG M Q, et al. Large-signal stability criteria in DC power grids with distributed-controlled converters and constant power loads[J]. IEEE Transactions on Smart Grid, 2020, 11(6): 5273-5287.

[63] DRAGIČEVIĆ T, LU X N, VASQUEZ J, et al. DC microgrids—part I: A review of control strategies and stabilization techniques[J]. IEEE Transactions on Power Electronics, 2016, 31(7): 4876-4891.

[64] 李霞林, 郭力, 王成山, 等. 直流微电网关键技术研究综述[J]. 中国电机工程学报, 2016, 36(1): 2-17.

[65] THOUNTHONG P, RAEL S. The benefits of hybridization[J]. IEEE Industrial Electronics Magazine, 2009, 3(3): 25-37.

[66] AZIB T, BETHOUX O, REMY G, et al. Saturation management of a controlled fuel-cell/ultracapacitor hybrid vehicle[J]. IEEE Transactions on Vehicular Technology, 2011, 60(9): 4127-4138.

[67] TUMMURU N R, MISHRA M K, SRINIVAS S. Dynamic energy management of renewable grid integrated hybrid energy storage system[J]. IEEE Transactions on Industrial Electronics, 2015, 62(12): 7728-7737.

[68] FLORESCU A, BACHA S, MUNTEANU I, et al. Adaptive frequency-separation-based energy management system for electric vehicles[J]. Journal of Power Sources, 2015, 280: 410-421.

[69] CASTAINGS A, LHOMME W, TRIGUI R, et al. Comparison of energy management strategies of a battery/supercapacitors system for electric vehicle under real-time constraints[J]. Applied Energy, 2016, 163: 190-200.

[70] SNOUSSI J, BEN ELGHALI S, BENBOUZID M, et al. Optimal sizing of energy storage systems using frequency-separation-based energy management for fuel cell hybrid electric vehicles[J]. IEEE Transactions on Vehicular Technology, 2018, 67(10): 9337-9346.

[71] DUSMEZ S, KHALIGH A. A supervisory power-splitting approach for a new ultracapacitor-battery vehicle deploying two propulsion machines[J]. IEEE Transactions on Industrial Informatics, 2014, 10(3): 1960-1971.

[72] HREDZAK B, AGELIDIS V G, JANG M. A model predictive control system for a hybrid battery-ultracapacitor power source[J]. IEEE Transactions on Power Electronics, 2014, 29(3): 1469-1479.

[73] HU X S, ZOU C F, TANG X L, et al. Cost-optimal energy management of hybrid electric vehicles using fuel cell/battery health-aware predictive control[J]. IEEE Transactions on Power Electronics, 2020, 35(1): 382-392.

[74] 陈浩. 燃料电池/锂电池混合动力系统优化管理[D]. 杭州: 浙江大学, 2021.

[75] SHEN J Y, KHALIGH A. A supervisory energy management control strategy in a battery/ultracapacitor hybrid energy storage system[J]. IEEE Transactions on Transportation Electrification, 2015, 1(3): 223-231.

[76] ZHOU D M, AL-DURRA A, MATRAJI I, et al. Online energy management strategy of fuel cell hybrid

electric vehicles: A fractional-order extremum seeking method[J]. IEEE Transactions on Industrial Electronics, 2018, 65(8): 6787-6799.

[77] 孟翔, 李奇, 陈维荣, 等. 基于庞特里亚金极小值原理满意优化的燃料电池混合动力系统分层能量管理方法[J]. 中国电机工程学报, 2019, 39(3): 782-792, 957.

[78] 李奇, 王晓锋, 孟翔, 等. 基于在线辨识和极小值原理的 PEMFC 混合动力系统综合能量管理方法[J]. 中国电机工程学报, 2020, 40(21): 6991-7002.

[79] 周建宇, 闫林芳, 刘巨, 等. 基于一致性理论的直流微电网混合储能协同控制策略[J]. 中国电机工程学报, 2018, 38(23): 6837-6846, 7118.

[80] CHEN X, SHI M X, ZHOU J Y, et al. Distributed cooperative control of multiple hybrid energy storage systems in a DC microgrid using consensus protocol[J]. IEEE Transactions on Industrial Electronics, 2020, 67(3): 1968-1979.

[81] PAN Y W, SANGWONGWANICH A, YANG Y H, et al. Distributed control of islanded series PV-battery-hybrid systems with low communication burden[J]. IEEE Transactions on Power Electronics, 2021, 36(9): 10199-10213.

[82] GUO F H, XU Q W, WEN C Y, et al. Distributed secondary control for power allocation and voltage restoration in islanded DC microgrids[J]. IEEE Transactions on Sustainable Energy, 2018, 9(4): 1857-1869.

[83] GUO F H, WANG L, WEN C Y, et al. Distributed voltage restoration and current sharing control in islanded DC microgrid systems without continuous communication[J]. IEEE Transactions on Industrial Electronics, 2020, 67(4): 3043-3053.

[84] XING L T, MISHRA Y, GUO F H, et al. Distributed secondary control for current sharing and voltage restoration in DC microgrid[J]. IEEE Transactions on Smart Grid, 2020, 11(3): 2487-2497.

[85] XING L T, GUO F H, LIU X K, et al. Voltage restoration and adjustable current sharing for DC microgrid with time delay via distributed secondary control[J]. IEEE Transactions on Sustainable Energy, 2021, 12(2): 1068-1077.

[86] AZIB T, BETHOUX O, REMY G, et al. An innovative control strategy of a single converter for hybrid fuel cell/supercapacitor power source[J]. IEEE Transactions on Industrial Electronics, 2010, 57(12): 4024-4031.

[87] MAHMOOD H, MICHAELSON D, JIANG J. Decentralized power management of a PV/battery hybrid unit in a droop-controlled islanded microgrid[J]. IEEE Transactions on Power Electronics, 2015, 30(12): 7215-7229.

[88] KARIMI Y, ORAEE H, GOLSORKHI M S, et al. Decentralized method for load sharing and power management in a PV/battery hybrid source islanded microgrid[J]. IEEE Transactions on Power Electronics, 2017, 32(5): 3525-3535.

[89] MADANI O, BHATTACHARJEE A, DAS T. Decentralized power management in a hybrid fuel cell ultracapacitor system[J]. IEEE Transactions on Control Systems Technology, 2016, 24(3): 765-778.

[90] YIN H, ZHAO C, MA C. Decentralized real-time energy management for a reconfigurable multiple-source energy system[J]. IEEE Transactions on Industrial Informatics, 2018, 14(9): 4128-4137.

[91] FADDEL S, SAAD A A, YOUSSEF T, et al. Decentralized control algorithm for the hybrid energy storage of shipboard power system[J]. IEEE Journal of Emerging and Selected Topics in Power Electronics, 2020, 8(1): 720-731.

[92] KHALATBARISOLTANI A, KANDIDAYENI M, BOULON L, et al. Power allocation strategy based on decentralized convex optimization in modular fuel cell systems for vehicular applications[J]. IEEE Transactions on Vehicular Technology, 2020, 69(12): 14563-14574.

[93] GU Y J, LI W H, HE X N. Frequency-coordinating virtual impedance for autonomous power management of DC microgrid[J]. IEEE Transactions on Power Electronics, 2015, 30(4): 2328-2337.

[94] 顾云杰. 新能源发电直流微网分散对等运行控制研究[D]. 杭州: 浙江大学, 2015.

[95] ZHAO X, LI Y W, TIAN H, et al. Energy management strategy of multiple supercapacitors in a DC microgrid using adaptive virtual impedance[J]. IEEE Journal of Emerging and Selected Topics in Power Electronics, 2016, 4(4): 1174-1185.

[96] ZHANG Y R, LI Y W. Energy management strategy for supercapacitor in droop-controlled DC microgrid using virtual impedance[J]. IEEE Transactions on Power Electronics, 2017, 32(4): 2704-2716.

[97] XU Q W, HU X L, WANG P, et al. A decentralized dynamic power sharing strategy for hybrid energy storage system in autonomous DC microgrid[J]. IEEE Transactions on Industrial Electronics, 2017, 64(7): 5930-5941.

[98] LIN P F, WANG P, XIAO J F, et al. An integral droop for transient power allocation and output impedance shaping of hybrid energy storage system in DC microgrid[J]. IEEE Transactions on Power Electronics, 2018, 33(7): 6262-6277.

[99] XU Q W, ZHANG C L, XU Z, et al. A composite finite-time controller for decentralized power sharing and stabilization of hybrid fuel cell/supercapacitor system with constant power load[J]. IEEE Transactions on Industrial Electronics, 2021, 68(2): 1388-1400.

[100] ZHANG M F, XU Q W, ZHANG C L, et al. Decentralized coordination and stabilization of hybrid energy storage systems in DC microgrids[J]. IEEE Transactions on Smart Grid, 2022, 13(3): 1751-1761.

[101] XU Q W, XIAO J F, WANG P, et al. A decentralized control strategy for autonomous transient power sharing and state-of-charge recovery in hybrid energy storage systems[J]. IEEE Transactions on Sustainable Energy, 2017, 8(4): 1443-1452.

[102] XU Q W, XIAO J F, HU X L, et al. A decentralized power management strategy for hybrid energy storage system with autonomous bus voltage restoration and state-of-charge recovery[J]. IEEE Transactions on Industrial Electronics, 2017, 64(9): 7098-7108.

[103] CHEN J, SONG Q C, YIN S H, et al. On the decentralized energy management strategy for the all-electric APU of future more electric aircraft composed of multiple fuel cells and supercapacitors[J]. IEEE Transactions on Industrial Electronics, 2020, 67(8): 6183-6194.

[104] WANG Z S, WANG P, JIANG W T, et al. A decentralized automatic load power allocation strategy for hybrid energy storage system[J]. IEEE Transactions on Energy Conversion, 2021, 36(3): 2227-2238.

[105] SONG Q C, WANG L, CHEN J W. A decentralized energy management strategy for a fuel cell–battery hybrid electric vehicle based on composite control[J]. IEEE Transactions on Industrial Electronics, 2021, 68(7): 5486-5496.

[106] 支娜, 张辉, 肖曦, 等. 分布式控制的直流微电网系统级稳定性分析[J]. 中国电机工程学报, 2016, 36(2): 368-378, 593.

[107] SALIS V, COSTABEBER A, COX S M, et al. Experimental validation of harmonic impedance measurement and LTP Nyquist criterion for stability analysis in power converter networks[J]. IEEE Transactions on Power Electronics, 2019, 34(8): 7972-7982.

[108] PAN P P, CHEN W, SHU L C, et al. An impedance-based stability assessment methodology for DC distribution power system with multivoltage levels[J]. IEEE Transactions on Power Electronics, 2020, 35(4): 4033-4047.

[109] 刘胜, 程垠钟. 基于小信号模型的船舶中压直流发电系统稳定性分析[J]. 中国电机工程学报, 2015, 35(8): 1930-1939.

[110] XU Q W, WANG P, CHEN J W, et al. A module-based approach for stability analysis of complex

more-electric aircraft power system[J]. IEEE Transactions on Transportation Electrification, 2017, 3(4): 901-919.

[111] HUANGFU Y, PANG S Z, NAHID-MOBARAKEH B, et al. Stability analysis and active stabilization of on-board DC power converter system with input filter[J]. IEEE Transactions on Industrial Electronics, 2018, 65(1): 790-799.

[112] CHEN J W, CHEN J. Stability analysis and parameters optimization of islanded microgrid with both ideal and dynamic constant power loads[J]. IEEE Transactions on Industrial Electronics, 2018, 65(4): 3263-3274.

[113] MIDDLEBROOK R D. Input filter considerations in design and application of switching regulators[C]. IEEE Industry Applications Society Annual Meeting, 1976: 366-382.

[114] ZHANG X, RUAN X B, TSE C K. Impedance-based local stability criterion for DC distributed power systems[J]. IEEE Transactions on Circuits and Systems I: Regular Papers, 2015, 62(3): 916-925.

[115] HE B B, CHEN W, RUAN X B, et al. A generic small-signal stability criterion of DC distribution power system: bus node impedance criterion(BNIC) [J]. IEEE Transactions on Power Electronics, 2022, 37(5): 6116-6131.

[116] GAO F, BOZHKO S, COSTABEBER A, et al. Control design and voltage stability analysis of a droop-controlled electrical power system for more electric aircraft[J]. IEEE Transactions on Industrial Electronics, 2017, 64(12): 9271-9281.

[117] LANG X Y, YANG T, HUANG Z, et al. Stability improvement of onboard HVDC grid and engine using an advanced power generation center for the more-electric aircraft[J]. IEEE Transactions on Transportation Electrification, 2022, 8(1): 660-674.

[118] YANG J J, YAN H, GU C Y, et al. Modeling and stability enhancement of a permanent magnet synchronous generator based DC system for more electric aircraft[J]. IEEE Transactions on Industrial Electronics, 2022, 69(3): 2511-2520.

[119] 朱蜀, 刘开培, 秦亮, 等. 电力电子化电力系统暂态稳定性分析综述[J]. 中国电机工程学报, 2017, 37(14): 3948-3962, 4273.

[120] RIVETTA C H, EMADI A, WILLIAMSON G A, et al. Analysis and control of a buck DC-DC converter operating with constant power load in sea and undersea vehicles[J]. IEEE Transactions on Industry Applications, 2006, 42(2): 559-572.

[121] POTTY K, BAUER E, LI H, et al. Smart resistor: Stabilization of DC microgrids containing constant power loads using high-bandwidth power converters and energy storage[J]. IEEE Transactions on Power Electronics, 2020, 35(1): 957-967.

[122] SUYAPAN A, AREERAK K, BOZHKO S, et al. Adaptive stabilization of a permanent magnet synchronous generator-based DC electrical power system in more electric aircraft[J]. IEEE Transactions on Transportation Electrification, 2021, 7(4): 2965-2975.

[123] DAI Z, LI G, FAN M, et al. Global stability analysis for synchronous reference frame phase-locked loops[J]. IEEE Transactions on Industrial Electronics, 2021. DOI: 10.1109/TIE.2021.3125655.

[124] XIE W Q, HAN M X, CAO W Y, et al. System-level large-signal stability analysis of droop-controlled DC microgrids[J]. IEEE Transactions on Power Electronics, 2021, 36(4): 4224-4236.

[125] ZHANG Y, ZHANG C, CAI X. Large-signal grid-synchronization stability analysis of PLL-Based VSCs using Lyapunov's direct method[J]. IEEE Transactions on Power Systems, 2022, 37(1): 788-791.

[126] 朱乔木, 党杰, 陈金富, 等. 基于深度置信网络的电力系统暂态稳定评估方法[J]. 中国电机工程学报, 2018, 38(3): 735-743.

[127] 杨维全, 朱元振, 刘玉田. 基于卷积神经网络的暂态电压稳定快速评估[J]. 电力系统自动化, 2019,

43(22): 46-51, 136.

[128] 田芳, 周孝信, 史东宇, 等. 基于卷积神经网络综合模型和稳态特征量的电力系统暂态稳定评估[J]. 中国电机工程学报, 2019, 39(14): 4025-4032.

[129] 季佳伸, 吴俊勇, 王彦博, 等. 基于深度残差网络的电力系统暂态电压稳定评估[J]. 电网技术, 2022, 46(7): 2500-2509, 中插 7-中插 8.

[130] ZHOU D Q, ANNAKKAGE U D, RAJAPAKSE A D. Online monitoring of voltage stability margin using an artificial neural network[J]. IEEE Transactions on Power Systems, 2010, 25(3): 1566-1574.

[131] WU T, ZHANG Y J A, WEN H. Voltage stability monitoring based on disagreement-based deep learning in a time-varying environment[J]. IEEE Transactions on Power Systems, 2021, 36(1): 28-38.

[132] HUANG W J, ZHENG W Y, HILL D J. Distribution network reconfiguration for short-term voltage stability enhancement: An efficient deep learning approach[J]. IEEE Transactions on Smart Grid, 2021, 12(6): 5385-5395.

[133] 车延博, 徐健梅, 刘校坤. 电力电子化机载电力系统稳定性分析[J]. 电力自动化设备, 2018, 38(6): 152-156.

[134] CHEN J W, WANG C J, CHEN J. Investigation on the selection of electric power system architecture for future more electric aircraft[J]. IEEE Transactions on Transportation Electrification, 2018, 4(2): 563-576.

[135] 刘欣博, 周元钧. 具有双级 LC 滤波器的恒功率负载系统在大扰动下的稳定性[J]. 中国电机工程学报, 2011, 31(27): 29-35.

[136] DU W J, ZHANG J M, ZHANG Y, et al. Stability criterion for cascaded system with constant power load[J]. IEEE Transactions on Power Electronics, 2013, 28(4): 1843-1851.

[137] 杜韦静. 电流控制型 DC-DC 级联系统大信号稳定性关键问题研究[D]. 杭州: 浙江大学, 2013.

[138] 厉泽坤, 孔力, 裴玮, 等. 基于混合势函数的下垂控制直流微电网大扰动稳定性分析[J]. 电网技术, 2018, 42(11): 3725-3734.

[139] 刘欣博, 高卓. 考虑恒功率负载与储能单元动态特性的直流微电网系统大信号稳定性分析[J]. 电工技术学报, 2019, 34(S1): 292-299.

[140] 厉泽坤, 孔力, 裴玮. 直流微电网大扰动稳定判据及关键因素分析[J]. 高电压技术, 2019, 45(12): 3993-4002.

[141] JIANG J B, LIU F, PAN S Z, et al. A conservatism-free large signal stability analysis method for DC microgrid based on mixed potential theory[J]. IEEE Transactions on Power Electronics, 2019, 34(11): 11342-11351.

[142] CHANG F Y, CUI X F, WANG M Q, et al. Region of attraction estimation for DC microgrids with constant power loads using potential theory[J]. IEEE Transactions on Smart Grid, 2021, 12(5): 3793-3808.

[143] CHIANG H D, HIRSCH M W, WU F F. Stability regions of nonlinear autonomous dynamical systems[J]. IEEE Transactions on Automatic Control, 1988, 33(1): 16-27.

[144] HU Q, FU L J, MA F, et al. Large signal synchronizing instability of PLL-based VSC connected to weak AC grid[J]. IEEE Transactions on Power Systems, 2019, 34(4): 3220-3229.

[145] MARX D, MAGNE P, NAHID-MOBARAKEH B, et al. Large signal stability analysis tools in DC power systems with constant power loads and variable power loads—A review[J]. IEEE Transactions on Power Electronics, 2012, 27(4): 1773-1787.

[146] FISHER M W, HISKENS I A. Comments on "stability regions of nonlinear autonomous dynamical systems"[J]. IEEE Transactions on Automatic Control, 2021, 66(12): 6194-6196.

[147] 杨继鑫, 王久和, 王勉, 等. 级联 Buck 变换器混合无源控制与大信号稳定性[J]. 电力系统及其自动化学报, 2021, 33(7): 73-79, 87.

[148] MAGNE P, MARX D, NAHID-MOBARAKEH B, et al. Large-signal stabilization of a DC-link supplying a constant power load using a virtual capacitor: impact on the domain of attraction[J]. IEEE Transactions on Industry Applications, 2012, 48(3): 878-887.

[149] KIM H J, KANG S W, SEO G S, et al. Large-signal stability analysis of DC power system with shunt active damper[J]. IEEE Transactions on Industrial Electronics, 2016, 63(10): 6270-6280.

[150] LIU S C, LI X, XIA M Y, et al. Takagi-Sugeno multimodeling-based large signal stability analysis of DC microgrid clusters[J]. IEEE Transactions on Power Electronics, 2021, 36(11): 12670-12684.

[151] DU Y H, MEN Y X, DING L Z, et al. Large-signal stability analysis for inverter-based dynamic microgrids reconfiguration[J]. IEEE Transactions on Smart Grid, 2023, 14(2):836-852.

[152] ZHENG H J, YUAN X F, CAI J, et al. Large-signal stability analysis of DC side of VSC-HVDC system based on estimation of domain of attraction[J]. IEEE Transactions on Power Systems, 2022. DOI: 10.1109/TPWRS.2022.3144336.

[153] 唐英杰, 查晓明, 田震, 等. 弱电网条件下虚拟同步机与 SVG 并联系统的暂态稳定性分析[J/OL]. 电网技术, 2022, 46(10): 4020-4029.

[154] 赵学深, 朱琳, 郭力, 等. 基于等值单机非线性模型的多换流器并联直流系统暂态稳定性分析及控制参数整定方法[J/OL]. 中国电机工程学报, 2022[2022-01-21]. http://kns.cnki.net/kcms/detail/11.2107.TM.20220121.1445.002.html

[155] PAI M A. Energy function analysis for power system stability[M]. Boston, MA, USA: Kluwer Academic Publishers, 1989.

[156] FU X K, SUN J J, HUANG M, et al. Large-signal stability of grid-forming and grid-following controls in voltage source converter: A comparative study[J]. IEEE Transactions on Power Electronics, 2021, 36(7): 7832-7840.

[157] 殷明慧, 邹云. 电力系统结构保持模型相关不稳定平衡点方法的理论分析[J]. 中国电机工程学报, 2003, 23(8): 32-37.

[158] CHIANG H D, WU F F, VARAIYA P P. Foundations of the potential energy boundary surface method for power system transient stability analysis[J]. IEEE Transactions on Circuits and Systems, 1988, 35(6): 712-728.

[159] 常辉, 刘文颖, 行舟, 等. 电力系统暂态稳定计算的在线应用[J]. 电网技术, 2007, 31(13): 54-58, 74.

[160] CHANG H D, CHU C C, CAULEY G. Direct stability analysis of electric power systems using energy functions: Theory, applications, and perspective[J]. Proceedings of the IEEE, 1995, 83(11): 1497-1529.

[161] 江宁强, 宋文忠, 戴先中. 基于稳定域边界的主导不稳定平衡点(BCU) 法前提条件的验证[J]. 中国电机工程学报, 2004, 24(6): 35-39.

[162] 孙培栋, 李培强, 曹鹏程, 等. 基于扩展等面积定则的储能电站提高电网暂态稳定最优工作时间的研究[J]. 电工技术学报, 2020, 35(19): 3996-4008.

[163] 李培强, 孙培栋, 李欣然, 等. 基于临界割集识别的储能系统提高电网暂态稳定裕度的研究[J]. 中国电机工程学报, 2021, 41(20): 6916-6926, 中插 7.

[164] 张宇, 蔡旭, 张琛, 等. 并网变换器的暂态同步稳定性研究综述[J]. 中国电机工程学报, 2021, 41(5): 1687-1701,中插 16.

[165] 朱存浩, 马世英, 郑超, 等. 基于广域响应的电力系统暂态失步判据综述[J]. 电网技术, 2022, 46(7): 2677-2689.

[166] LOOP B P. Estimating regions of asymptotic stability of nonlinear systems with applications to power electronics systems[D]. West Lafayette, IN, USA: Purdue University, 2005.

[167] LOOP B P, SUDHOFF S D, ŻAK S H, et al. Estimating regions of asymptotic stability of power electronics systems using genetic algorithms[J]. IEEE Transactions on Control Systems Technology,

2010, 18(5): 1011-1022.

[168] CHESI G. Estimating the domain of attraction for uncertain polynomial systems[J]. Automatica(Journal of IFAC), 2004, 40(11): 1981-1986.

[169] CHESI G. Estimating the domain of attraction for non-polynomial systems via LMI optimizations[J]. Automatica, 2009, 45(6): 1536-1541.

[170] 李江, 李国庆, 李筱婧. 计及饱和环节的励磁系统吸引域研究[J]. 中国电机工程学报, 2010, 30(9): 111-115.

[171] 李国庆, 李江, 周丽滨. 计及饱和环节的多机系统吸引域[J]. 中国电机工程学报, 2010, 30(31): 57-62.

[172] 何平, 张德政, 李慧, 等. 基于 LMI 优化法的多 VSC 接入弱网下的锁相环同步暂态稳定性分析[J]. 电力系统及其自动化学报, 2022, 34(6): 119-125.

[173] 李霞林, 王智, 郭力, 等. 基于最大估计吸引域的 VSC 接入弱网下的锁相环同步暂态稳定性分析[J]. 中国电机工程学报, 2022, 42(20): 7485-7496.

[174] PARRILO P A. Structured semidefinite programs and semialgebraic geometry methods in robustness and optimization[D]. Pasadena, CA, USA: California Institute of Technology, 2000.

[175] JARVIS-WLOSZEK Z. Lyapunov based analysis and controller synthesis for polynomial systems using sum-of-squares optimization[D]. Berkeley, CA, USA: University of California, Berkeley, 2003.

[176] PAPACHRISTODOULOU A. Scalable analysis of nonlinear systems using convex optimization[D]. Pasadena, CA, USA: California Institute of Technology, 2005.

[177] TAN W. Nonlinear control analysis and synthesis using sum-of-squares programming[D]. Berkeley, CA, USA: University of California, Berkeley, 2006.

[178] TAN W, PACKARD A. Stability region analysis using polynomial and composite polynomial Lyapunov functions and sum-of-squares programming[J]. IEEE Transactions on Automatic Control, 2008, 53(2): 565-571.

[179] TOPCU U, PACKARD A, SEILER P, et al. Help on SOS[Ask the Experts][J]. IEEE Control Systems Magazine, 2010, 30(4): 18-23.

[180] CHESI G. Domain of attraction: Analysis and control via SOS programming[M]. London, UK: Springer, 2011.

[181] FRANZE G, FAMULARO D, CASAVOLA A. Constrained nonlinear polynomial time-delay systems: A sum-of-squares approach to estimate the domain of attraction[J]. IEEE Transactions on Automatic Control, 2012, 57(10): 2673-2679.

[182] CHESI G. Rational Lyapunov functions for estimating and controlling the robust domain of attraction[J]. Automatica, 2013, 49(4): 1051-1057.

[183] ANGHEL M, MILANO F, PAPACHRISTODOULOU A. Algorithmic construction of Lyapunov functions for power system stability analysis[J]. IEEE Transactions on Circuits and Systems I: Regular Papers, 2013, 60(9): 2533-2546.

[184] CHESI G. Establishing robust stability of discrete-time systems with time-varying uncertainty: The Gram-SOS approach[J]. Automatica, 2014, 50(11): 2813-2821.

[185] CHEN Y J, TANAKA M, TANAKA K, et al. Stability analysis and region-of-attraction estimation using piecewise polynomial Lyapunov functions: Polynomial fuzzy model approach[J]. IEEE Transactions on Fuzzy Systems, 2015, 23(4): 1314-1322.

[186] MISHRA C, PAL A, THORP J S, et al. Transient stability assessment of prone-to-trip renewable generation rich power systems using Lyapunov's direct method[J]. IEEE Transactions on Sustainable Energy, 2019, 10(3): 1523-1533.

[187] GUTHRIE J. Large-signal stability analysis of pulsed constant power loads via sum-of-squares optimization[C]. IEEE Electric Ship Technologies Symposium(ESTS) , 2019: 127-133.

[188] SEVERINO B, STRUNZ K. Enhancing transient stability of DC microgrid by enlarging the region of attraction through nonlinear polynomial droop control[J]. IEEE Transactions on Circuits and Systems I: Regular Papers, 2019, 66(11): 4388-4401.

[189] ZHANG Z, SCHUERHUBER R, FICKERT L, et al. Domain of attraction's estimation for grid connected converters with phase-locked loop[J]. IEEE Transactions on Power Systems, 2022, 37(2): 1351-1362.

[190] 李宁. 基于矩量理论和 Sum-of-Squares 最优化理论的吸引域估计[D]. 沈阳: 东北大学, 2008.

[191] 张波, 曲颖. BUCK DC/DC 变换器分岔和混沌的精确离散模型及实验研究[J]. 中国电机工程学报, 2003, 23(12): 99-103.

[192] 陈明亮, 马伟明. 多级并联电流反馈型 DC-DC 升压变换器中的分岔与混沌[J]. 中国电机工程学报, 2005, 25(6): 67-70.

[193] 梅生伟, 刘锋, 薛安成. 电力系统暂态分析中的半张量积方法[M]. 北京: 清华大学出版社, 2010.

[194] 夏杨红, 韦巍. 电力电子化电力系统暂态稳定分析新框架: 基于耦合因子的非线性解耦方法[J]. 中国电机工程学报, 2020, 40(16): 5102-5113.

[195] 王成君. 多电飞机电力系统结构优化与稳定性分析[D]. 重庆: 重庆大学, 2018.

[196] CESPEDES M, XING L, SUN J. Constant-power load system stabilization by passive damping[J]. IEEE Transactions on Power Electronics, 2011, 26(7): 1832-1836.

[197] 姚雨迎, 张东来, 徐殿国. 级联式 DC/DC 变换器输出阻抗的优化设计与稳定性[J]. 电工技术学报, 2009, 24(3): 147-152.

[198] ZHANG X, RUAN X B, KIM H, et al. Adaptive active capacitor converter for improving stability of cascaded DC power supply system[J]. IEEE Transactions on Power Electronics, 2013, 28(4): 1807-1816.

[199] 游道遥, 刘和平, 苗轶如, 等. 带恒功率负载的双极性直流系统稳定性分析及其有源阻尼方法[J]. 电工技术学报, 2022, 37(4): 918-930.

[200] BECCUTI A G, MARIETHOZ S, CLIQUENNOIS S, et al. Explicit model predictive control of DC–DC switched-mode power supplies with extended Kalman filtering[J]. IEEE Transactions on Industrial Electronics, 2009, 56(6): 1864-1874.

[201] KARAMANAKOS P, GEYER T, MANIAS S. Direct voltage control of DC–DC boost converters using enumeration-based model predictive control[J]. IEEE Transactions on Power Electronics, 2014, 29(2): 968-978.

[202] ZHANG Z B, LI Z, KAZMIERKOWSKI M P, et al. Robust predictive control of three-level NPC back-to-back power converter PMSG wind turbine systems with revised predictions[J]. IEEE Transactions on Power Electronics, 2018, 33(11): 9588-9598.

[203] 贾志东, 姜久春, 程龙, 等. 适用于 Boost 变换器的自适应模型预测控制算法[J]. 中国电机工程学报, 2018, 38(19): 5838-5845, 5941.

[204] XU Q W, XU Y, ZHANG C L, et al. A robust droop-based autonomous controller for decentralized power sharing in DC microgrid considering large-signal stability[J]. IEEE Transactions on Industrial Informatics, 2020, 16(3): 1483-1494.

[205] XU Q W, JIANG W T, BLAABJERG F, et al. Backstepping control for large signal stability of high boost ratio interleaved converter interfaced DC microgrids with constant power loads[J]. IEEE Transactions on Power Electronics, 2020, 35(5): 5397-5407.

[206] TAN S C, LAI Y M, TSE C K. General design issues of sliding-mode controllers in DC–DC converters[J]. IEEE Transactions on Industrial Electronics, 2008, 55(3): 1160-1174.

[207] 吴宇, 皇甫宜耿, 张琳, 等. 大扰动 Buck-Boost 变换器的鲁棒高阶滑模控制[J]. 中国电机工程学报, 2015, 35(7): 1740-1748.

[208] 郑长明, 张加胜, 许睿, 等. Buck 变换器的鲁棒离散积分滑模控制[J]. 电工技术学报, 2019, 34(20): 4306-4313.

[209] ORTEGA R, LORÍA A, NICKLASSON P J, et al. Passivity-based control of Euler-Lagrange systems: Mechanical, electrical, and electromechanical applications[M]. London, UK: Springer-Verlag, 1998.

[210] PANG S Z, NAHID-MOBARAKEH B, PIERFEDERICI S, et al. Interconnection and damping assignment passivity-based control applied to on-board DC–DC power converter system supplying constant power load[J]. IEEE Transactions on Industry Applications, 2019, 55(6): 6476-6485.

[211] SORIANO-RANGEL C A, HE W, MANCILLA-DAVID F, et al. Voltage regulation in buck–boost converters feeding an unknown constant power load: An adaptive passivity-based control[J]. IEEE Transactions on Control Systems Technology, 2021, 29(1): 395-402.

[212] 崔健, 王久和, 李建国, 等. 基于扩张状态观测器估计补偿的 Buck 变换器带恒功率负载无源控制[J]. 电工技术学报, 2019, 34(S1): 171-180.

[213] 薛花, 潘哲晓, 王育飞, 等. 基于端口受控耗散哈密顿系统模型的模块化多电平变换器无源反步环流抑制方法[J]. 电工技术学报, 2020, 35(12): 2596-2611.

[214] RAUSAND M, HOYLAND A. System reliability theory: models, statistical methods, and applications[M]. Hoboken, New Jersey, USA: Wiley-Interscience, 2004.

[215] SOON J L, LU D D, PENG J C, et al. Reconfigurable nonisolated DC-DC converter with fault-tolerant capability[J]. IEEE Transactions on Power Electronics, 2020, 35(9): 8934-8943.

[216] KHALIL H K. Nonlinear Systems[M]. 3rd ed. Upper Saddle River, NJ, USA: Prentice-Hall, 2002.

[217] FREIDOVICH L B, KHALIL H K. Performance recovery of feedback-linearization-based designs[J]. IEEE Transactions on Automatic Control, 2008, 53(10): 2324-2334.

[218] LI S, YANG J, CHEN W H, et al. Disturbance observer-based control: Methods and applications[M]. Boca Raton, FL, USA: CRC Press, 2014.

[219] LIN P F, ZHANG C L, WANG P, et al. A decentralized composite controller for unified voltage control with global system large-signal stability in DC microgrids[J]. IEEE Transactions on Smart Grid, 2019, 10(5): 5075-5091.

[220] 胡寿松. 自动控制原理[M]. 6 版. 北京: 科学出版社, 2013.

彩 图

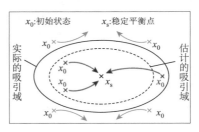

图 2.8 吸引域示意图

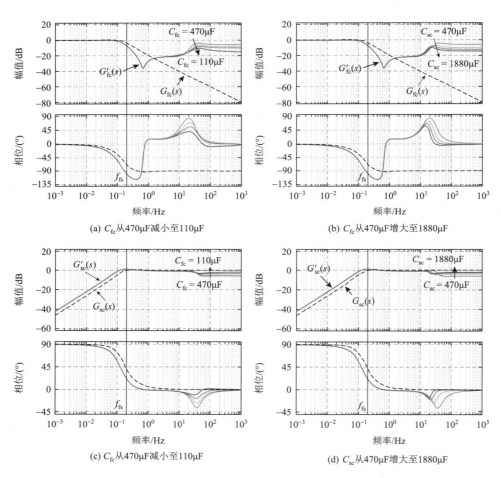

(a) C_{fc}从470μF减小至110μF

(b) C_{fc}从470μF增大至1880μF

(c) C_{fc}从470μF减小至110μF

(d) C_{sc}从470μF增大至1880μF

图 3.7 $G'_{fc}(s)$和$G'_{sc}(s)$随 C_{fc} 和 C_{sc} 变化的频域特性

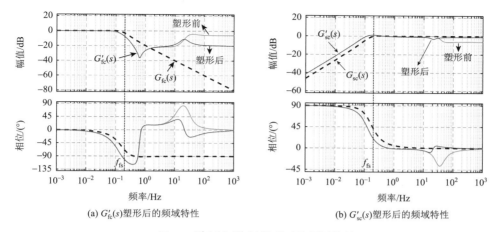

(a) $G'_{fc}(s)$塑形后的频域特性　　　　(b) $G'_{sc}(s)$塑形后的频域特性

图 3.8　$G'_{fc}(s)$ 和 $G'_{sc}(s)$ 塑形后的频域特性

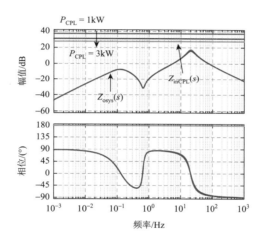

图 3.9　正常模式下 $Z_{osys}(s)$ 和 $Z_{inCPL}(s)$ 的频域特性

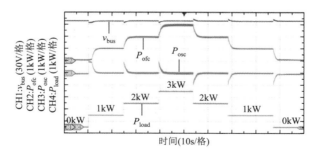

图 3.12　正常模式下 FC/SC HPSS 带 CPL 的半实物仿真结果

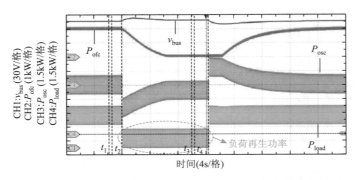

图 3.13 正常模式下 FC/SC HPSS 带脉动负荷的半实物仿真结果

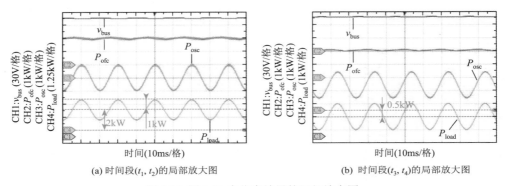

(a) 时间段(t_1, t_2)的局部放大图　　　　　　(b) 时间段(t_3, t_4)的局部放大图

图 3.14 图 3.13 中仿真结果的局部放大图

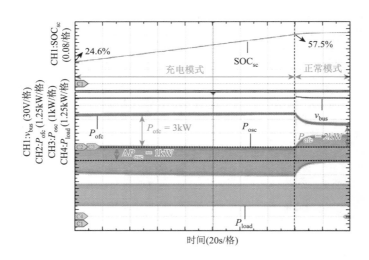

图 3.15 充电模式下 FC/SC HPSS 带脉动负荷的半实物仿真结果

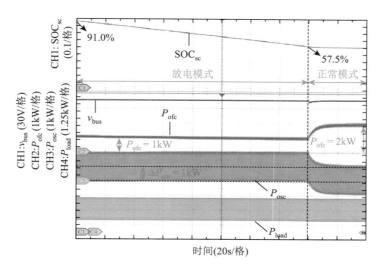

图 3.16 放电模式下 FC/SC HPSS 带脉动负荷的半实物仿真结果

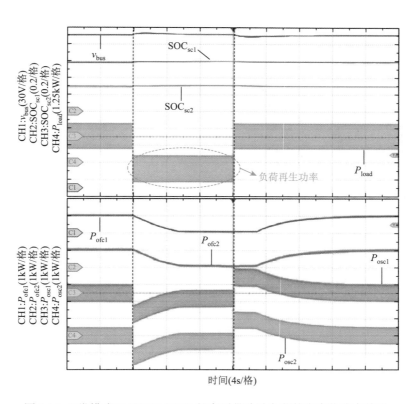

图 3.17 正常模式下 FC/SC HPSS 扩容后带脉动负荷的半实物仿真结果

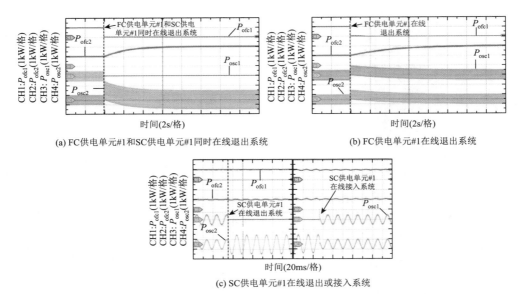

(a) FC供电单元#1和SC供电单元#1同时在线退出系统

(b) FC供电单元#1在线退出系统

(c) SC供电单元#1在线退出或接入系统

图 3.18 正常模式下供电单元在线接入或退出扩展 FC/SC HPSS 的半实物仿真结果

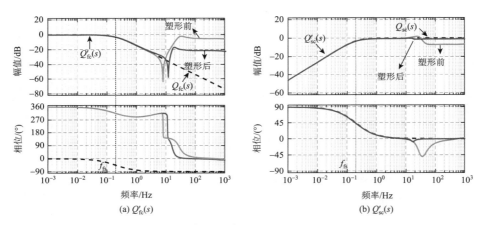

(a) $Q'_{fc}(s)$

(b) $Q'_{sc}(s)$

图 3.22 $Q'_{fc}(s)$和$Q'_{sc}(s)$塑形后的频域特性

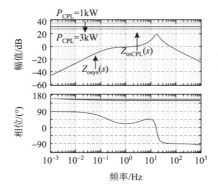

图 3.23 $Z_{osys}(s)$ 和 $Z_{inCPL}(s)$ 的频域特性

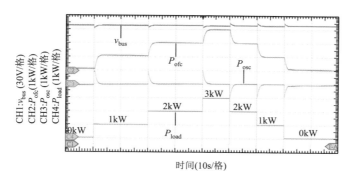

图 3.25 正常模式下 FC/SC HPSS 带 CPL 的半实物仿真结果

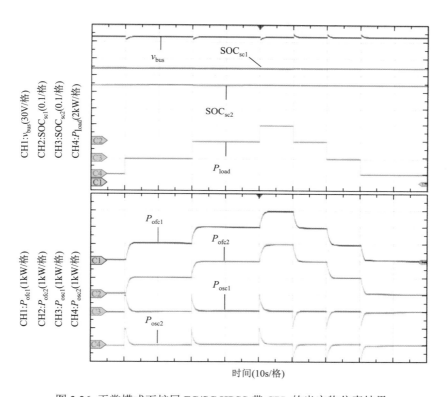

图 3.26 正常模式下扩展 FC/SC HPSS 带 CPL 的半实物仿真结果

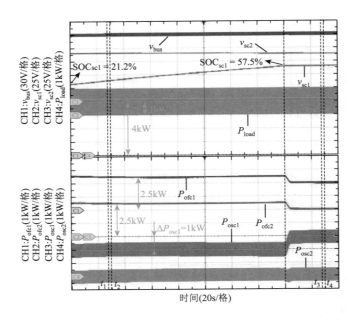

图 3.27 当 SC 供电单元 #1 处于充电模式时扩展 FC/SC HPSS 带脉动负荷的半实物仿真结果

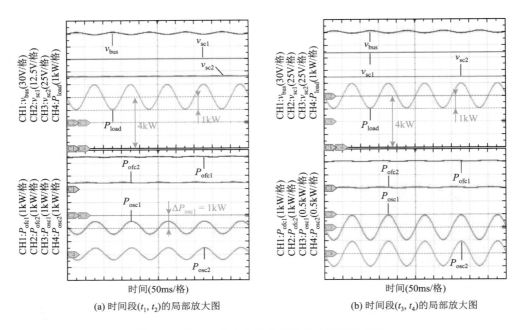

(a) 时间段(t_1, t_2)的局部放大图　　　　　　　(b) 时间段(t_3, t_4)的局部放大图

图 3.28 图 3.27 中半实物仿真结果的局部放大图

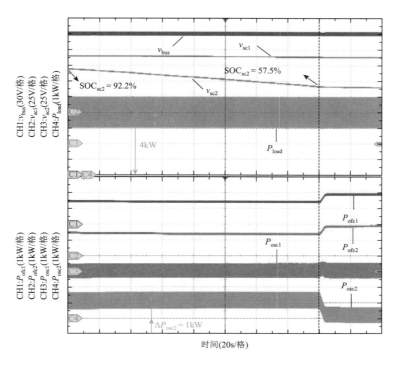

图 3.29 当 SC 供电单元 #2 处于放电模式时扩展 FC/SC HPSS 带脉动负荷的半实物仿真结果

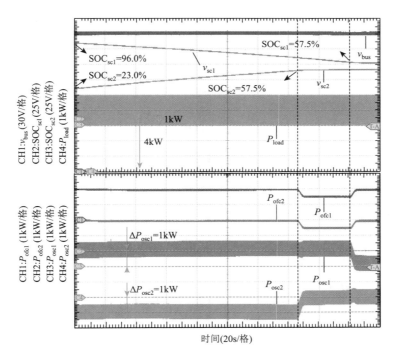

图 3.30 当 SC 供电单元 #1 和 SC 供电单元 #2 分别处于放电模式和充电模式时扩展 FC/SC HPSS 带脉动负荷的半实物仿真结果

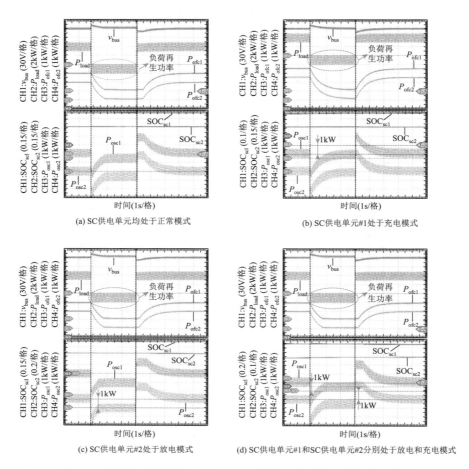

(a) SC供电单元均处于正常模式   (b) SC供电单元#1处于充电模式

(c) SC供电单元#2处于放电模式   (d) SC供电单元#1和SC供电单元#2分别处于放电和充电模式

图 3.31 不同模式下扩展 FC/SC HPSS 带脉动负荷的半实物仿真结果

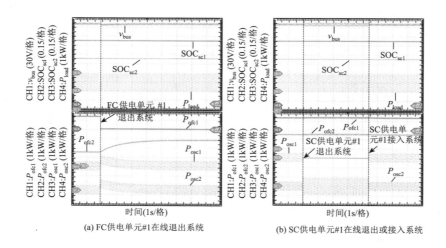

(a) FC供电单元#1在线退出系统   (b) SC供电单元#1在线退出或接入系统

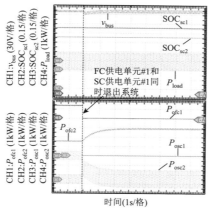

(c) FC供电单元#1和SC供电单元#1同时在线退出系统

图 3.32 正常模式下供电单元在线接入或退出扩展 FC/SC HPSS 的半实物仿真结果

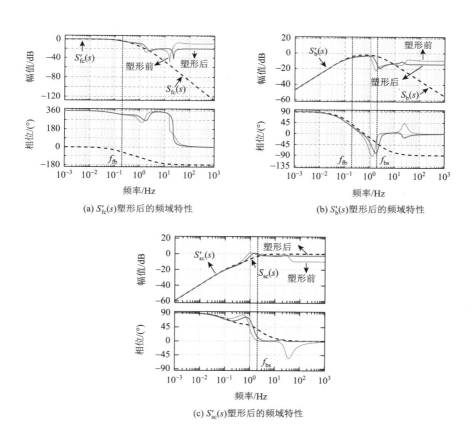

(a) $S'_{\text{fc}}(s)$ 塑形后的频域特性

(b) $S'_{\text{b}}(s)$ 塑形后的频域特性

(c) $S'_{\text{sc}}(s)$ 塑形后的频域特性

图 3.35 $S'_{\text{fc}}(s)$、$S'_{\text{b}}(s)$ 和 $S'_{\text{sc}}(s)$ 塑形后的频域特性

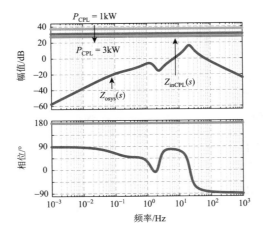

图 3.36 $Z_{\text{osys}}(s)$ 和 $Z_{\text{inCPL}}(s)$ 的频域特性

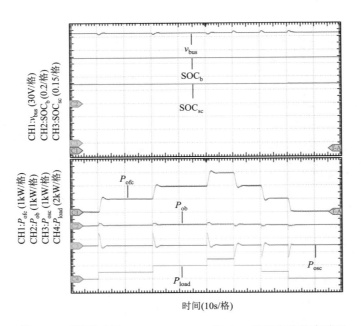

图 3.40 正常模式下 FC/LB/SC HPSS 带 CPL 的半实物仿真结果

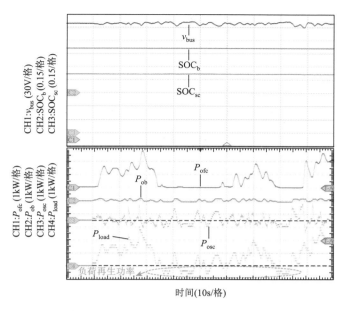

图 3.41 正常模式下 FC/LB/SC HPSS 带随机负荷的半实物仿真结果

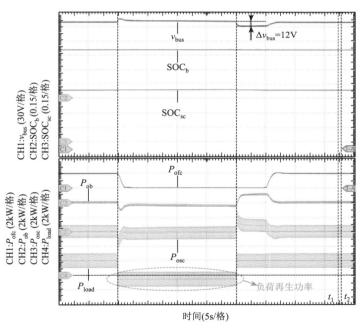

图 3.42 正常模式下 FC/LB/SC HPSS 带脉动负荷的半实物仿真结果

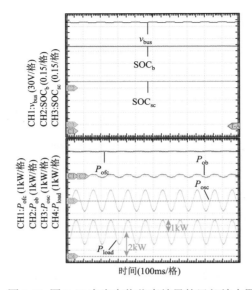

图 3.43 图 3.42 中半实物仿真结果的局部放大图

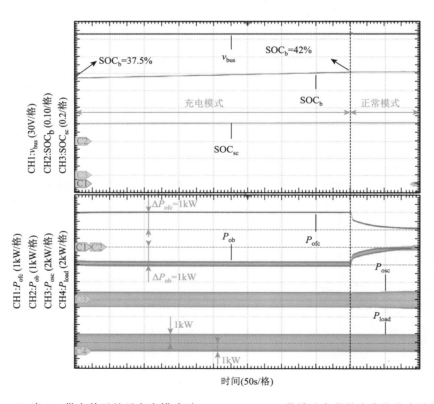

图 3.44 当 LB 供电单元处于充电模式时 FC/LB/SC HPSS 带脉动负荷的半实物仿真结果

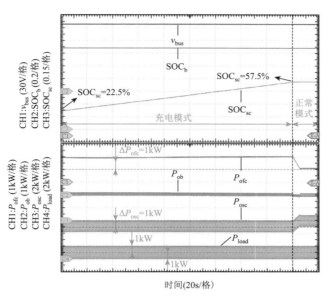

图 3.45 当 SC 供电单元处于充电模式时 FC/LB/SC HPSS 带脉动负荷的半实物仿真结果

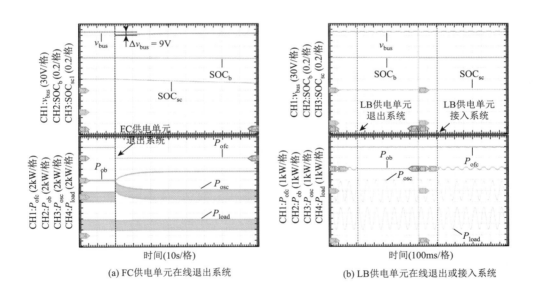

(a) FC供电单元在线退出系统

(b) LB供电单元在线退出或接入系统

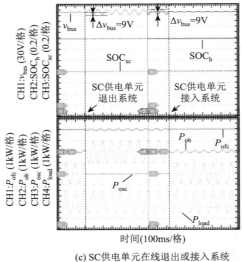

(c) SC供电单元在线退出或接入系统

图 3.46 正常模式下供电单元在线接入或退出 FC/LB/SC HPSS 的半实物仿真结果

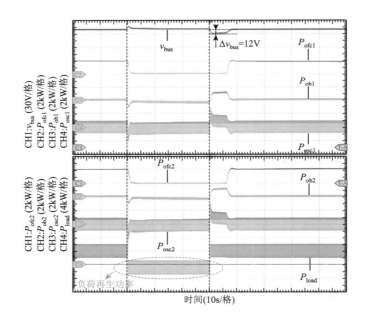

图 3.47 正常模式下扩展 FC/LB/SC HPSS 带脉动负荷的半实物仿真结果

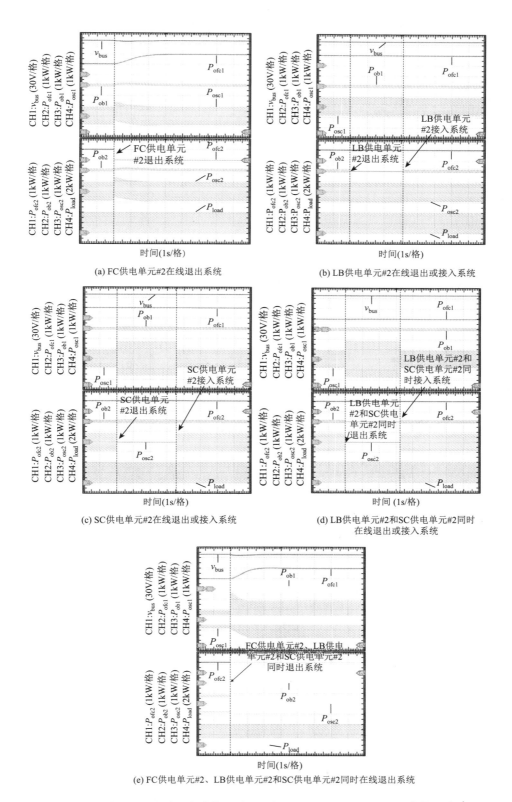

(a) FC供电单元#2在线退出系统

(b) LB供电单元#2在线退出或接入系统

(c) SC供电单元#2在线退出或接入系统

(d) LB供电单元#2和SC供电单元#2同时
在线退出或接入系统

(e) FC供电单元#2、LB供电单元#2和SC供电单元#2同时在线退出系统

图 3.48 正常模式下供电单元在线接入或退出扩展 FC/LB/SC HPSS 的半实物仿真结果

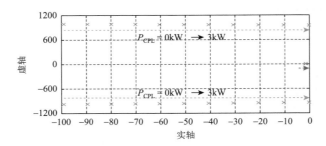

图 4.2 不同负荷功率下供电系统线性模型的极点分布

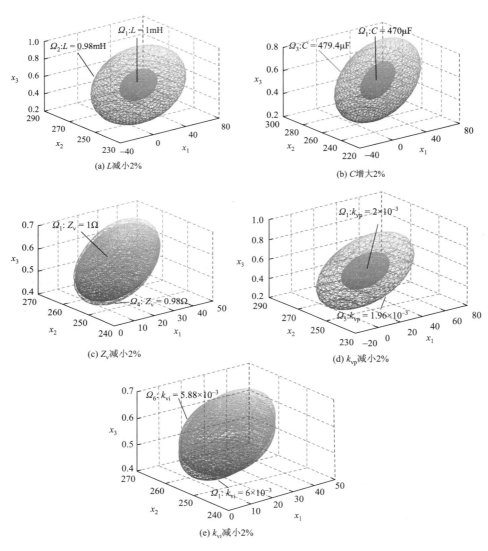

(a) L减小2%

(b) C增大2%

(c) Z_v减小2%

(d) k_{vp}减小2%

(e) k_{vi}减小2%

图 4.3 不同参数下供电系统的 LEDA

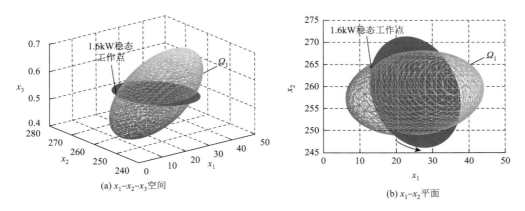

(a) x_1–x_2–x_3空间　　　　　　　　(b) x_1–x_2平面

图 4.5　示例 1 中当 CPL 功率从 1.6kW 跳变到 3kW 时供电系统的状态轨迹及其 LEDA

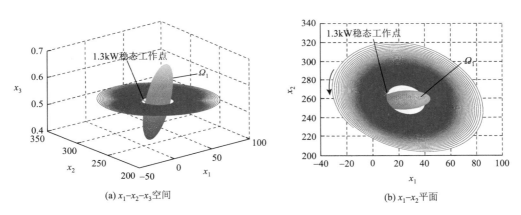

(a) x_1–x_2–x_3空间　　　　　　　　(b) x_1–x_2平面

图 4.7　示例 1 中当 CPL 功率从 1.3kW 跳变到 3kW 时供电系统的状态轨迹及其 LEDA

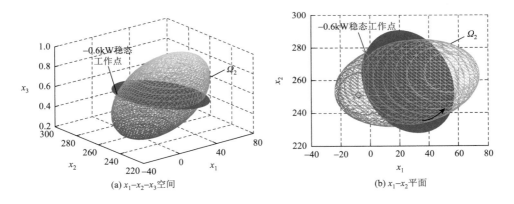

(a) x_1–x_2–x_3空间　　　　　　　　(b) x_1–x_2平面

图 4.9　示例 2 中当 CPL 功率从 –0.6kW 跳变到 3kW 时供电系统的状态轨迹及其 LEDA

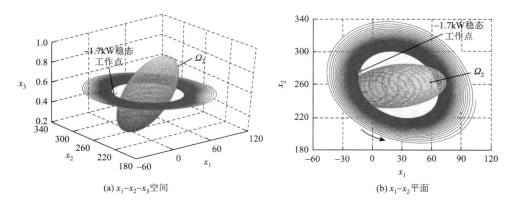

(a) x_1-x_2-x_3空间   (b) x_1-x_2平面

图 4.11 示例 2 中当 CPL 功率从 −1.7kW 跳变到 3kW 时供电系统的状态轨迹及其 LEDA

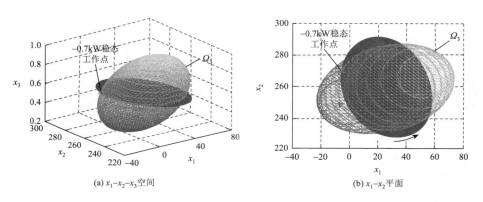

(a) x_1-x_2-x_3空间   (b) x_1-x_2平面

图 4.13 示例 3 中当 CPL 功率从 −0.7kW 跳变到 3kW 时供电系统的状态轨迹及其 LEDA

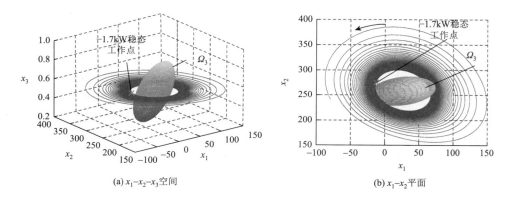

(a) x_1-x_2-x_3空间   (b) x_1-x_2平面

图 4.15 示例 3 中当 CPL 功率从 −1.7kW 跳变到 3kW 时供电系统的状态轨迹及其 LEDA

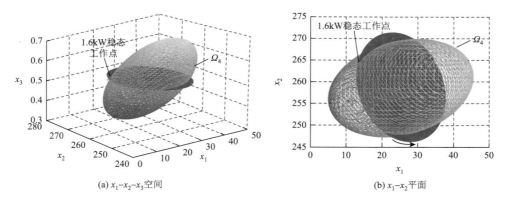

(a) x_1-x_2-x_3空间　　　　　　　　(b) x_1-x_2平面

图 4.17 示例 4 中当 CPL 功率从 1.6kW 跳变到 3kW 时供电系统的状态轨迹及其 LEDA

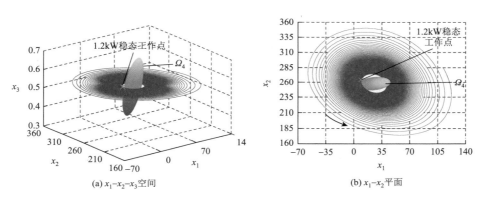

(a) x_1-x_2-x_3空间　　　　　　　　(b) x_1-x_2平面

图 4.19 示例 4 中当 CPL 功率从 1.2kW 跳变到 3kW 时供电系统的状态轨迹及其 LEDA

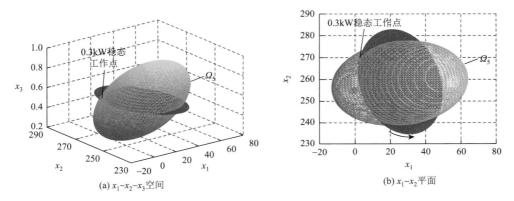

(a) x_1-x_2-x_3空间　　　　　　　　(b) x_1-x_2平面

图 4.21 示例 5 中当 CPL 功率从 0.3kW 跳变到 3kW 时供电系统的状态轨迹及其 LEDA

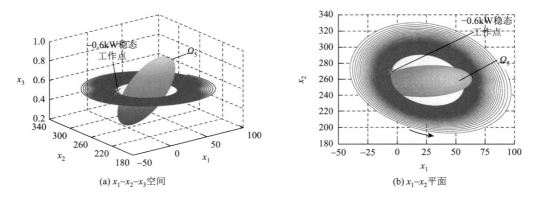

(a) x_1-x_2-x_3空间　　　　　　(b) x_1-x_2平面

图 4.23　示例 5 中当 CPL 功率从 −0.6kW 跳变到 3kW 时供电系统的状态轨迹及其 LEDA

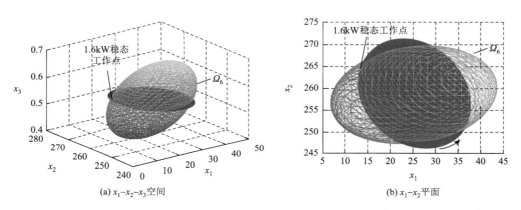

(a) x_1-x_2-x_3空间　　　　　　(b) x_1-x_2平面

图 4.25　示例 6 中当 CPL 功率从 1.6kW 跳变到 3kW 时供电系统的状态轨迹及其 LEDA

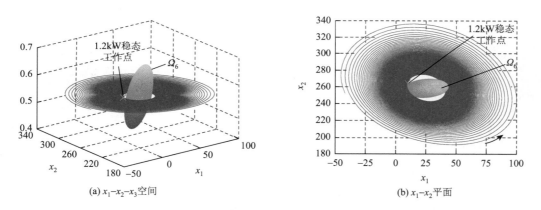

(a) x_1-x_2-x_3空间　　　　　　(b) x_1-x_2平面

图 4.27　示例 6 中当 CPL 功率从 1.2kW 跳变到 3kW 时供电系统的状态轨迹及其 LEDA

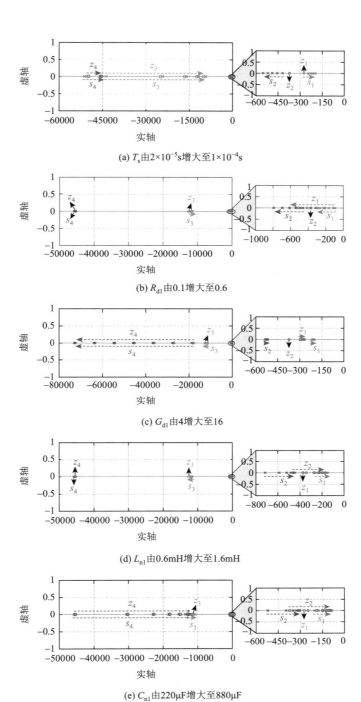

(a) T_s 由 2×10^{-5}s 增大至 1×10^{-4}s

(b) R_{d1} 由0.1增大至0.6

(c) G_{d1} 由4增大至16

(d) L_{n1} 由0.6mH增大至1.6mH

(e) C_{n1} 由220μF增大至880μF

图 5.4 $G_{PBC}(s)$ 的零极点分布图

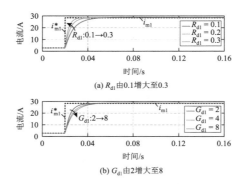

(a) R_{d1}由0.1增大至0.3

(b) G_{d1}由2增大至8

图 5.5 FC 端口变换器带阻性负荷的仿真结果

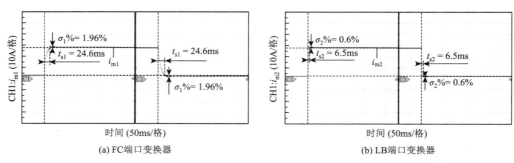

(a) FC端口变换器

(b) LB端口变换器

图 5.6 FC 和 LB 端口变换器仅在 PBC 控制器控制下的动态特性

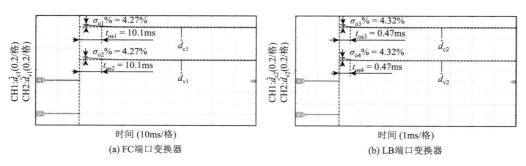

(a) FC端口变换器

(b) LB端口变换器

图 5.7 FC 和 LB 端口变换器 EHGSO 的动态特性

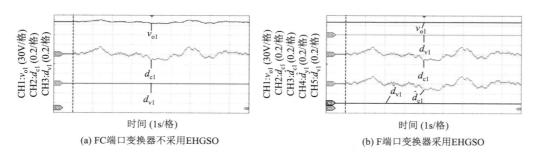

(a) FC端口变换器不采用EHGSO

(b) F端口变换器采用EHGSO

图 5.8 FC 端口变换器不采用或采用 EHGSO 的半实物仿真结果

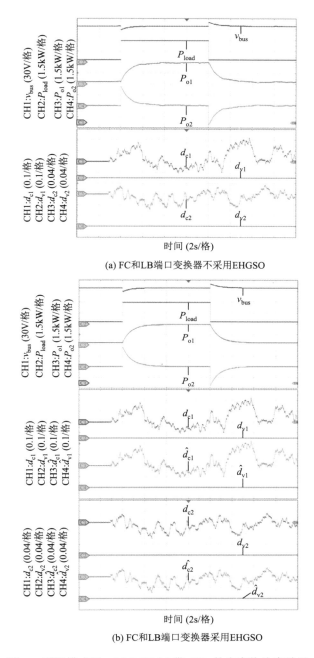

(a) FC和LB端口变换器不采用EHGSO

(b) FC和LB端口变换器采用EHGSO

图 5.9 正常模式下 FC/LB HPSS 带 CPL 的半实物仿真结果

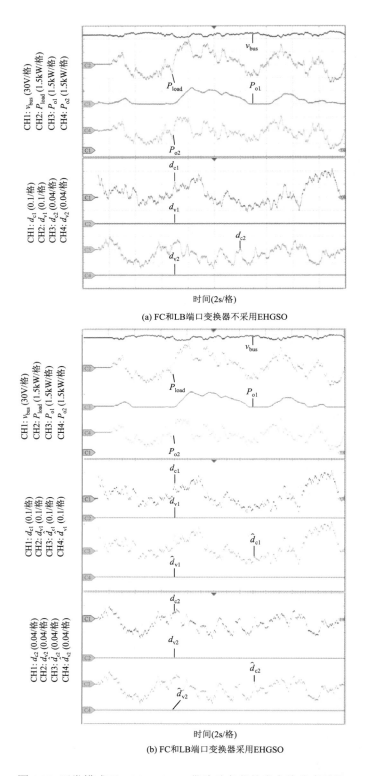

(a) FC和LB端口变换器不采用EHGSO

(b) FC和LB端口变换器采用EHGSO

图 5.10　正常模式下 FC/LB HPSS 带脉动负荷的半实物仿真结果

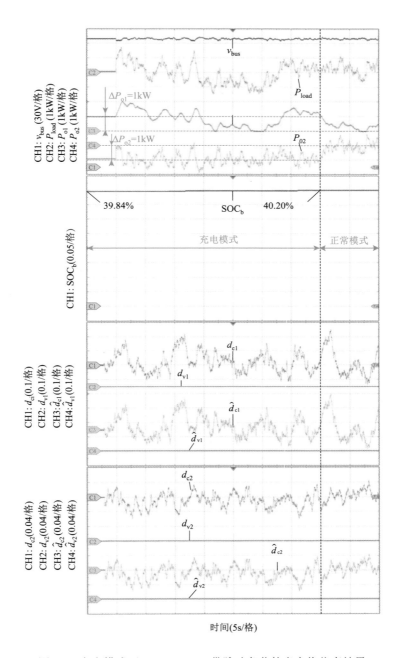

图 5.11 充电模式下 FC/LB HPSS 带脉动负荷的半实物仿真结果